DROEMER

MANFRED SPITZER

PLASTIK IM KOPF

Wie Mikropartikel unser Gehirn zerstören:
Auf den Spuren einer unterschätzten Bedrohung

DROEMER

Besuchen Sie uns im Internet:
www.droemer-knaur.de

FSC
www.fsc.org
MIX
Papier | Fördert
gute Waldnutzung
FSC® C014496

Originalausgabe Mai 2026

Ein Imprint der Verlagsgruppe Droemer Knaur GmbH & Co. KG
Landsberger Straße 346, 80687 München

Redaktion: Sabine Wünsch
Covergestaltung: Hauptmann & Kompanie Werbeagentur, Zürich
Satz und Layout: Sandra Hacke, Dachau
Druck und Bindung: GGP Media GmbH, Pößneck
ISBN 978-3-426-57180-4

Kontaktadresse nach EU-Produktsicherheitsverordnung:
produktsicherheit@droemer-knaur.de

2 4 5 3 1

INHALT

VORWORT

Eigentlich wollte ich im vergangenen Sommer nur einen kleinen Essay über Mikroplastik schreiben. Essays schreibe ich seit fast 30 Jahren jeden Monat in meiner Rolle als Herausgeber der *Zeitschrift für Nervenheilkunde,* ein Fachblatt für Neurologie und Psychiatrie. Insbesondere sollte es um die Auswirkung kleinster Plastikteilchen auf das menschliche Gehirn gehen – ein Thema, das in meiner Wahrnehmung noch ein paar Monate zuvor gar nicht existierte. Und nicht nur für mich: Auch in ein paar Jahre alten Veröffentlichungen der Europäischen Union (EU) zum Thema Mikroplastik wird das Gehirn mit keinem Wort erwähnt. Erst eine Publikation vom Frühjahr 2025 dazu, dass Mikroplastik ins Gehirn eindringen und Demenz verursachen kann, hat meine Aufmerksamkeit auf das Thema gelenkt. Und so ging ich dieser Sache nach – das Ergebnis meiner vielen Recherchen halten Sie in der Hand. Was mit dem Essay begann, wurde zu einem ganzen Buch, denn es gab sehr viele neue Erkenntnisse zu diesem Thema – weit verstreut über die wissenschaftliche Landschaft und nicht immer leicht zu finden. Erst im Laufe der Arbeit fügten sich die Einzelheiten zu einem Gesamtbild, das ich hier darstellen möchte.

Kunststoffe sind Teil unserer modernen Welt und aus vielen Bereichen unseres Lebens nicht wegzudenken. Moderne Medizin beispielsweise geht nicht ohne Plastik, der Automobilbau oder die Aufbewahrung und der Transport von Lebensmitteln auch nicht – um nur drei Beispiele zu nennen. Vor allem aber ist Plastik bequem und billig, und diese Mischung bringt seine bedeutsamste Schattenseite hervor: die Wegwerfkultur. Einwegplastik macht heute etwa vierzig Prozent aller jährlich produzierten Kunststoffprodukte aus. Diese Erzeugnisse – Plastiktüten, Lebensmittelverpackungen, Müllsäcke und vieles andere mehr – haben oft nur eine Nutzungsdauer von wenigen Minuten bis einigen Stunden. Aber sie können Hunderte von Jahren in der Umwelt verbleiben, an Land – wenn es gut geht, auf Mülldeponien – oder in den Meeren.

Besonderes Augenmerk liegt in diesem Buch auf den kleinsten Plastikpartikeln, die aus dem Plastikmüll hauptsächlich durch mechanische Prozesse an Land (auch auf Mülldeponien) und in den Meeren entstehen. Einer Umfrage aus dem Jahr 2022 zufolge hielten über 95 Prozent der deutschen Verbraucher Mikroplastik, also kleinste Teilchen verschiedenster Kunststoffsorten, Größen und Formen, nicht nur für ein großes Umweltrisiko, sondern auch für das derzeit größte umweltbedingte Gesundheitsrisiko (Kramm et al. 2022). Dies wurde im weltweit erscheinenden britischen Wissenschaftsfachblatt *Nature* berichtet (Kozlov 2025). Plastikverschmutzung wird also nicht nur als Umweltproblem wahrgenommen, sondern mittlerweile auch als Gesundheitsproblem. Und von Letzterem handelt dieses Buch. Kleinste Plastikpartikel gelangen durch die Haut, über die Atemwege und vor allem über die Nahrung in unseren Körper. Wussten Sie, dass man beim Trinken von einem Liter Wasser aus einer PET-Flasche 250 000 Teilchen Mikroplastik aufnimmt? Mikroplastik findet sich sogar im Nabelschnurblut, und kleinste Styroporteilchen können bei Mäusen und Menschen zu Fehlgeburten führen, wie man mittlerweile weiß.

Seit April 2025 weiß man dank einer Online-Publikation auch, dass eine Geschirrspülmaschine beim Spülen von Plastikgeschirr und -besteck pro Spülgang 920 000 Mikroplastikteilchen erzeugt, die im Abwasser landen (Okoffo et al. 2025). Durch Meeresströmungen und den Wind werden Mikro- sowie Nanoplastikpartikel nicht nur überall auf der Welt verteilt, bis auf den Mount Everest, in die Arktis und Antarktis, in Wüsten und bis zum Grund der Meere, sondern gelangen eben auch in unseren Körper und verteilen sich dort erstaunlich breit. Sie wurden bereits in Leber, Milz, Herz, Lunge, der Bauchspeichel- und der Thymusdrüse, den Nieren und den Geschlechtsorganen nachgewiesen, und sie reichern sich an, vor allem im Gehirn. Jeder von uns bringt es durchschnittlich auf etwa zehn Gramm Mikroplastik im Gehirn, was etwa zwei herkömmlichen Kreditkarten entspricht. Was es dort alles bewirken kann, wollen Sie vielleicht lieber nicht wissen. Aber vielleicht lesen Sie ja trotzdem weiter.

Als Autor stellt man sich immer die Frage, wer das Buch, an dem man mit vielen Mühen schreibt, mit Gewinn lesen wird. Damit dem so ist, habe ich Fachbegriffe möglichst spärlich verwendet oder sie erklärt, vielfach in Fußnoten, die man lesen mag oder auch nicht.

Mein herzlicher Dank gilt meinen Freunden und Kollegen Georg Grön, Bärbel Herrnberger, Dennis Kätzel und Gudrun Keller, meiner Tochter Ulla und meiner lieben Frau.

Ulm, Februar 2026

1
VERSTUMMTER FRÜHLING

Mitte August 2025 scheiterten internationale politische Bemühungen der Vereinten Nationen um ein Abkommen zur weltweiten Eindämmung von Plastikmüll. Die Länder, die unter Plastikmüll besonders leiden oder auf nachhaltiges Wirtschaften setzen (hierzu gehört Deutschland), konnten sich nicht gegen die Interessen derjenigen Staaten durchsetzen, die Kunststoffe produzieren (hierzu gehört Deutschland ebenfalls) oder den wichtigsten Rohstoff dafür – Erdöl – fördern. Einig war man sich nur über die Notwendigkeit einer besseren Beseitigung von Plastikmüll. Es bleibt also bei einer hohen und jährlich steigenden Produktion von Plastik, aktuell 431 Millionen Tonnen pro Jahr.

Kein Tag ohne Plastik

Kinder sind in besonderem Maße von Plastik betroffen, denn sie werden in die historisch am meisten belastete Umwelt hineingeboren und nehmen für den Rest ihres Lebens Mikroplastik in – bis auf Weiteres – rasant steigenden Dosen auf. In einem der weltweit wichtigsten Fachblätter für Kinderheilkunde, *Lancet Child Adolescent Health,* warnten Leonardo Trasande und Mitarbeiter im September 2025 daher eindringlich: »Unbezweifelbare Erkenntnisse aus Labor- und Humanstudien zeigen, dass Chemikalien, die zur Herstellung von Kunststoffen verwendet werden, zu chronischen Erkrankungen in mehreren Organsystemen beitragen und die Funktion von Hormonen stören. Die Exposition gegenüber Giftstoffen im Plastik steht im Zusammenhang mit negativen Auswirkungen auf die Geburt, Stoffwechselerkrankungen, neurologischen Entwicklungsstörungen und Behinderungen sowie Störungen der Fortpflanzung.«

Dabei stellen die Autoren die grundlegende Bedeutung von Kunststoff für das menschliche Leben nicht infrage und verweisen darauf, dass die moderne Medizin ohne Plastik nur sehr schwer vorstellbar ist: Einmalhandschuhe und -spritzen, Gesichtsmasken und Schutzkleidung, sterile Verpackungen für nahezu alle Produkte für die medizinische Verwendung – alles ist aus Plastik. Hinzu kommen flexible Schläuche für sämtliche Körperflüssigkeiten, medizinische Testverfahren und Gerätschaften wie Dialyse- und Beatmungsgeräte. Es wäre zwar möglich, auf manches Einwegmaterial zu verzichten, beispielsweise Infusionsflaschen oder Spritzen aus Glas herzustellen, die nach dem Gebrauch sterilisiert und wiederverwendet werden, aber hierzu bräuchte man erhebliche Mengen Wasser und Energie sowie wertvolle Arbeitszeit. Mit weniger Plastik würde die Medizin also noch teurer werden, als sie ohnehin schon ist.

In der Medizin ist Plastik aber auch Gegenstand der Forschung, wie die folgenden Kapitel zeigen. Gerade in der jüngsten Vergangenheit wurde eine Reihe wichtiger Arbeiten über die Auswirkungen von Mikroplastik auf die Gesundheit publiziert. Hierbei geht es in besonderem Maße auch um das Gehirn: Kleinste Plastikteilchen stehen im Verdacht, chronisch-entzündliche Prozesse und Ablagerungen im Gehirn zu verursachen, wie sie bei Demenzprozessen auftreten. Tierexperimentelle Arbeiten legen nahe, dass es sich hier nicht nur um eine zufällige Korrelation handelt, sondern um eine echte Ursache-Wirkungs-Beziehung.

Wie im letzten Kapitel dargestellt werden wird, ist es in vielen Bereichen unseres Lebens durchaus möglich und sinnvoll, Plastik einzusparen. Dies gilt in ganz besonderem Maße für die Produktion, den Transport und die Zubereitung von Nahrungsmitteln. Vieles, was in Plastikbehältern oder in Plastikfolie verpackt ist, könnte ohne Plastik oder auch gar nicht verpackt sein. Doch selbst wenn Sie es schaffen, Kunststoffverpackungen weitgehend zu vermeiden, und wenn Sie Obst, Gemüse und Salat gut abwaschen oder, wenn möglich, schälen, stehen Sie immer noch vor dem Problem, dass Mikroplastik nicht nur *auf* der Nahrung sitzt, sondern sich auch *in* ihr befindet. Erst kürzlich wurde bekannt, dass Pflanzen kleinste Plastikpartikel sogar aktiv über die Blätter aus der Luft aufnehmen (Näheres dazu in Kapitel 10). Tiere nehmen Plastik mit der Nahrung auf, wenn sie Pflanzen oder andere Tiere fressen, wie wir Menschen auch.

In diesem Buch wird der Nutzen von Kunststoff für die unterschiedlichsten Anwendungen im beruflichen und privaten Alltag keineswegs grundsätzlich infrage gestellt. Vielmehr geht es, wie so oft im Leben, um eine Abwägung von Kosten und Nutzen, Wirkungen und unerwünschten Nebenwirkungen, Aufwand und Ertrag. Solche Abwägungen sind überall dort üblich, wo es wirklich um etwas geht: Wirtschaft, Transport, Verkehr und Medizin, um nur einige Bereiche zu nennen. Bei Neuerungen spricht man auch von Technikfolgenabschätzung.

Nur in Einzelfällen sind solche Überlegungen im Bereich der Kunststoffe erfolgt – in aller Regel erst, wenn das Kind bereits in den Brunnen gefallen war. Beispielsweise führte erst eine riesige Lebensmittelvergiftung, die in den USA Anfang der 1970er-Jahre in der Landwirtschaft aufgetreten war und deren Auswirkungen für Millionen von Menschen bis heute andauern, zu einer kritischeren Beurteilung von Flammschutzmitteln in Kunststoffen (siehe Kapitel 9). Mittlerweile wissen wir, dass aus dem Plastik, das sich in unserem Körper befindet, verschiedenste chemische Komponenten heraustreten, ins Blut gelangen und dann die Funktion von Hormonen und des Immunsystems stören, unsere Fortpflanzung und die kindliche Entwicklung im Mutterleib beeinträchtigen und krebserregend sein können (Ziani et al. 2023; Donisi et al. 2024). Eine Technikfolgenabschätzung vor der Einführung und Verwendung von Plastik hat es nie wirklich gegeben. Das war bei Autos, Insektiziden, Computern, dem Internet oder der Digitalisierung nicht anders; aktuell sind es die Folgen der künstlichen Intelligenz, über die wir uns zu wenig Gedanken machen.

Ganzheitlich denken: das Ulmensterben und der stumme Frühling

Im Jahr 1962 veröffentlichte die US-amerikanische Biologin Rachel Carson den Klassiker *Der stumme Frühling* (Originaltitel: *Silent Spring*). Darin warnt sie vor den schädlichen Folgen des Einsatzes des Schädlingsbekämpfungsmittels DDT für die Umwelt, insbesondere die Tierwelt, und letztlich auch für die Gesundheit des Menschen. Selbst schwer an Brustkrebs erkrankt, hatte sie an dem Buch in dem Bewusstsein geschrieben, es vielleicht nicht fertigstellen zu können. Freunde unterstützten sie, und sie schleppte sich sogar mit Metastasen in der Wirbelsäule und den Hüftknochen unter quälenden Schmerzen auf Bühnen, an Rednerpulte oder ins Fernsehen (Lepore 2024), um ihren zentralen Gedanken zu verbreiten: Wir zerstören unsere Erde und damit unsere Lebensgrundlage, wenn wir weiterhin Krieg gegen die Natur führen.

In ihrem weitreichenden Werk, das sehr viel wissenschaftliche Literatur aus verschiedenen Fachbereichen – Medizin, Chemie, Biologie, Physiologie und der damals noch in den Kinderschuhen steckenden Ökologie – erstmals zusammenfassend darstellte, machte Carson darauf aufmerksam, dass Chemikalien dadurch, dass sie für Lebewesen in evolutionärer Hinsicht »neu« sind und daher nicht weiter verstoffwechselt werden können, lange in Lebewesen verbleiben und sich in der Nahrungskette anreichern – man spricht von »Bioakkumulation«. Um dies zu verstehen, muss die Betrachtung über einzelne Organismen hinausgehen und ökologisch werden. Carson schildert beispielhaft das Sterben von Alleebäumen in den USA (Carson 1962/2024, S. 146 ff.). Die Amerikanische Ulme spielt »in der Geschichte Tausender Orte vom Atlantik bis zu den Rocky Mountains eine Rolle [und] ziert ihre Straßen, Dorfplätze und Schulgebäude mit majestätischen Bogengängen aus grünem Laub. […] Das sogenannte Ulmensterben kam um das Jahr 1939 aus Europa in die Vereinigten Staaten. Es ist eine Pilzkrankheit. […] Der Pilz dringt in die Gefäße des Baumes, die das Wasser leiten, ein und verbreitet sich durch Sporen, […] scheidet Giftstoffe aus, […] verstopft die Gefäße, […] und der Baum stirbt ab. Von den kranken auf die gesunden Bäume wird die Krankheit von Ulmensplintkäfern übertragen […], die schon früher aus Europa eingeschleppt worden [waren]. Die Gänge, die diese Insekten unter der Rinde abgestorbener Bäume ausgehöhlt haben, werden mit Sporen des eindringenden Pilzes verseucht, die Sporen wiederum bleiben am Körper des Käfers haften und werden von ihm überall mitgeschleppt, wohin er fliegt. Als man sich bemühte, die Pilzkrankheit zu bekämpfen, trachtete man meist, das Insekt anzugreifen, das sie übertrug. In einer Gemeinde nach der anderen [wurde] intensives Sprühen zu einem festen Brauch.«

Und so nahm das Schicksal seinen Lauf. Regenwürmer ernähren sich von den im Herbst herabfallenden Blättern der Ulme und nehmen damit das Insektizid auf. Man konnte es schon damals überall im Körper der Würmer nachweisen. »Zweifellos erliegen auch manche der Regenwürmer selbst dem Gift, doch andere bleiben am Leben und werden zu ›biologischen Verstärkern‹«, führt Carson den Gedanken fort. Für Wandervögel stellten die Würmer im Frühling die Hauptnahrungsquelle dar, und mit nur elf Stück könne eine Wanderdrossel eine tödliche Dosis DDT aufnehmen. Manche Vögel würden zwar nicht sterben, jedoch durch das Gift unfruchtbar werden, was ebenfalls »zur Ausrottung dieser Vogelart« beitrage. (S. 150 f.).

Carson fasst ihre genauen Beobachtungen und die Analyse der Zusammenhänge wie folgt zusammen: »Wir sprühen unsere Ulmen, und im nächsten Frühling ist der Gesang der Wanderdrosseln verstummt; nicht weil wir die Wanderdrosseln selbst mit einem Sprühmittel töteten, sondern weil das Gift Schritt für Schritt in den […] Kreislauf von Ulmenblatt zum Regenwurm und zur Wanderdrossel gelangte. Dies sind verbürgte Vorkommnisse […]. Sie spiegeln das Gefüge des Lebens – oder des Todes – wider, das die Wissenschaftler als Ökologie bezeichnen« (Carson 1962/2024, S. 249).

Halten wir fest: Pflanzen und Tiere wirken wie Filter, in denen ein Giftstoff jedes Mal hängen bleibt, wenn Pflanzen oder Tiere gefressen werden. So akkumulieren mehr und mehr Giftstoffe entlang der

Nahrungskette, und da der Mensch an deren Ende steht, verzehrt er zwangsläufig die größte Menge. Handelt es sich dabei um Gifte wie DDT, hat dies schwerwiegende Folgen für die Gesundheit von Tier und Mensch, wie Carson in ihrem Buch eindrücklich beschrieb – weniger als zwei Jahrzehnte nach der Freigabe von DDT zur privaten Nutzung. Die Wahrnehmung der Gefährdung durch Plastik brauchte weit mehr Zeit.

Silent Spring erschien im Juni 1962 als dreiteiliger Vorabdruck im Magazin *The New Yorker*, und dessen Herausgeber beurteilte sie als »die wertvollsten Artikel, die je in dieser Zeitschrift veröffentlicht wurden« (Lepore 2024, S. 23). Das Buch selbst schlug nach seiner Veröffentlichung wenige Monate später ein wie eine Bombe. Carson brachte mit *Silent Spring* das seltene Kunststück fertig, in einer breiten Öffentlichkeit das Bewusstsein für den Schutz der Umwelt vor Eingriffen des Menschen mit schwer absehbaren Folgen zu wecken, und trug ganz wesentlich zu dem bei, was wir heute als globale Umweltbewegung kennen. Im Mai 1963 sagte Carson vor dem US-Kongress aus, was politische Konsequenzen hatte: Präsident Kennedy beauftragte Wissenschaftler mit einer Bewertung der von Carson vorgebrachten Fakten und Argumente, und deren Bericht bestätigte Carsons Erkenntnisse. Dies führte zu einer völlig neuen Art von Gesetzgebung, nämlich zu Umweltgesetzen wie dem *Clean Air Act*[1] 1963 und dem *Clean Water Act*[2] 1972. Im Jahr 1970 wurde die US-Umweltschutzbehörde *(Environmental Protection Agency, EPA)* gegründet und zwei Jahre darauf DDT in den USA verboten. Sechzig Jahre nach Carsons Tod im April 1964 gibt es Meta-Analysen[3] von empirischen Studien zu den »sozialen Kosten von Pestiziden« im Sinne ökologischer und gesundheitlicher Bedenken (Rufo et al. 2024). Wir nehmen die Risiken nun ernster und versuchen, allen Interessen und Betroffenen Rechnung zu tragen.

Eine Gesundheit – ganzheitlich über Plastik nachdenken und verhandeln

Vor dem gerade geschilderten Hintergrund ist es ein Armutszeugnis, dass es über sechzig Jahre gedauert hat, bis man begann, die umwelt- und gesundheitsschädlichen Auswirkungen von Plastik und den darin enthaltenen Additiven/Chemikalien ernst zu nehmen, die uns sowohl direkt als auch über die Nahrungskette akkumuliert erreichen. Gesunde Nahrungsmittel setzen eine gesunde Umwelt voraus, in der Pflanzen und Tiere unbeeinträchtigt von Schadstoffen leben und wachsen können. Um das ganze Ausmaß des Problems zu erkennen, ist eine umfassende und ganzheitliche Perspektive notwendig, die Humanmedizin, Tiermedizin und Umweltwissenschaften (Ökologie) zusammen denkt – bekannt als *One-Health*-Ansatz. Denn: »Mikro- und Nanoplastik sowie plastikassoziierte Chemikalien werden in der Atemluft, dem Trinkwasser und in unserer Nahrung gefunden. Daraus erwächst ein ernsthaftes Risiko für die Gesundheit von Mensch, Tier und Natur, dem man nur mit globalen Regeln begegnen kann.« So lautet die längst überfällige Botschaft eines Aufrufs des WWF[4] vom Sommer 2025. Kein politischer Entscheidungsträger kann mehr behaupten, er hätte nichts gewusst.

Nicht umsonst bestand während der letzten Verhandlungsrunde der Vereinten Nationen zum weltweiten Plastikabkommen im August 2025 eine deutliche Mehrheit von über 120 der beteiligten Länder – unter ihnen auch Deutschland – auf einem ehrgeizigen Vertrag, der ausdrücklich auch Bestimmungen zum Schutz der menschlichen Gesundheit enthalten sollte, einschließlich gefährdeter Bevölkerungsgruppen wie Schwangere und Kinder, und lehnte einen weniger ambitionierten Vertrag ab, der sich nur auf Plastikmüll und dessen Vermeidung konzentrierte. Aber die Interessenkonflikte zwischen den Ländern, die Kunststoffe produzieren oder Erdöl (den wichtigsten Rohstoff für Plastik) fördern – etwa Saudi-Arabien, der Iran und Russland –, und den Ländern, die entweder unter dem Plastikmüll besonders leiden oder auf nachhaltiges Wirtschaften setzen, war einfach zu groß. Nach einem zusätzlichen Verhandlungstag war klar: Die Verhandlungen waren gescheitert (Anon. 2025a), die Plastikkrise mit ihren verheerenden Folgen für Gesundheit und Natur bleibt bis auf Weiteres ungelöst. Eine Minderheit Erdöl fördernder beziehungsweise exportierender Staaten hatte es erneut geschafft, ein global rechtsgültiges Abkommen zur Lösung der Plastikkrise zu verhindern. Wir – die Menschen, die das Plastik in uns haben und ertragen müssen – dürfen dies nicht hinnehmen. Allein schon wegen unserer Kinder und Kindeskinder.

2

IMMER MEHR MÜLL IM MEER

»Plastik« ist die umgangssprachliche Bezeichnung für Kunststoffe aller Art, abgeleitet von deren Formbarkeit. Daher schwingt im sächlichen Plastik (*das* Plastik) auch ein bisschen *die* (weiblich) Plastik mit: Wir nennen ein dreidimensionales Kunstobjekt eine Plastik, weil es geformt ist und diese Form gerade das Besondere ausmacht.

Vom Naturstoff zum Kunststoff

Die Bezeichnung »Kunststoff« ist als Gegenbegriff zu »Naturstoff« konstruiert. Kunststoffe werden chemisch – meist aus Erdöl – hergestellt, kommen also nicht in der Natur vor, wie etwa Stein, Holz, Sand, Ton oder Lehm, und werden auch nicht aus der Natur (über zum Teil komplexe Verfahren) gewonnen, wie unter anderem Baumwolle, Flachs, Glas, Guttapercha, Kautschuk, Schellack oder Schildpatt (vgl. Tabelle 11.2).

Vor dem »Zeitalter des Plastiks« gab es nur Naturmaterialien, von denen man jedoch ab Mitte des 19. Jahrhunderts immer mehr brauchte. Aufgrund der fortschreitenden Industrialisierung ab ca. 1850 verbesserten sich die Lebensbedingungen und wuchs allmählich eine Mittelschicht heran. Dies führte zum Aufkommen neuer Bedürfnisse und brachte neue Produkte hervor: Kämme aus Horn oder Schildpatt, Mäntel und Stiefel aus Kautschuk und später aus Gummi, Billardkugeln, Klaviertasten und allerlei kleine Gebrauchsgegenstände oder Kunstwerke aus Elfenbein, später Schallplatten aus Schellack und vieles mehr. Die benötigten Materialien wurden aus allen Teilen der Welt nach Europa und Nordamerika gebracht – durch intensiven Handel und gelegentlich auch mit militärischer

Gewalt, was mit Imperialismus, Kolonialisierung und Versklavung der lokalen Bevölkerung einherging.

Der Verbrauch an Naturstoffen stieg unaufhörlich und war alles andere als nachhaltig. Infolge der Nachfrage nach Elfenbein nahm die Zahl der afrikanischen Elefanten zwischen 1850 und 1900 um mehr als zwanzig Millionen auf weniger als eine halbe Million ab. Der Baum, aus dessen Saft der gummiartige Stoff Guttapercha hergestellt wurde, war gegen Ende des vorletzten Jahrhunderts kurz vor dem Aussterben: Aus Guttapercha bestand das Isolationsmaterial für mehr als 360 000 Kilometer Unterseekabel, die zwischen 1850 und 1907 verlegt wurden und für die – bei einem halben bis einem Kilogramm Guttapercha-Ausbeute pro Baum – mehr als zwanzig Millionen Bäume gefällt werden mussten (Miodownik 2022). Tonträger aus Schellack und Autoreifen aus Naturkautschuk ließen sich ebenfalls nicht in beliebiger Stückzahl herstellen, denn die Beschaffung von Naturstoffen ist begrenzt. Plastik hingegen lässt sich in schier unbegrenzter Menge billig produzieren.

Immer noch mehr Plastik

Erfunden wurden die meisten Arten von Plastik schon ab 1900 (siehe Tabelle 8.1). In nennenswerten Mengen produziert wurde es (mit Ausnahme des PVC) jedoch erst ab 1950 (Abb. 2.1). Die Produktion stieg immer weiter an, auf weltweit etwa 431 Millionen Tonnen im Jahr 2024. Der Anstieg von 1,5 Millionen Tonnen in 1950 auf 400 Millionen in 2022 entspricht einem jährlichen Wachstum von 8,4 Prozent. Von den 400 Millionen Tonnen waren 362 Millionen neu produziert, und nur 38 Millionen entstammten dem mechanischen Recycling (Houssini et al. 2025).

Der weltweit größte Hersteller ist aktuell China mit 34,5 Prozent, gefolgt von den USA mit 16,3 und Europa mit zwölf Prozent (Plastics Europe 2025a). Das war nicht immer so. Von den Anfängen der Chemie als Wissenschaft vor gut zweihundert Jahren bis vor etwa fünfzig Jahren war Deutschland führend, sowohl bei der Forschung als auch bei der Produktion. So musste man beispielsweise in den USA bis in die 1960er-Jahre hinein Deutsch lernen, bevor man Chemie studieren durfte, denn die relevante wissenschaftliche Literatur war in deutschsprachigen Fachblättern publiziert. Gegenwärtig ist die chemische Industrie hierzulande, gemessen am Umsatz, die drittwichtigste Industriebranche nach der Automobilindustrie und dem Maschinenbau, knapp gefolgt von der Elektrotechnik und der Ernährungsindustrie. Sie bildet ein zentrales Rückgrat für andere Industriezweige, da ein Großteil ihrer Produkte weiterverarbeitet wird. Man denke nur an die vielen Plastikteile in unseren Autos und an die Verpackung unserer Lebensmittel.

Gerade im Geburtsland der Chemie war nach den neuesten Zahlen von Plastics Europe Deutschland e. V., dem Verband der Kunststofferzeuger in Deutschland, die Plastikproduktion im Jahr 2025 geringgradig rückläufig (Plastics Europe 2025b). Optimistisch gesehen könnte dies den Beginn einer langfristigen Abkehr von Wegwerfprodukten hin zu einer nachhaltigen Kreislaufwirtschaft an-

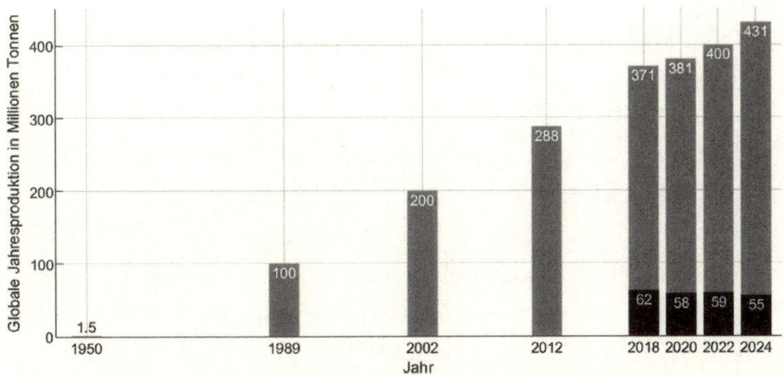

Abb. 2.1: Weltweite Plastikproduktion (graue Säulen) in ausgewählten Jahren von 1950 bis 2024 (nach Daten aus Schweitzer 2024 und Plastics Europe 2025a) und Europäische Plastikproduktion (als Anteil an der globalen Produktion; schwarze Säulen) ab 2018 (nach Daten aus Plastics Europe 2025a).

zeigen, in der es zwar noch Plastik, aber kein Wegwerfplastik mehr gibt. Leider ist es wahrscheinlicher, dass es sich bei diesem Rückgang um einen kurzfristigen Effekt handelt, wie eine aktuelle Studie der unabhängigen, gemeinnützigen Stiftung Pew Charitable Trusts[1] nahelegt. Diese Nichtregierungsorganisation (NGO) hat das Ziel, durch wissenschaftsbasierte Forschung und Daten zur Lösung globaler Probleme wie dem Schutz der Meere und dem Klimaschutz sowie zur Gesundheit der Menschen beizutragen. Die Studie prognostiziert bis 2040 eine Steigerung der weltweiten Primärkunststoffproduktion um weitere 52 Prozent auf 680 Millionen Tonnen jährlich, sollte sich der aktuelle Trend fortsetzen. Dieses Wachstum übersteigt die Kapazitäten der Abfallwirtschaft deutlich, die laut Prognose im gleichen Zeitraum nur um 26 Prozent ausgebaut werden können. Der Anteil der unsachgemäß entsorgten Plastikabfälle wird demnach weiter zunehmen.

Daher warnt die Studie vor eskalierenden Risiken für Ökosysteme, die menschliche Gesundheit sowie die Ozeane und weist zudem darauf hin, dass auch die durch Kunststoff verursachten Treibhausgasemissionen erheblich steigen könnten. Hierzu muss man wissen, dass die konventionellen, also auf fossilen Brennstoffen basierenden Kunststoffe über ihren Lebenszyklus hinweg erhebliche CO_2-Emissionen verursachen. Allein im Jahr 2015 beliefen sich diese auf 1,8 Gigatonnen, was 3,8 Prozent der weltweit emittierten 47 Gigatonnen entspricht. Der größte Teil (61 Prozent) entfiel dabei allein auf die Herstellung (Zheng & Suh 2019). Die Studie betont die Notwendigkeit »dringender internationaler Anstrengungen« und ehrgeiziger politischer Maßnahmen über den gesamten Lebenszyklus von Kunststoffen hinweg, um diese Auswirkungen abzuschwächen.

Nach einem Bericht der Vereinten Nationen (UN 2021) wurden seit Beginn der Produktion weltweit insgesamt etwa 9,2 Milliarden Tonnen Plastik produziert (Stand 2021). Das ergab bei der damaligen Weltbevölkerung von 7,9 Milliarden Menschen mehr als eine Tonne Plastik pro Kopf. Etwa 25 Prozent dieser riesigen Menge an Material ist Bestandteil der Infrastruktur (Baustoffe, Rohre etc.), die restlichen 75 Prozent (knapp sieben Milliarden Tonnen) wurden zu Müll, der zu knapp zehn Prozent recycelt und zu zwölf Prozent verbrannt wurde. Im Umkehrschluss bedeutet das, dass knapp achtzig Prozent auf Müllhalden deponiert wurden oder in der Umwelt endeten (Geyer et al. 2017; Bause 2019; Plastics Europe 2025a).

Die Vermüllung der Meere

In vielen Gegenden der Welt gibt es keine Infrastruktur zur sachgerechten Entsorgung von Abfällen, das heißt, es existiert keine Müllabfuhr, keine Abfallverwertung. Das ist so lange kein Handicap, wie man dort auch sonst über keinerlei Segnungen der westlichen Zivilisation verfügt: Das natürliche Baumaterial Holz zerfällt irgendwann oder wird von Würmern zerfressen, weggeworfene Nahrungsmittel ebenfalls. Zu Problemen kommt es jedoch, wenn Plastik (schon) da ist, die Müllabfuhr aber (noch) nicht. Dann wird Plastik einfach weggeworfen, wonach leider eine seiner Eigenschaften, die wir ansonsten sehr schätzen, unangenehm auffällt: Es wird durch natürliche Prozesse nicht abgebaut – und liegt herum. Die Größe der Bevölkerung und die Qualität seines Müllentsorgungssystems bestimmen weitgehend den Anteil eines Landes am Plastikmüll in den Ozeanen. Mit anderen Worten: Viele Leute in einer Gegend ohne Müllabfuhr sind für die Meere ein riesiges Problem.

Nach den vorliegenden Daten gelangen aus einzelnen Fluss- und Küstengebieten insgesamt zwischen 0,13 und 12,7 Millionen Tonnen (Zhang et al. 2023 beziehungsweise Jambeck et al. 2015) Kunststoffabfälle in die Weltmeere. Neben Müll gibt es weitere Quellen von Plastik in den Meeren, wie beispielsweise verlorene Ladung von Frachtschiffen, Netze und Gerät vom Fischfang sowie Abfall oder Materialien von Aquakulturen.

Etwa zehn Prozent des weltweit produzierten Plastiks landet im Meer. Bereits 1972 wurden im Fachblatt *Science* zwei Arbeiten publiziert, in denen es um Plastikmüll an der Küste Neuenglands (Carpenter et al. 1972) und in der Sargassosee ging (ein Meeresgebiet mit einem sich im Uhrzeigersinn drehenden Meereswirbel zwischen Karibik und mittlerem Atlantik) (Carpenter & Smith 1972). Danach erschienen immer neue und zunehmend alarmierende Studien zum Problem des Plastikmülls (Ryan & Moloney 1995; Jahnke et al. 2017; Ostle et al. 2019; Borrelle et al. 2020; Lau et al. 2020). Nach einer ebenfalls in *Science* erschienenen Arbeit gelangten allein im Jahr 2015 zwischen 4,8 und 12,7 Millionen Tonnen Plastik ins Meer (Jambeck et al. 2015), 2021 laut dem Bericht »Drowning in Plastics« der Vereinten Nationen (UNEP 2021a) etwa 19 bis 23 Millionen Tonnen.

Altes Fischereigerät – Bojen, Leinen, Körbe und ausrangierte beziehungsweise verlorene Fischernetze, sogenannte Geisternetze, machen etwa zehn Prozent des gesamten Plastiks im Meer aus, laut Greenpeace jährlich etwa 640 000 Tonnen (Thomas et al. 2019), und finden sich daher vielfach in den Mägen von Meerestieren. Das Problem der Geisternetze hat sich seit den 1950er-Jahren verschärft, da die Fischereibetriebe weltweit ihre ursprünglich aus Naturfasern wie Baumwolle, Jute und Hanf hergestellten Leinen und Netze durch synthetische Kunststoffe wie Nylon, Polyethylen und Polypropylen ersetzt haben. Da diese Materialien so hergestellt werden, dass sie im Wasser nicht zerfallen, können sie, einmal verloren gegangen, Jahrzehnte in der Meeresumwelt verbleiben und zur Todesfalle für Meerestiere werden.

Containerschiffe transportieren alle möglichen Waren mit unglaublicher Effizienz um die Welt und sind damit ein unverzichtbarer Bestandteil des globalen Handels. Die Routen, die sie befahren, werden die Archäologen künftiger Kulturen leicht entdecken, wenn sie Tausende verlorene Schiffscontainer entlang bestimmter Linien auf dem Meeresgrund finden werden. Neben dem wirtschaftlichen Verlust stellen diese Container auch ein ökologisches Risiko dar, wenn sie giftige Chemikalien enthalten.

Die Anzahl der in den Meeren endenden Container liegt nach Angaben des *World Shipping Council (WSC)*, das seit dem Jahr 2011 alle drei Jahre Statistiken über Containerverluste veröffentlicht, bei durchschnittlich knapp 1400 pro Jahr (HZ-Containers.com 2024). In den letzten Jahren sei diese Zahl rückläufig, weil in verbesserte Sicherungsmaßnahmen investiert wurde. Durchschnittswerte liefern allerdings keine gute Abschätzung der Meeresvermüllung, denn mehr als die Hälfte der Verluste geht auf zwar seltene, dafür katastrophale Unfälle zurück. »Zu diesen Ereignissen gehört zum Beispiel 2013 der Untergang des Containerschiffs MOL Comfort im Indischen Ozean, bei dem 4293 Container verloren gingen. Weitere bemerkenswerte Ereignisse waren der Untergang der MV Rena nach einem Navigationsfehler vor der Küste Neuseelands, bei dem rund 900 Container verloren gingen, oder der Untergang der SS EL Faro während des Hurrikans Joaquin im Jahr 2015, bei dem 517 Container verloren gingen«, kann man hierzu bei Fachleuten nachlesen (HZ-Containers.com 2024).

Empfehlenswert ist das Buch *Marine Anthropogenic Litter* von Melanie Bergmann, Lars Gutow, et al. aus dem Jahr 2015, in dem mehr als fünf Jahrzehnte Forschung zum Thema Meeresmüll zusammengefasst sind. Das Umweltproblem wird in all seinen Facetten diskutiert, von den Auswirkungen auf die Tierwelt und die menschliche Gesundheit bis hin zu sozioökonomischen und politischen Fragen. Es zeigt, wie fortschrittliche Technologien aus der Tiefseeforschung, Mikrobiologie und mathematischer Modellierung zusammen mit klassischen Strandmüllzählungen durch Freiwillige dazu beigetragen haben, das Bewusstsein für Meeresmüll als ein Problem von globaler Bedeutung zu schärfen. Meeresmüll ist eine der größten Bedrohungen für die Meeresfauna, Lebensräume und Nahrungsnetze weltweit.

Allem voran sorgt aber die Müllentsorgung an Land für Plastikmüll im Meer. Mikroplastik unter einer Größe von etwa zehn Mikrometer (s. dazu Kapitel 3) zum Beispiel gelangt ungehindert in Flüsse und dann ins Meer, da es zu klein für die Filter von Kläranlagen ist. Derart kleine Teilchen werden auch durch den Wind ins Meer eingebracht. Wie wir noch sehen werden, ist dieses Phänomen ganz besonders für den Abrieb von Autoreifen – eine sehr häufige Form von Mikroplastik – relevant. Größere Plastikteilchen, die eigentlich von Filtern zurückgehalten werden, können zuweilen dennoch ins Meer gelangen, beispielsweise dann, wenn bei heftigen Regenfällen oder Unwettern die Abwasserwege überlaufen und die Kläranlagen wirkungslos werden.

Kunststoffe mit einem höheren spezifischen Gewicht als Meerwasser (dessen Dichte bei 1,03 bis 1,04 g/cm^3 liegt) sind Polyvinylchlorid (PVC), Polyethylenterephthalat (PET), Polyurethan (PUR), Polycarbonat (PC), Acrylglas und Nylon (siehe Kapitel 8), sinken auf den Meeresgrund und sedimentieren dort, wohingegen spezifisch leichtere Kunststoffe wie zum Beispiel Polyethylen (PE), Polystyrol (PS) und Polypropylen (PP) an der Wasseroberfläche verbleiben und durch Strömung und Wind weit über die Meere verteilt werden. Durch *Biofouling* – die Anlagerung von Biomasse – kann sich die Dichte mancher Kunststoffe über die Zeit so weit erhöhen, dass es sie ebenfalls auf den Meeresgrund zieht (Moret-Ferguson et al. 2010). Einige der leichteren Kunststoffe enden an den Stränden der Meere, andere sammeln sich in bestimmten Wirbelströmungen der Ozeane (siehe unten) wie dem Nordatlantikwirbel (Moret-Ferguson et al. 2010) oder dem Nordpazifikwirbel (Moore et al. 2001). Andere werden physikalisch zu mikroskopisch kleinen Teilchen zermalmt (Thompson et al. 2004; Browne et al. 2008).

So wundert nicht, dass – wie im nächsten Kapitel dargestellt – auch Mikroplastik überall im Meer vorkommt, von tropischen Gewässern bis hin zu den Polarmeeren (Hale et al. 2020), sowohl in Oberflächengewässern (Eriksen et al. 2014) als auch in der Tiefsee (Kane et al. 2020). Wahrscheinlich wird die Menge in den meisten Studien deutlich unterschätzt, wie Mikroplastiksammlungen im Meerwasser mit Netzen verschiedener Maschenweite ergaben (Lindeque et al. 2020). Abbildung 2.2 gibt eine Übersicht zur Anzahl und Masse des Plastiks in den Meeren aus dem Jahr 2018.

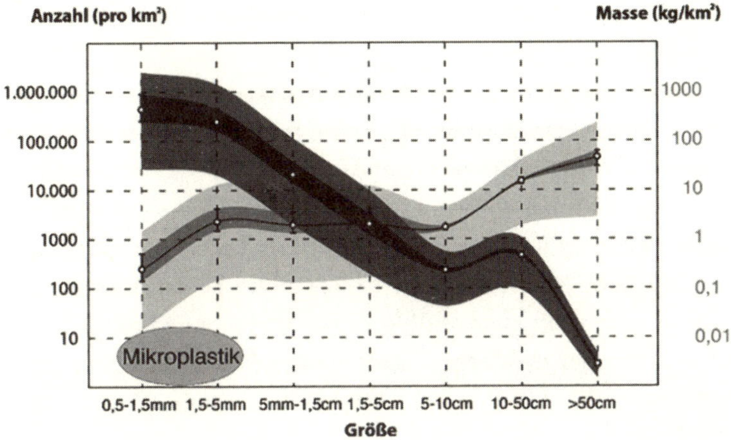

Abb. 2.2: Gemessene Anzahl (dunkelgrau) und Masse (hellgrau) von Plastikmüll unterschiedlicher Größe im Meer (nach Lebreton et al. 2018, S. e10, Figure 4b) je Quadratkilometer Meeresoberfläche. Die Punkte stellen die Mittelwerte der Konzentrationen dar, die helleren Schattierungen zeigen den Bereich vom 5. bis 95. Perzentil der gemessenen Konzentrationen, die dunkleren das Vertrauensintervall[2] der Messungen. Sowohl die Anzahl als auch die Masse sind logarithmisch skaliert. Je kleiner der Müll, desto mehr (Anzahl) gibt es davon.

Die Zerfallszeit von Plastik in der Umwelt hängt stark von der Art des Kunststoffes sowie den Umgebungsbedingungen ab und kann viele Jahrhunderte betragen (Hale et al. 2020, Parker 2025). Nylon hat mit dreißig bis hundert Jahren eine relativ kurze Verweildauer in der Umgebung (Anonymus 2008/2023). Plastiktüten bestehen meist aus Polyethylen und manchmal aus Polypropylen, Supermarktbeutel oft aus dünnerem Polyethylen niedriger Dichte (low density Polyethylen; LDPE), stabilere Tragetaschen auch aus Polyethylen hoher Dichte (HDPE). Die LDPE-Tüten sind nach zwanzig bis dreißig Jahren zersetzt, die HDPE-Beutel dagegen brauchen Jahrhunderte, ebenso die sehr häufigen PET-Flaschen (450 Jahre). Die Zersetzung des Kunststoffs in Kaffeekapseln dauert mehr als 500 Jahre, ebenso die von Wegwerfwindeln und Plastikzahnbürsten (WWF Australia 2025). Styropor zersetzt sich gar nicht (LeBlanc 2015).

Die Müllwirbel im Pazifik und im Atlantik

Schon vor nahezu drei Jahrzehnten entdeckte der Kapitän und Umweltschützer Charles Moore die weltweit größte im Meer treibende Plastikmüllhalde, während er von Hawaii über den Pazifischen Ozean nach Kalifornien segelte. Er war schockiert über das Ausmaß des *Great Pacific Garbage Patch* (GPGP), wie er das Phänomen bezeichnete. Im Jahr 2012 publizierte Moore seine Beobachtungen über den »großen pazifischen Müllfleck« zusammen mit seiner Arbeit als Aktivist für saubere Meere in seinem Buch *Plastic Ocean*.

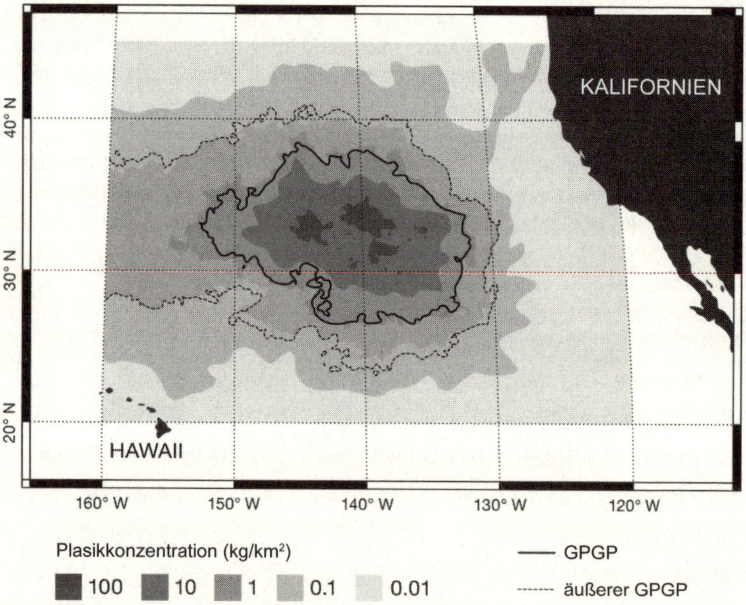

Abb. 2.3: Der Great Pacific Garbage Patch zwischen Hawaii (links unten) und Kalifornien (rechts oben) im August 2015 (nach Daten aus Lebreton et al. 2018, S. e8, Figure 3a). Er erstreckte sich damals über vierzig Längen- und zwanzig Breitengrade.

Nach einer genauen Vermessung mit mehreren Schiffen und per Flugzeug in den Jahren 2015 und 2016 stellte sich heraus, dass der GPGP noch wesentlich größer ist als von Moore vermutet (Abb. 2.3): Er umfasst 1,6 Millionen Quadratkilometer, mehr als die Fläche von Frankreich, Deutschland und Spanien zusammen (Lebreton et al. 2018).

Auch im Nordatlantik gibt es zwei sich langsam drehende Wasserwirbel, in denen sich Plastikmüll ansammelt (Moret-Ferguson et al., 2010): das bereits erwähnte Meeresgebiet namens Sargassosee und nordöstlich davon die *Atlantic Meridional Overturning Circulation,* meist kurz AMOC genannt (Abb. 2.4).

Diese Atlantische Umwälzströmung wird durch Dichteunterschiede (Temperatur und Salzgehalt) angetrieben: Kühlt sich warmes, salzreiches Oberflächenwasser im Nordatlantik ab, wird es dichter, sinkt ab und fließt dann in der Tiefe nach Südwesten. Weil dadurch Wasser im Norden fehlt, fließt vom Südwesten aus tropischen Gewässern (der Karibik und dem Gebiet weit darum herum) warmes Wasser an der Oberfläche des Atlantischen Ozeans nach. Durch diesen Transport von Wärme nach Europa beeinflusst die AMOC das Wetter in Europa – und das globale Klima – maßgeblich. Ohne diese Meeresströmung wären die Winter in Europa je nach Ort fünf bis fünfzehn Grad kälter. Aufgrund der Erderwärmung ist die AMOC bereits um etwa fünfzehn Prozent schwächer geworden, und es besteht die Gefahr, dass sie bis zum Ende des Jahrhunderts noch deutlich schwächer wird (Boers 2018; 2021; van Westen et al. 2024). Allerdings wird dies heftig und kontrovers diskutiert (Terhaar et al. 2025).

Müllwirbel befinden sich also weit draußen mitten in den offenen Meeren, und da Menschen nur selten dorthin kommen, wurden sie erst spät entdeckt und kaum untersucht. Man kann sich jedoch leicht ausmalen, dass sie eine erhebliche Gefahr für im Meer lebende Tiere darstellen (NOAA 2025): Verlorene Fischernetze stehen nicht mehr unter der Kontrolle eines Fischers, fangen und töten aber dennoch Meerestiere, die sich in ihnen verheddern oder von ihnen umwickelt

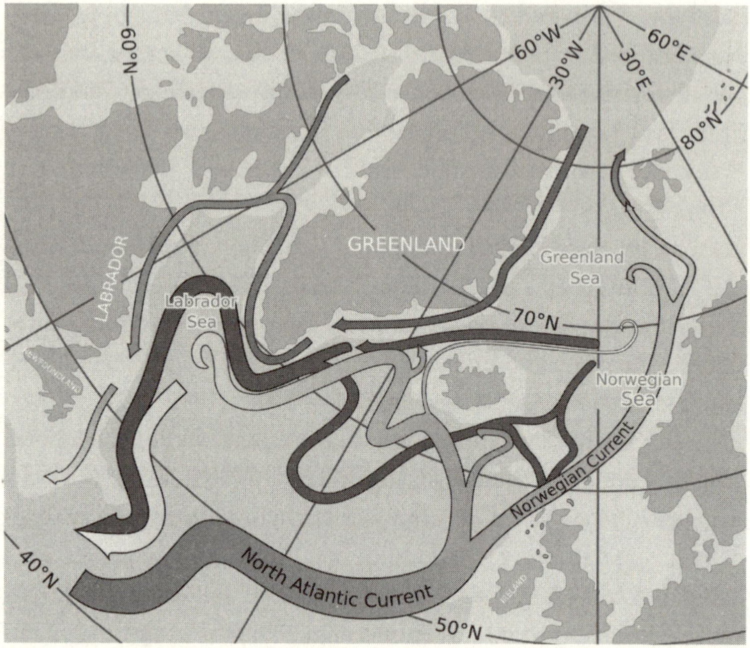

Abb. 2.4: Die Atlantische Meridionale Umwälzzirkulation (engl. Atlantic Meridional Overturning Circulation, kurz: AMOC).

werden (Abb. 2.5). Den gleichen Effekt kann Plastikmüll mit Schlaufen haben, also Plastiktüten, Sixpackringe, Verpackungsbänder oder -griffe.

Meerestiere und Seevögel können zudem versehentlich Plastikmüll fressen, was ihrer Gesundheit schaden kann. Beispielsweise kann das unverdauliche Plastik so viel Platz in ihren Mägen einnehmen, dass sich die Tiere dauerhaft satt fühlen und auch keine richtige Nahrung mehr zu sich nehmen können. Schließlich kann Meeresmüll Tiere und Krankheitserreger von einem Ort zum anderen transportieren (siehe unten).

Das Wissen um Plastik im Atlantik ist interessanterweise selbst eine Art »Abfallprodukt«, denn es wurde sozusagen nebenbei während der Erforschung von Plankton generiert. Bereits im Jahr 1931 wurde eine Maschine zum Sammeln und Speichern von Plankton konstruiert (Ostle et al. 2019), der *Continuous Plankton Recorder (CPR).* Das torpedoförmige Metallgehäuse mit einem mechanischen, schaltbaren Vorwärtsgitter zum Sammeln und Speichern von Plankton wurde hinter verschiedensten Schiffen wie Fähren oder Containerschiffen in einer Tiefe von etwa sieben Metern kreuz und quer durch den Atlantik und angrenzende Meere hergezogen; seit 1957 kamen über 6,5 Millionen Seemeilen zusammen. Wenn der CPR nach einer gewissen Zeit des Sammelns an Bord gezogen wurde, protokollierte die Besatzung alle Probleme, beispielsweise Verwicklungen oder das Verstopfen der Maschine. Man muss sich vergegenwärtigen, dass der CPR etwas ganz Ähnliches tut wie größere Meeressäugetiere, die sich in Oberflächengewässern aufhalten. Er erwies sich vor allem als ähnlich anfällig fürs Verheddern und Verwickeln. Die Protokolle enthalten daher einige der frühesten Aufzeichnungen über Plastikverflechtungen im offenen Ozean.

Richard Thompson und Mitarbeiter nutzten diese historischen Aufzeichnungen, um rückblickend die Menge an Mikroplastik in

Abb. 2.5: In Plastikleinen und Fischereiwerkzeug verhedderte Meeresschildkröte (aus Thomas et al. 2019, S. 2).

den erhobenen Proben entlang zweier Routen im Nordostatlantik zu zählen (Thompson et al. 2004). Die Studie zeigte einen signifikanten Anstieg von Mikroplastik für den Zeitraum von 1980 bis 1990 gegenüber dem von 1960 bis 1970.

Anhand dieses und weiterer Datensätze erstellte die Meeresbiochemikerin Clare Ostle eine kontinuierliche Zeitreihe von 1957 bis 2016 zum Vorkommen von Plastik im Nordatlantik und den angrenzenden Meeren. Ihre Arbeit liefert einige der frühesten Aufzeichnungen über die Häufigkeit vom Verheddern und Verflechten mit Makroplastikmüll. Zugleich konnte sie als Erste einen signifikanten Anstieg von Plastikmüll im offenen Ozean in den letzten Jahrzehnten bestätigen (Ostle 2019).

Ein Team aus den Niederlanden und der Schweiz publizierte im Jahr 2022 eine Studie zum Vorkommen von Makro- und Mikroplastik in der Region des Nordatlantischen subtropischen Wirbels *(North Atlantic Subtropical Gyre*, NASG) und des Nordatlantikstroms (*North Atlantic Drift*, NAD; vgl. Abb. 2.4) von der Wasseroberfläche bis in eine Tiefe von dreihundert Metern (Egger et al. 2022). An der Wasseroberfläche wurde dabei der meiste Abfall gefunden. Die Konzentration von Mikroplastik nahm mit zunehmendem Abstand von der Oberfläche ab und war in dreihundert Metern Tiefe (den tiefsten Messpunkten) am geringsten. Doch sehen die Autoren die Menge des Mikroplastiks im Plankton bereits als Gefahr für die im offenen Meer schwimmenden Fische.

Plastik in Fischen der Nord- und Ostsee

Da Mikroplastik überall im Meer vorkommt, wird es auch von allen Fischen aufgenommen. Nachgewiesen wurde es sowohl in abseits der Küsten und des Meeresgrundes frei im Wasser schwimmenden Schwarmfischarten (zum Beispiel Makrele, Hering, Sardelle, Thunfisch, Hai) als auch in Fischarten, die vor allem am Meeresgrund oder in dessen Nähe als Einzelgänger leben (etwa Kabeljau/Dorsch,

Seelachs, Seehecht, Scholle, Seezunge und Steinbutt). Im Hinblick darauf, dass Fisch Bestandteil einer gesunden Diät ist und Fischöl ein wichtiger Nahrungsbestandteil für den Menschen darstellt, sollte man wissen, dass der Ölgehalt im Körper von Bodenfischen lediglich ein bis vier Prozent ihres Körpergewichts beträgt, wohingegen er bei frei im Wasser schwimmenden Fischen mehr als zehn Prozent ausmachen kann.

Im Auftrag des Umweltbundesamtes wurden 258 im freien Meer und 132 im Bereich des Meeresgrundes lebende Fischarten aus Nord- und Ostsee qualitativ und quantitativ auf das Vorhandensein von neun verschiedenen Arten von Mikroplastik untersucht: Polyethylen (PE), Polypropylen (PP), Polystyrol (PS), Polyvinylchlorid (PVC), Polyethylenterephthalat (PET), Polymethylmethacrylat (PMMA), Polycarbonat (PC), Polyurethan (PUR) und Polyamid (PA). Die Fische wurden gefangen und der Inhalt des Magens beziehungsweise des Magen-Darm-Trakts untersucht. In 69 Prozent der Proben aus dem zentralen Jadebusen im Niedersächsischen Wattenmeer (Nordsee) und der Wismar-Bucht sowie des Seegebiets Windpark Baltic II 35 Kilometer nördlich von Rügen (Ostsee) wurde Mikroplastik nachgewiesen (Scholz-Böttcher et al. 2021) – und zwar mit Ausnahme von PP alle Arten. Der Gehalt lag in der Ostsee unterhalb von zwanzig Mikrogramm und in der Nordsee unterhalb von 15 Mikrogramm je Probe. Die Fische der Ostsee enthielten damit tendenziell mehr Mikroplastik. Zudem fand sich bei ihnen auch eine größere Vielfalt an Plastikarten.

Man könnte nun vermuten, dass im Bereich des Meeresbodens lebende Fische im Vergleich zu den frei schwimmenden Arten mehr Mikroplastik enthalten, weil zumindest die Plastikarten mit höherem spezifischen Gewicht sich dort sammeln. Dies war in der Nordsee mit 83 versus 45 Prozent der Fall, in der Ostsee mit 68,5 versus 69 Prozent jedoch nicht (Scholz-Böttcher et al. 2021, S. 13). Verallgemeinerbare Zusammenhänge zwischen Plastikart und -menge einerseits und Fischarten andererseits – sowohl was einzelne Arten als auch frei im Meer schwimmende oder am Meeresboden lebenden Arten anbelangt – konnten nicht nachgewiesen werden. Es gab durchaus Unterschiede, die von den Autoren jedoch eher mit der Nahrungsaufnahme der einzelnen Arten und den lokalen Strömungs- und Sedimentationsbedingungen in Verbindung gebracht werden. Eine Überlegung, die zu der Studie führte, bestand darin, Fischarten zu finden, die man langfristig immer wieder untersuchen kann und die damit in künftigen Langzeitstudien als *Indikatororganismen* zur Erfassung der Belastung ihres Lebensraums mit Mikroplastik dienen können.

Plastik auf dem Meeresgrund

Plastiksorten mit einer Dichte von mehr als 1,04 g/cm^3 sinken mittel- bis langfristig in die Tiefe. Die Menge an Plastik auf dem *Meeresgrund* wurde im Jahr 2024 erstmals grob geschätzt und mit drei bis elf Millionen Tonnen beziffert (Zhu et al. 2024). Erst kürzlich wurde klar, wie vorsichtig man diese Zahlen betrachten muss. Obwohl das Meer 73 Prozent der Erdoberfläche ausmacht und 93 Prozent davon wiederum Tiefsee sind (definitionsgemäß tiefer als zweihundert Meter), ergab eine im Mai 2025 im Fachblatt *Science Advances* publizierte Analyse von 43 681 Tiefseetauchgängen, dass nur 0,001 Prozent des Tiefseemeeresbodens (der immerhin 66 Prozent der Erdoberfläche ausmacht) tatsächlich jemals visuell betrachtet wurden (Bell et al. 2025).

Warum ist das so? Lediglich fünf Nationen (USA, Japan, Neuseeland, Frankreich und Deutschland) führten 97 Prozent aller Tauchgänge in der Tiefsee durch, die damit von ganz bestimmten Interessen geleitet und damit wiederum sehr selektiv unternommen wurden. Die Tauchgänge konzentrierten sich daher auf einige wenige Regionen und zudem zu über vierzig Prozent auf Tiefen bis zweitausend Meter, obwohl nur gut zehn Prozent des Weltmeeres diese Tiefe aufweisen. Lediglich etwa fünf Prozent gingen auf viertausend bis sechstausend Meter Tiefe, in der etwa 45 Prozent des Meeres liegen.

Wir haben also nicht nur 99,999 Prozent des Meeresbodens noch nicht gesehen, sondern waren darüber hinaus auch noch sehr selektiv bei dem winzigen Bruchteil, den wir gesehen haben. Wenn man sagt, man kenne 0,001 Prozent der Tiefsee, dann ist diese winzige Zahl also sogar eine *Über*schätzung unserer wirklichen Kenntnis.

Müll und Plastik überall

In der Arktis wurde Mikroplastik sowohl im Wasser (Lusher et al. 2015; Kanhai et al. 2020) als auch im Eis und erst kürzlich im Schnee gefunden. Die Konzentrationen im Eis lagen mit 23 bis 234 Partikeln pro Kubikmeter um etwa das Tausendfache höher als im arktischen Wasser. Verglichen mit dem großen pazifischen Müllwirbel mit Konzentrationen von 0,34 (Thompson et al. 2004) und 0,12 (Goldstein et al. 2012) Partikeln pro Kubikmeter Wasser, lagen die Konzentrationen im arktischen Eis um drei Größenordnungen höher. Dies legt nahe, dass das arktische Eis eine Art vorübergehenden Speicher *(temporary sink)* für Mikroplastik darstellt (Peeken et al. 2018). Dies ist einerseits positiv, weil es die gegenwärtige Belastung mit Mikroplastik reduziert, gibt aber auch Anlass zur Besorgnis, wenn aufgrund des Klimawandels das arktische Eis abschmelzen wird (Obbard et al. 2014).

Auch in der Antarktis wurde Mikroplastik im Wasser und in Sedimenten gefunden (Munari et al. 2017), ebenso im ewigen Eis des Mount Everest (Wang et al. 2025) und in den Wüsten der Welt. Erst im vergangenen Jahrzehnt hat man überall nach Mikroplastik gesucht – und es überall gefunden.

Die Auswirkungen von Plastikmüll auf das menschliche Wohlbefinden sind vielfältig: Beispielsweise ergaben drei Studien zum ästhetischen Erleben, dass Plastik die erlebte Qualität von Stränden von allen Merkmalen beziehungsweise wahrgenommenen Beeinträchtigungen, die untersucht wurden, am meisten mindert (Wyles et al. 2016).

Der Plastikmüll beeinträchtigt nicht nur die Ästhetik von Stränden (Abb. 2.6), er kann auch Entwässerungs- und Abwasserentsorgungssysteme verstopfen, wie schon vor zwei Jahrzehnten im westafrikanischen Ghana zu beobachten war: Dort hatten Plastikabfälle das Entwässerungssystem in Großstädten wie Accra, Kumasi und Takoradi so stark verstopft, dass selbst geringste Niederschläge zu Überschwemmungen führten (Fobil & Hogarth 2006, S. e3 f).

Schließlich bildet Plastikmüll, wie bereits erwähnt, einen Nährboden für Krankheitserreger. Nicht nur, dass solche Erreger an Plastikpartikeln hängen oder kleben, mit ihnen transportiert und von anderen Lebewesen aufgenommen werden. Vielmehr stellt auf dem Meer treibender Plastikmüll auch eine Brutstätte für biologische Vektoren dar, also Organismen, die ihrerseits Infektionskrankheiten verbreiten: Algen, Seepocken, Krabben oder andere Arten können sich an dem Müll festsetzen und über den Ozean transportiert wer-

Abb. 2.6: Plastikmüll am Strand des Malawisees nahe Karonga (© Autor). In Malawi gibt es keine Müllabfuhr – Plastikflaschen werden nach Gebrauch oft einfach weggeworfen. Es besteht offenbar auch wenig Bewusstsein dafür, dass Plastik nicht biologisch abgebaut wird und dieses Wegwerfverhalten langfristig nicht nachhaltig sein kann.

den. Damit nicht genug: Sind sie in der neuen Heimat eine invasive Art und siedeln sich dort an, können sie heimische Arten verdrängen und auf diese Weise ganze Ökosysteme beeinträchtigen oder gar zerstören (Kiessling et al. 2015). Plastikmüll ist hier nicht die Ursache der Zerstörung, begünstigt sie aber über diesen Transportmechanismus.

Hausmüll und Nachhaltigkeit

Weltweit fallen jährlich etwa 2,1 Milliarden Tonnen Siedlungsabfälle an. Was damit geschieht, wird von der Abfallwirtschaft mittlerweile nicht mehr nur nach rein ökonomischen Gesichtspunkten betrachtet, sondern zunehmend auch von ökologischen Zielen wie beispielsweise der Verringerung der Verbreitung von Plastikmüll in den Meeren (Jambeck et al. 2015) oder der Verminderung der Treibhausgasemissionen geleitet (Anshassi & Townsend 2025). Diese beiden Ziele (Nr. 12 und 13 in Tabelle 2.1) gehören zu den siebzehn Zielen der Vereinten Nationen für nachhaltige Entwicklung.

Tabelle 2.1: Ziele der Vereinten Nationen für eine nachhaltige Entwicklung *(Sustainable Development Goals, SDG)* der Welt (UN SGSs).

Ziel	**Bedeutung, Kommentar**
1. Keine Armut	Soziale Sicherungssysteme
2. Kein Hunger	Nachhaltige Landwirtschaft
3. Gesundheit und Wohlbefinden	Lebenserwartung
4. Bildung	Prozent der beschulten Kinder; Prozent der Schüler mit Abschluss; Art des Abschlusses; Schulen mit fließendem Wasser, Strom, Toiletten
5. Gleichberechtigung	Frauenanteil im Parlament; Prozent erzwungener Eheschließungen
6. Sauberes Wasser; Abwassersystem	Kanalisation; industrielles Abwassermanagement

7. Bezahlbare saubere Energie	Prozent der Bevölkerung mit Stromanschluss; Prozent nachhaltige Energie
8. Arbeit, Wachstum	Zumutbare, menschliche Arbeitsbedingungen, BIP* pro Kopf
9. Industrie, Innovation, Infrastruktur	Prozent in produzierendem Gewerbe; Patente; Transportwege
10. Verminderung der Ungleichheit	Innerhalb und zwischen den Ländern; Frauen, Behinderte
11. Nachhaltige kommunale Strukturen	Inklusive, sichere und resiliente Städte & Kommunen; lokale Transportwege
12. Nachhaltiger Konsum	Nachhaltige Produktion; Recycling
13. Regulierung der Emissionen	Gegen Klimawandel; nachhaltige Energieversorgung
14. Schutz der Meere	Nachhaltige Fischerei; gegen Temperaturanstieg und Übersäuerung
15. Nachhaltiger Umgang mit Land	Schutz der Wälder; Maßnahmen gegen Vorrücken der Wüsten; Artenschutz, Biodiversität
16. Gerechtigkeit und Frieden	Effektive Institutionen; Geburtenregister; Bekämpfung v. Bestechung; Teilhabe an der Demokratie; behindertengerecht
17. Partnerschaften	International; public-private; Technologietransfer; freier Austausch von Ideen

*) BIP: Bruttoinlandsprodukt

Sowohl die Müllverbrennung (dabei entsteht das Treibhausgas Kohlendioxid) als auch Mülldeponien stellen diesbezüglich ein Problem dar, denn die meisten abfallbezogenen Treibhausgasemissionen stammen aus biologisch abbaubaren Abfällen in Deponien (Powell et al. 2016). Dort entsteht aus Bioabfall das Gas Methan, das einen stärkeren Treibhauseffekt verursacht als Kohlendioxid (Cusworth et al. 2024). Auch die Ziele 6, 7, 14 und 15 (sowie indirekt 9 und 11) stehen mit Plastikmüll in Zusammenhang.

Das Problem des nachhaltigen Umgangs mit Müll wird unsere Gesellschaft in den nächsten Jahrzehnten deutlich besser lösen müssen, als dies derzeit geschieht – obwohl wir bereits über Systeme für die Entsorgung von Müll verfügen. Alles auf eine Deponie zu kippen, ist der schlechteste Weg. Verbrennung ist besser. Plastik und organische Abfälle trennen, um das eine zu recyceln und aus dem anderen Biogas zu produzieren, ist nochmals deutlich besser für den Planeten Erde.

Fazit

Plastik wurde schon im vorletzten Jahrhundert erfunden, aber erst seit Mitte des letzten Jahrhunderts in zunehmender Menge produziert. Weltweit lag die Jahresproduktion im Jahr 2024 bei 431 Millionen Tonnen. Die weltweit größten Plastikproduzenten sind derzeit China mit einem Anteil von 34,5 Prozent, die USA mit 16,3 Prozent und Europa mit 12 Prozent. Seit dem Beginn der Produktion in nennenswerten Mengen wurden weltweit insgesamt etwa 9,2 Milliarden Tonnen produziert. Der größte Teil davon landet in den weltweit jährlich etwa 2,1 Milliarden Tonnen Siedlungsabfällen, deren Entsorgung bislang nur zu einem geringen Teil gemäß den Zielen der Vereinten Nationen für eine nachhaltige Entwicklung erfolgt.

Etwa zehn Prozent der weltweiten Plastikproduktion enden in den Meeren, wo Plastiksorten mit einer höheren Dichte als Meerwasser (PVC, PET, Polyurethan, Polycarbonat, Acrylglas und Nylon) auf den Grund sinken und solche mit geringerer Dichte (Polyethylen, Polystyrol und Polypropylen) an der Oberfläche treiben und teilweise riesige Plastikmüllwirbel wie den Nordatlantik- und den Nordpazifikwirbel bilden. Weil diese in den Weiten der Ozeane treiben, wurden sie erst relativ spät entdeckt und sind bislang kaum untersucht. Für Meerestiere kann Plastik durch Verheddern zur Falle werden. Nehmen sie Plastik mit der Nahrung auf, können sie daran verenden.

Langfristig zerfällt Plastik in immer kleinere Teilchen und wird entweder chemisch durch Sauerstoff, UV-Strahlung und Wärme zersetzt oder endet als kleinste Teilchen, also in Form von Mikro-

und Nanoplastik. Die Zerfalls- beziehungsweise Zersetzungszeiten hängen von der Sorte und den Umweltbedingungen ab und können Jahrzehnte bis viele Jahrhunderte betragen. Manche Sorten wie beispielsweise Polystyrol werden nie zersetzt. Mikro- und Nanoplastik wurden auch in den Fischen von Nord- und Ostsee nachgewiesen.

3

MIKRO BIS NANO: IMMER KLEINER

Kleine Partikel aus Plastik werden nach Definition der *National Oceanic and Atmospheric Administration* als Mikroplastik bezeichnet, wenn ihr Durchmesser unter fünf Millimeter liegt. Ein Millimeter hat 1000 Mikrometer (µm), ein Mikrometer (also ein Tausendstel Millimeter) wiederum 1000 Nanometer (nm). Sind die Teilchen kleiner als ein Mikrometer (< 1 µm), also zwischen 1 und 999 nm groß, spricht man von Nanoplastik (Gigaulta et al. 2018). Um sich eine Vorstellung davon zu machen, um welche Relationen es geht, sei nochmals die Abbildung 2.2 herangezogen. Diese Übersicht zur Anzahl und Masse des Plastiks in den Meeren beginnt links bei vergleichsweise großem Mikroplastik in einer Größe von 0,5 mm (entsprechend 500 µm). Partikel von 1 nm Größe sind 500 000-mal kleiner. Zum Vergleich: Bei 100 000-facher Vergrößerung auf 0,1 mm (100 µm) wäre das 1-nm-Teilchen gerade eben sichtbar, das Teilchen von 0,5 mm hätte dagegen eine Größe von 50 Metern!

Leider fallen Plastikteilchen einer Größe unterhalb von 200 nm bei vielen Analysemethoden buchstäblich durch das Raster. Nanoplastik ist nicht nur für uns gänzlich unsichtbar, sondern teilweise auch für die naturwissenschaftliche Forschung nicht zugänglich. Hieran wird zwar gearbeitet, aber bislang ohne Erfolg. Dies muss man im Hinterkopf behalten, wenn man die bereits vorliegenden Ergebnisse diskutiert. Es ist noch nicht alles – buchstäblich – bis ins Kleinste untersucht.

Bereits unterhalb einer Größe von etwa einem Zehntel Millimeter hat Mikroplastik eine Eigenschaft, die man gern vergisst: Die Teilchen sind für das Auge ohne Hilfsmittel unsichtbar. Hinzu kommt: Je kleiner die Partikel sind, desto mehr werden es (Abb. 2.2). Aus einem weggeworfenen Plastikbecher entstehen zwei halbe, vier viertel und so weiter, bis hinunter zu Millionen von Mikro- und schließlich Milliarden von Nanoplastikteilchen. Man könnte nun meinen, dass zwar der eine sichtbare Plastikbecher als Müll in der Landschaft stört, sein durch mechanische Zerkleinerung entstandenes Endprodukt hingegen so klein und so »verdünnt« in der Umgebung vorliegt, dass es nicht mehr schaden kann.

Dem ist aber nicht so, denn abgesehen von der ästhetischen Beeinträchtigung schadet der eine Plastikbecher in der Landschaft niemandem. In Form von unsichtbarem Mikro- und Nanoplastik kann er aber mit der Luft eingeatmet oder mit der Nahrung aufgenommen werden, gelangt so unbemerkt in unseren Körper. Durch den Zerkleinerungsprozess hat sich zudem die Oberfläche des Plastikbechers vervielfacht, das heißt, seine Möglichkeiten der Wechselwirkung mit der Umgebung sind sehr viel größer, gerade *weil* er jetzt in Form sehr vieler kleiner Teilchen vorliegt (Law & Thompson 2014).

Dies hat vielerlei Folgen: Am beziehungsweise im Mikroplastik der Meere reichern sich Umweltgifte wie Dichlordiphenyltrichlorethan (DDT), polychlorierte Biphenyle (PCBs) und polybromierte Diphenylether (PBDEs) an, erhöhen deren Konzentration somit um ein Vielfaches (Ogata et al. 2011). Dieser Prozess ist reversibel, das heißt, die vom Mikroplastik gespeicherten Gifte werden nach der Aufnahme durch Tiere wieder freigesetzt (Teuten et al. 2009). Untersuchungen im Labor konnten die Aufnahme der in Mikroplastik angereicherten Gifte durch Meereswürmer (Browne et al. 2013) und Fische (Rochman et al. 2013) nachweisen. Die Stärke dieses Effekts, also der Übertragung von Giften durch Mikroplastik, hängt von der Art des Plastiks, dem Schadstoff (Gift) und den Bedingungen im Organismus ab, insbesondere vom pH-Wert und der Temperatur. Diese Wechselwirkungen sind spezifisch, aber noch nicht vollständig aufgeklärt. Zudem können von Organismen aufgenommene Plastikabfälle toxische Zusatzstoffe freisetzen, die bereits während der Herstellung in Kunststoffe eingebracht werden (sogenannte Additive; vgl. Kapitel 9), wie beispielsweise Weichmacher, Flammschutzmittel oder antimikrobiell wirksame Stoffe. Damit gelangen diese überall in den Körper von Meerestieren – und von dort in die Nahrungskette und letztlich auch in uns.

Neben der Größe liefert auch die Herkunft von kleinem Plastik ein wichtiges Unterscheidungsmerkmal: *Primäres* Mikroplastik wird als solches produziert, *sekundäres* Mikroplastik dagegen entsteht durch Reibung aus (Makro-)Plastik, meist aus Plastikmüll an Land und in den Meeren. Nanoplastik entsteht immer aus Mikroplastik (wiederum durch Zerreibung oder Zersetzung), primäres, also eigens als solches produziertes Nanoplastik gibt es nicht.

Primäres und sekundäres Mikroplastik

Ein kleiner Teil (wenige Prozent) des Mikroplastiks wurde beziehungsweise wird tatsächlich eigens produziert, das sogenannte *primäre* Mikroplastik. So enthielten manche Zahncremes anstatt der früher als Schleif- und Poliermittel verwendeten Kreide Mikroplastikteilchen, weil kleinste runde Plastikkügelchen »sanfter« zu den Zähnen seien, wie man meinte. In der Literatur werden diese kleinen Kügelchen als Mikroperlen bezeichnet. Sie waren auch ein Inhaltsstoff von Windeln und Kosmetikartikeln wie Puder oder Cremes (Napper et al. 2015). Sie dienten als Farbstoff, zum Peeling oder als Mikrobehältnis zur langsamen Freisetzung von Ölen oder anderen Flüssigkeiten. In Indien beispielsweise wurde die Menge des jährlich mit der Zahnpasta ins Abwasser gelangenden Mikroplastik (Größe von 100 bis etwa 400 µm) mit 1400 Tonnen beziffert (Madhumitha et al. 2022). Für Istanbul wurde die entsprechende Menge mit 871 Tonnen ermittelt (Ustabasi & Baysal 2019).

Es dauerte nicht sehr lange, bis Mikroperlen in Meerestieren gefunden wurden, was Umwelt- und Tierschützer auf den Plan rief. Die Niederlande waren dann das erste Land, das – im Jahr 2014 – ein Verbot von Mikroperlen in Kosmetikprodukten einführte. Im Jahr darauf unterzeichnete Präsident Obama mit dem *Microbead-Free*

Waters Act ein Gesetz, das die Produktion von Mikroperlen ab dem 1. Juli 2018 und ihren Vertrieb ab dem 1. Juli 2019 untersagte (US Food & Drug Administration 2022). Weitere Länder folgten diesem Beispiel, zunächst Kanada, Südkorea, Taiwan, Australien, Neuseeland, Frankreich und Großbritannien (Watkins et al. 2019), mit Verzögerung China, Italien, Irland, Thailand (2020), Argentinien (2022) und – erst am 17. Oktober 2023 – schließlich auch die Europäische Union.

Sekundäres Mikroplastik macht weit über neunzig Prozent der Gesamtmenge an Mikroplastik aus. Weil die Dichte der am häufigsten verwendeten Kunststoffe (Polyethylen und Polypropylen) ähnlich der von Wasser ist, schwimmen sie auf oder im Wasser, weshalb das meiste Plastik in den Meeren ständig in Bewegung ist und aneinanderreibt oder zwischen Sand und Steinen zerrieben wird, wodurch auf Dauer kleine und kleinste Plastikteilchen entstehen. An Land sorgen Zersetzung und Abbau, aber ebenfalls Abbruch und Abrieb für immer kleinere Plastikpartikel. Weil an Land die zersetzenden Faktoren – Temperaturänderungen, Sonnenlicht (UV-Strahlung), mechanische Abrasion (zum Beispiel Reifenabrieb) – größer sind als in den Meeren, entsteht der überwiegende Teil des sekundären Mikroplastiks an Land.

Mikroplastik aus Geschirrspül- und Waschmaschinen

Zu den Quellen für den Eintrag von Kunststoffen ins Abwasser, die dann über Klärschlamm in die Umwelt gelangen können, gehören unter anderem Geschirrspül- und Waschmaschinen, wie man noch gar nicht so lange weiß.

In einer im Frühjahr 2025 publizierten Studie wurde die Freisetzung von Kunststoffteilchen beim maschinellen Geschirrspülen von Kunststoffbehältern und -utensilien ermittelt. Wie sich zeigte, kam es pro Spülgang bei Volllast zur Freisetzung von etwa 920 000 Partikeln. Deren Größe hing von der Art des Plastiks ab und reichte von Nano- bis zu kleinerem Mikroplastik. Die Mengen des Abriebs lagen im Milligrammbereich (Okoffo et al. 2025).

Meeresbiologen, die sich über die Menge an kleinsten Kunststoff*fasern* in den Meeren wunderten, führten Experimente mit Waschmaschinen durch und identifizierten das Waschen von Kleidung aus synthetischen Materialien als potenziell wichtige Quelle für mikroskopisch kleine Fasern in der Umwelt und vor allem in den Meeren (Napper & Thompson 2016). Im Einzelnen untersuchten sie die Freisetzung von Fasern aus Polyester- und Acrylgeweben sowie aus Polyester-Baumwoll-Mischgewebe unter verschiedenen Bedingungen – Temperatur (30 oder 40 Grad), Waschmittel (keines, bio, nicht-bio) und Weichspüler (ja/nein). Die durchschnittliche Länge der Fasern lag zwischen 5,0 und 7,8 Millimeter, ihr Durchmesser zwischen 11,9 und 17,7 Mikrometer. Polyester-Baumwoll-Mischgewebe gab durchweg deutlich weniger Fasern ab als Stoffe aus Polyester oder Acryl. Anhand ihrer Messungen schätzten die Autoren die Anzahl an Fasern bei einer Wäsche von jeweils sechs Kilogramm Kleidung aus den drei Fasertypen mit etwa 138 000 (Mischgewebe), 496 000 (Polyestergewebe) und 729 000 (Acrylgewebe). Die Faserfreisetzung nahm über fünf aufeinanderfolgende Waschgänge ab, auf etwa die Hälfte bei Acryl- und Polyestergewebe und um etwa fünfzehn Prozent bei Mischgewebe. Die angeführten Werte stammen allerdings alle aus dem fünften Waschgang, weil man von »realistischen« repräsentativen Bedingungen ausgehen wollte. Beim ersten Waschgang von sechs Kilogramm Acryl- oder Polyestergewebe fallen dagegen etwa 1,5 Millionen Acryl- beziehungsweise ungefähr eine Million Polyesterfasern an.

Detaillierte Analysen von Effekten ergaben: Bei 40 Grad gibt Polyestergewebe mehr Fasern ab als bei 30; ein Weichspüler bewirkt bei Mischgewebe mehr Fasern; beim Waschen von Mischgewebe ohne Weichspüler kommt es ohne Waschmittel oder mit Bio-Waschmittel zu weniger Fasern als beim Waschen mit konventionellen Waschmitteln; Bio-Waschmittel plus Weichspüler produzieren jedoch wiederum besonders viele Fasern. Die Befundlage ist also insgesamt kompliziert und nicht besonders erhellend für das Waschen zu Hause, aber man sieht, dass es sich bei der Faserfreisetzung durch Waschen um ein komplexes Phänomen handelt, bei dem es zu uneinheitlichen Wechselwirkungen der Einsatzbedingungen kommt.

Die Autoren schließen aus ihren Ergebnissen, dass die in Abwässern von Kläranlagen nachgewiesenen Fasern wahrscheinlich zu einem nicht geringen Teil auf das Konto von Waschmaschinen gehen und dass durch das Waschen von Kleidung freigesetzte Fasern eine wichtige Quelle für Mikroplastik in aquatischen Lebensräumen sind.

Mikroplastik in unseren Räumen

Wir haben bereits gesehen, dass Plastikmüll in der Umwelt und vor allem in den Meeren landet. Doch wie sieht es drinnen aus, im Büro oder in unseren Wohnräumen? Unsere Kenntnisse darüber sind vergleichsweise sehr spärlich und beschränkten sich bis vor wenigen Jahren auf einige wenige Studien (Cai et al, 2017; Dris et al. 2017; Liu et al. 2019). In der jüngsten Vergangenheit hat sich diese Situation verändert. So wissen wir, dass sich in der Luft von Innenräumen etwa zehnmal mehr Mikroplastik befindet als in der Luft im Freien (Liao et al. 2021). Hinzu kommt: In der westlichen Welt verbringen die Menschen etwa zehnmal mehr Zeit – beruflich und privat – drinnen. Rein rechnerisch kommt somit nur ein Prozent des von Ihnen eingeatmeten Mikroplastiks von draußen.

Ein chinesisch-US-amerikanisches Team von Wissenschaftlern machte sich die Mühe, die Menge und Art des Hausstaubs in 296 Staubproben aus insgesamt zwölf Ländern (in Klammern die Anzahl der Proben aus dem jeweiligen Land) zu untersuchen: China (39), Kolumbien (45), Griechenland (26), Indien (33), Japan (5), Kuwait (18), Pakistan (25), Rumänien (21), Saudi-Arabien (30), Südkorea (16), USA (10) und Vietnam (18). Durch Kehren des Bodens mit einer Nylonbürste oder mittels eines Staubsaugers wurden aus jedem Haus beziehungsweise jeder Wohnung mehrere Staubproben aus Schlaf- oder Wohnzimmern gesammelt, zu jeweils einer einzigen Hausstaubprobe zusammengefasst, dann in Alufolie eingewickelt und in verschlossenen Behältern aufbewahrt. Größere Brocken wurden ausgesiebt und nur Material mit einer Größe von weniger als 150 µm untersucht (Zhang et al. 2020). Wenn Partikel unterhalb dieser Größe geschluckt werden, können sie auch ins Blut gelangen.

In allen untersuchten Hausstaubproben fanden die Wissenschaftler PET-Plastik-Partikel in einer mittleren Konzentration von 5900 µg/g (Median), wobei die Schwankungen mit 38 bis 120 000 µg/g (entsprechend zwölf Prozent) erheblich waren. Die Konzentrationen von Polycarbonat-Plastikpartikeln waren bei einem Median von 8,8 µg/g deutlich geringer und schwankten zwischen 0,11 µg/g und 1700 µg/g.

Der Staub auf unseren Fußböden ist vor allem im Hinblick auf die Exposition von Kindern ein Problem. Vor allem kleine Kinder krabbeln auf dem Boden herum, der Staub klebt an ihren Händen, und die wiederum landen nur allzu häufig im Mund! Kleine Kinder atmen also Hausstaub nicht nur ein, sondern essen ihn auch – und damit das darin befindliche Mikro- und Nanoplastik. Dies zeigt auch die Analyse von Stuhlproben auf Mikroplastik: Polyethylenterephthalat (PET) wurde in allen Stuhlproben von Kindern in einer mittleren Konzentration (Median) von 36 µg/g gefunden, bei Erwachsenen hingegen nicht in allen Proben und wenn doch, dann in einer deutlich niedrigeren Konzentration von 2,6 µg/g (Zhang et al. 2021). Würden die Kinder draußen spielen, im »Dreck« und an der frischen Luft, würden sie pro Zeiteinheit deutlich weniger Mikroplastik aufnehmen. Das sollten all diejenigen bedenken, die Erziehungsverantwortung übernommen haben!

Einen wesentlichen Teil des Mikroplastiks zu Hause machen die Fasern von Raumtextilien aus: Teppichböden, Vorhänge, Stofftapeten oder die Bezüge von Polstermöbeln – es gibt in Innenräumen viele Quellen von Kunstfasern, die einen nicht unbeträchtlichen Anteil am Hausstaub haben und nach manchen Untersuchungen weltweit mehr als neunzig Prozent des sich in Haushalten absetzenden Staubs ausmachen. Was die Partikel (also nicht die Fasern) im Innenraumstaub anbelangt, so haben sie meist eine Größe von mehr als 50 µm. Über noch kleinere Partikel in der Luft oder im Staub liegen nur wenige Informationen vor.

Erst kürzlich wurden Methoden entwickelt, um noch kleinere Kunststoffpartikel bis hinunter zu einer Größe von 10 µm im Hausstaub nachzuweisen: Mittels neuartiger Verfahren können selektiv ausschließlich Kunststoffe angefärbt werden. Hierdurch wurde es möglich, Mikroplastik im Hausstaub in einer nie da gewesenen Genauigkeit chemisch (mittels Spektroskopie) zu identifizieren und sogar die Gestalt der Partikel mittels Rasterelektronenmikroskopie zu untersuchen (Romanick et al. 2025). Mit diesem innovativen Ansatz wurden dann auch tatsächlich in allen Proben von abgelagertem Hausstaub Mikroplastikpartikel nachgewiesen. Nanoplastik wurde im Hausstaub noch gar nicht untersucht, weil die Methoden hierzu fehlen. Man darf gespannt sein, was Studien hierzu noch alles zutage fördern werden.

Übeltäter Autoreifen

Jedes Jahr fallen allein durch den ganz normalen Verschleiß bei den Milliarden von Fahrzeugen weltweit schätzungsweise sechs Millionen Tonnen Abrieb von Autoreifen an (Fussell et al. 2022; Moore 2023). Die Menge des Reifenabriebs ist vom Gewicht des Autos abhängig, und das hat innerhalb der letzten Jahrzehnte im Durchschnitt deutlich zugenommen – man denke nur an die vielen SUVs, welche die früher üblichen Kleinwagen ersetzt haben. Seit wenigen Jahren nimmt zudem der Marktanteil von Elektroautos zu. Deren Motoren sind zwar schadstoffemissionsfrei, nicht aber ihre Autoreifen, und Elektroautos sind aufgrund der Batterien besonders schwer.

Mit mehr als zwei Milliarden Reifen, die jedes Jahr für immer schwerere und zahlreichere Autos produziert werden, wird sich das Problem des Reifenabriebs weiter verschärfen.

Die winzigen Plastikpartikel (ihre Größe liegt bei etwa 50 µm[1]; vgl. Dittmar et al. 2025), die durch den Verschleiß beim Fahren entstehen – vor allem beim Beschleunigen, Bremsen und Kurvenfahren –, sammeln sich letztlich im Boden, in Flüssen und Seen und sogar in unseren Lebensmitteln an. Sie bestehen aus einer komplexen Mischung aus synthetischem und natürlichem Kautschuk sowie Hunderten von Zusatzstoffen (Additiven). Beispielsweise macht Zinkoxid, das für Haltbarkeit sorgt, etwa 0,7 Prozent des Gewichts eines Reifens aus. Für Fische und andere Wasserlebewesen ist es hochgiftig, und es stört aquatische Ökosysteme selbst in Spurenmengen. Das bedeutet, dass die Folgen der Verschmutzung durch Reifen schwer absehbar sind (Obanya 2024).

In den letzten Jahren wurde die Toxizität weiterer Additive – p-Phenylendiamin (PPD)-Verbindungen – bekannt. Dies sind synthetische Antioxidantien, von denen wiederum die Substanz N-(1,3-Dimethylbutyl)-N′-phenyl-p-phenylendiamin (6PPD)[2] am häufigsten verwendet wird. Sie schützt Reifen vor Rissen. Weltweit wurden im Jahr 2001 130 000 Tonnen 6PPD produziert, 2020 waren es allein in China 200 000 Tonnen. Das entspricht etwa 54 Prozent aller zur Herstellung von Gummi produzierten Antioxidantien. Auch diese enden mit dem Reifenabrieb in der Umwelt und werden dort oxidiert. Eine chinesische Arbeitsgruppe um Zhenyu Tian entdeckte, dass dabei das Gift 6PPD-Chinon (6PPD-Q) entsteht, und publizierte im Jahr 2021 im Fachblatt *Science* den aufsehenerregenden Nachweis, dass dieses Gift das akute Lachssterben[3] im Nordwestpazifik verursachte. Es gelangte bei Starkregen aus verkehrsreichen Gegenden in die Flüsse und von dort ins Meer – man spricht von *urban runoff mortality syndrome* (URMS, auf Deutsch etwa: Städtisches-Oberflächenabwasser-Sterblichkeitssyndrom). Lachse schwimmen zum Erreichen ihrer Laichgründe bekanntlich stromaufwärts und sind hierdurch dem Gift massiv ausgesetzt (Tian et al. 2021).

Aufgrund der allgegenwärtigen Verwendung von 6PPD hat diese Entdeckung zu mehr als hundert weiteren Arbeiten zur Toxizität von 6PPD-Q geführt, das mittlerweile überall nachweisbar ist. Die Konzentration ist bei Kindern höher als bei Erwachsenen (Cao et al. 2022) und in der Nähe viel befahrener Straßen höher als anderswo (Olubusoye et al. 2023). Für Menschen sind toxische Effekte auf die Leber (Guo et al. 2024) und östrogenartige Wirkungen nicht unwahrscheinlich (Süßmuth et al. 2025).

Mittlerweile wurde durch Versuche an Zebrafischen herausgefunden, dass 6PPD und 6PPD-Q unterschiedliche toxikologische Profile haben: Für 6PPD wurde eine vergleichsweise höhere Lebertoxizität gefunden, wohingegen 6PPD-Q eher das Gehirn schädigt und zu Verhaltensauffälligkeiten führt (Jiao et al. 2025). Tierexperimentell wurde zudem gefunden, dass aus Autoreifen entstandene Nanopartikel eine höhere Toxizität aufweisen als entsprechende Mikropartikel (Jackson et al. 2025).

Kleinstlebewesen in Flussmündungen, wie der Binnenährenfisch und die Mysid-Garnele, reagieren auf Reifenabrieb in den bereits heute üblichen Konzentrationen in aquatischen Ökosystemen mit Wachstumsminderung und Verhaltensauffälligkeiten. Da Reifenabfälle mengenmäßig weiter zunehmen, werden auch die negativen Auswirkungen weiter zunehmen (Siddiqui et al. 2022). Ist Reifenabrieb erst einmal im Meer und auf dem Meeresboden angekommen, kann er als Energiequelle (also als Nährstoff) für manche dort lebenden Bakterien dienen, wie erst kürzlich durch Laborexperimente herausgefunden wurde (Schmidt et al. 2025). Inwieweit sich hieraus Grund zu Optimismus ergibt, lässt sich noch nicht sagen. Wahrscheinlich aber sind die Mengen sehr gering und ökologisch daher nicht relevant.

Trotz ihrer immer deutlicher werdenden gesundheitsschädlichen Wirkung sind Reifenpartikel beim Thema Mikro- und Nanoplastik bisher kaum beachtet worden. Oft werden sie mit anderem Mikroplastik in einen Topf geworfen und nur selten als eigene Verschmutzungskategorie behandelt, obwohl ihre besonderen Eigenschaften einen anderen Ansatz erfordern und allein schon ihre Menge eine eigene Kategorie rechtfertigt. In einer Ende November 2024 publizierten Übersicht zum Thema Reifenabrieb finden sich die folgenden Schlusssätze: »Und wenn wir das spezifische Problem nicht erkennen und gezielt angehen, werden die Belastungen für die Umwelt nur noch stärker zunehmen. Maßnahmen wie eine gewichtsabhängige Besteuerung [von Autos] und Innovationen im Hinblick auf umweltfreundlichere Autoreifen würden nicht nur die Umweltverschmutzung reduzieren, sondern auch den Weg für nachhaltigere Verkehrssysteme ebnen. Die Frage ist nicht, ob wir es uns leisten können, zu handeln. Die Frage ist, ob wir es uns leisten können, nichts zu tun« (Obanya 2024).

Nanoplastik – die ultimative Herausforderung

Aufgrund ihrer geringen Größe und vor allem ihres geringen Gewichts sind Nanoplastikpartikel nicht nur häufiger, sondern auch weiter verbreitet als Mikroplastik (Materić et al. 2021). Das liegt auch daran, dass Mikroplastik immer weiter zerkleinert wird, eben zu Nanoplastik, der Endstufe der Plastikzersetzung, in der (fast) alles Plastik am Ende akkumuliert.

Weil hierüber bislang noch wenig bekannt war, bat kürzlich ein deutsches Forscherteam um Mithilfe beim Sammeln von Proben auf alpinen Gletschern in einer Höhe von mehr als 3000 Metern (Jurkschat et al. 2025). Dafür folgten Bergsteiger der legendären, anspruchsvollen *Haute Route,* einer etwa zweihundert Kilometer langen Trekking- und Skitourenroute von Chamonix durch das Herz der Walliser Alpen nach Zermatt – über Gletscher und Pässe und vorbei an majestätischen Viertausendern wie dem Montblanc und dem Matterhorn. Entlang dieser Route sammelten sie abseits des Weges an insgesamt vierzehn Orten in Frankreich, Italien und der Schweiz Schnee und Eis von den Gletschern – ein echtes Citizen-Science-Projekt. Weil es den Wissenschaftlern um kürzlich abgelagertes Nanoplastik ging, wurden die Proben der oberen Ablagerungsschicht entnommen. Wie Analysen im Labor zeigten, enthielten die Proben von fünf der vierzehn Orte Nanoplastik in Konzentrationen von 2 bis 80 ng/ml – zur Hauptsache Abrieb von Autoreifen sowie Polyethylen, Polystyrol und kleine Mengen von Polyethylenterephthalat (PET).

Komplexe Modellrechnungen ergaben, dass die Partikel höchstwahrscheinlich aus westlicher Richtung zu den Alpengletschern transportiert und dort abgelagert wurden; mehr als fünfzig Prozent stammten aus dem Atlantik, danach folgten als Quellen die Länder Frankreich, Spanien und die Schweiz.

Halten wir fest: Mikroplastik entsteht vorrangig durch das Zersetzen von Plastikmüll, also von Makroplastik, den Abrieb von Autoreifen, das Waschen von Textilien und (zu geringeren Teilen) die Freisetzung von primärem Mikroplastik. Die noch kleineren Nanoplastikpartikel sind eine Folge des Abbaus von Makro- und Mikroplastik in der Umwelt – durch physikalische, chemische und biologische Zersetzungsprozesse wie mechanischen Abrieb, Hitze, UV-Strahlung, Oxidation, Hydrolyse und enzymatische Zersetzung (Fermente). Im Meer zerfällt Makro- und Mikroplastik (weiter), das entstehende Nanoplastik wird durch Wellen und platzende Blasen aufgewirbelt und gelangt in die Atmosphäre, wo es durch den Wind nach überallhin verbreitet wird.

Der Beitrag von Makro- und Mikroplastik zur Umweltverschmutzung ist gut erforscht, der von Nanoplastik hingegen noch weitgehend unbekannt, obwohl Letzteres für den Menschen wahrscheinlich noch größere gesundheitliche Risiken birgt. In den Meeren (Moon et al. 2024) und in der Luft (Hu et al. 2026) wurde es bereits direkt nachgewiesen. Wir atmen die Partikel ein oder nehmen sie mit Nahrung und Trinkwasser auf, und dann verteilen sie sich in uns weiter: Aufgrund ihrer geringen Größe durchdringen Nanoplastikteilchen Membranen, gelangen in den Blutkreislauf und von dort überallhin.

Fazit

Definitionsgemäß hat Mikroplastik eine Größe von einem Tausendstel bis fünf Millimeter, das heißt zwischen einem und 5000 Mikrometer. Sind die Partikel kleiner als ein Mikrometer, spricht man von Nanoplastik. Nach der Herkunft unterscheidet man primäres Mikroplastik, das als solches produziert wurde (für Zahnpasta, Kosmetikprodukte etc.), und sekundäres Mikroplastik, das durch mechanische Zerkleinerung von Plastikmüll entsteht. Primäres Nanoplastik gibt es nicht, Nanoplastik entsteht immer aus Mikroplastik durch weitere Zerreibung oder Zersetzung.

Die Produktion von Mikroplastik wurde 2023 in der EU verboten.

Wird Plastik zu Mikro- und Nanopartikeln zerrieben oder zersetzt, wird zugleich seine Oberfläche stark vergrößert. Dadurch kann es in stärkerem Ausmaß sowohl Giftstoffe aus der Umgebung aufnehmen als auch diese wieder abgeben. Das Ausmaß dieser Übertragung von Giften hängt von der Art des Plastiks, des Gifts und den Randbedingungen (zum Beispiel der Temperatur) ab und ist noch nicht vollständig wissenschaftlich aufgeklärt.

In der Natur ist Mikro- und Nanoplastik mittlerweile überall zu finden, auf dem Grund der Meere, auf dem Mount Everest, in den Wüsten Afrikas und Asiens, in der Arktis und der Antarktis. Und auch bei uns zu Hause, wo es sogar in Spül- und Waschmaschinen entsteht. Mikro- und Nanoplastik wurde überall auf der Welt als Bestandteil des Hausstaubs nachgewiesen und wird von Kindern in besonderem Maße aufgenommen. In Stuhlproben von Kindern wurde etwa zehnmal mehr Mikroplastik gefunden als in denen von Erwachsenen.

Im Autoland Deutschland macht der Abrieb von Autoreifen den größten Anteil des entstehenden Mikroplastiks aus. Er kann toxische Stoffe enthalten, die Autoreifen wie auch anderen Kunststoffen bei der Produktion zugegeben werden. Hierdurch wird nochmals deutlich, dass Mikro- und Nanoplastik nicht nur ein Problem für unsere Umwelt, sondern auch für unsere Gesundheit sind.

4
WIE PLASTIK IN UNSEREN KÖRPER GERÄT

Eine schon fünf Jahre alte, im Fachblatt *Science* erschienene Übersicht mit dem Titel »Mikroplastik und menschliche Gesundheit« stellt gleich eingangs lapidar fest: »Jüngste Erkenntnisse deuten darauf hin, dass Menschen ständig Mikroplastik einatmen und essen« (Vethaak & Legler 2021, S. 672). Damit sind die zwei bedeutsamsten Wege der Aufnahme von Mikro- und Nanoplastik in unseren Körper genannt: über die Nahrung, einschließlich Trinkwasser, und über die Atmung. Ein dritter Weg, der mengenmäßig meist von untergeordneter Bedeutung ist, geht durch die Haut.

Grob gesagt ernähren wir uns von Pflanzen und Tieren, und da diese ebenso wie wir von Mikroplastik umgeben sind, gelangen die von ihnen aufgenommenen Partikel mit der Nahrung in unseren Körper. Hinzu kommt Mikroplastik aus den Kunststoffverpackungen unserer Nahrungsmittel: Eine Studie an 36 gesunden Probanden ergab bei derjenigen Hälfte, die mehr in Plastik verpackte Lebensmittel kaufte, 6,8 Mikroplastikpartikel pro Milliliter Blut, bei der anderen Hälfte hingegen nur je 2,4 (Lee et al. 2024). Ein weiteres Problem ist der uns umgebende Hausstaub, den wir ungewollt mitessen und einatmen. Wie bereits beschrieben, betrifft er Kinder in besonderem Ausmaß. Sie krabbeln auf dem Boden herum, wirbeln dabei den Staub auf, der sich dort abgesetzt hat, und atmen ihn ein. Und sie haben den Staub an den Fingern, die sie gern in den Mund stecken. Sie atmen und schlucken daher mehr Staub als Erwachsene und damit auch mehr Mikroplastik.

Größere Partikel sind dabei das kleinere Problem: Millimetergroße Teilchen werden gesehen und daher meist gar nicht erst aufgenommen. Und wenn doch, dann passieren sie Magen und Darm weitgehend unverändert und verlassen uns wie andere unverdauliche Stoffe auf natürlichem Weg (Wardani et al. 2024). Gerade *weil* Kunststoff kein Naturprodukt ist, kann die Biochemie unserer Verdauung nichts weiter mit ihm anfangen. In diesen Fällen geht es allenfalls um toxische Substanzen, die dem Plastik bei der Produktion zugefügt wurden und die während des Verdauungsprozesses wieder austreten können (dazu mehr in Kapitel 9). Kleinere Partikel von unter 150 Mikrometer im Trinkwasser oder in der Nahrung können hingegen die Darmwand durchdringen und vom menschlichen Körper aufgenommen werden. Genau darum geht es in diesem Kapitel: Wie viel Mikro- und Nanoplastik nehmen wir in unseren Körper auf, und wohin wandert es?

Einen ersten Anhaltspunkt lieferte eine Studie, in der die durchschnittlich aufgenommene Menge auf 100 bis 5000 Milligramm (also 5 g) pro Woche geschätzt wurde – anhand von Daten aus 59 Publikationen aus aller Welt (Senathirajah et al. 2021; vgl. auch Neurath 2024). Bereits davor hatten Kieran Cox und Mitarbeiter die *Anzahl* der täglich und jährlich mit der Nahrung und durch die Atmung aufgenommenen Mikroplastikpartikel anhand von 402 Datenpunkten aus 26 Studien geschätzt und kamen dabei auf Werte zwischen etwa 200 und 300 Teilchen pro Tag (Tabelle 4.1). Allerdings waren diese Zahlen in der toxikologischen Expositionsforschung wenig brauchbar, bei der es auf das Gewicht und nicht die Zahl von Teilchen ankommt. Zudem liefern neuere Studien wesentlich größere Zahlen, weil sie auch noch kleinere Teilchen berücksichtigen, von denen es deutlich mehr gibt. Dass Mädchen und Frauen ein paar mehr Partikel beim Essen und Atmen aufnehmen als Jungen und Männer, interpretieren die Autoren als Zufallsbefund aufgrund der hohen Schwankungsbreite in ihren Daten.

Tabelle 4.1: Durch Nahrung und Atmung aufgenommene Anzahl an Mikroplastikpartikeln pro Tag und (gerundet) pro Jahr (nach Cox et al. 2019; Werte in 2020 korrigiert).

	Täglich		Jährlich		Gesamt	
	Nahrung	Atmung	Nahrung	Atmung	Täglich	Jährlich
Männliche Kinder	113	110	41 000 ± 7000	40 000 ± 45 000	223	81 000
Weibliche Kinder	142	170	52 000 ± 8000	62 000 ± 69 000	312	114 000
Männliche Erwachsene	106	97	39 000 ± 7000	35 000 ± 39 000	203	74 000
Weibliche Erwachsene	126	132	46 000 ± 8000	48 000 ± 54 000	258	94 000

Mikroplastik in Wasser und Nahrung

Mikroplastik wurde sowohl im Grundwasser als auch in aufbereitetem Trinkwasser nachgewiesen, hierzulande allerdings nur in sehr geringen Mengen (Mintenig et al. 2019). Generell enthält Grundwasser deutlich weniger Mikroplastik als Oberflächenwasser aus Flüssen und Seen (Wada et al. 2026). Nur wenn Trinkwasser aus ungeeigneten Quellen entnommen oder in Plastikflaschen verpackt wird, kann es größere Mengen an Mikroplastik enthalten. In der oben genannten Studie von Cox und Mitarbeitern enthielt auch Trinkwasser aus Glasflaschen deutlich mehr Mikroplastik als Leitungswasser. Dies ist auch in Deutschland der Fall (Yusuf et al. 2022).

Sowohl in pflanzlichen als auch in tierischen Nahrungsmitteln findet sich Mikroplastik, und man kann davon ausgehen, dass eine Anreicherung über die Nahrungskette hinweg erfolgt: Plastik in Pflanzen wird von Tieren aufgenommen, kleine Tiere werden von größeren gefressen. Ähnlich wie bei anderen toxischen Nahrungsbestandteilen wie beispielsweise Schwermetallen (Cadmium, Quecksilber) oder organischen Verbindungen (halogenierte Kohlenwasserstoffe)[1] dürfte auch im Hinblick auf Mikroplastik pflanzliche Nahrung unbedenklicher sein als tierische und kleine Fische (zum Beispiel Sardinen) unbedenklicher als große (etwa Thunfisch und Schwertfisch). Als letztes Glied in der Nahrungskette dürften wir Menschen ebenfalls einer höheren Belastung mit Bestandteilen ausgesetzt sein, die sich in der Nahrung, die wir essen, angereichert haben.

Mikroplastik wurde in einer ganzen Reihe besonders wichtiger Nahrungsmittel direkt nachgewiesen. Portugiesische Wissenschaftler publizierten bereits 2019 eine Übersicht zu Mikroplastik in Tafelsalz. Weil jeder Mensch jeden Tag Salz zu sich nimmt, zeigt diese Studie beispielhaft an nur einem (und zudem recht kleinen) Bestandteil der Nahrung, wie unterschiedlich die Kontamination der Nahrung mit Mikroplastik tatsächlich ist: Von den untersuchten 128 Markenprodukten aus 38 über fünf Kontinente verteilten Ländern enthielten mehr als 90 Prozent Mikroplastik in Konzentrationen von einigen wenigen bis zu 19 800 Partikeln pro Kilogramm Salz, wobei die Größe der Partikel von wenigen Mikrometern bis zu fünf Millimeter variierte (Peixoto et al. 2019). Die Autoren geben zu bedenken, dass die Gesamtbelastung durchaus bedeutsam sein kann. Wie unterschiedlich die Mengen an Mikroplastik, die mit dem täglichen »Salz in der Suppe« aufgenommen werden, in einigen der untersuchten Länder sind, lässt sich in Tabelle 4.2 ablesen.

Ein Team aus indischen und australischen Wissenschaftlern publizierte im Jahr 2022 weitere Daten zum Mikroplastikgehalt von Tafelsalz (Kuttykattil et al. 2022). Die Größe der gefundenen Partikel variierte zwischen 23,1 Mikrometer und 3,9 Millimeter. Im Mittel enthielt das untersuchte (australische) Salz 85 Partikel pro Kilogramm, wobei es sich vor allem um Polyamid (33,8 Prozent), einschließlich Nylon, und Polyurethan (30,1 Prozent) handelte. Mit geringerer Häufigkeit kamen Polypropylen (8,45 Prozent), Rayon (7,04 Prozent) und Polyethylenterephthalat (PET; 5,63 Prozent) vor. Zu 76 Prozent lag das Plastik in Form von Fasern und zu 24 Prozent in Form kleiner Partikel vor. Tafelsalz aus dem Abbau an Land enthielt mehr Mikroplastik als Meersalz. Eine weitere Studie aus dem Jahr 2024 kommt im Hinblick auf Nanoplastik zu folgender

Schlussfolgerung: »Wir schätzen, dass eine durchschnittliche Person je nach Ort allein durch den Verzehr von Meersalz jährlich bis zu 6 Millionen Nanopartikel aufnimmt« (Ruan et al. 2024).

Tabelle 4.2: Anzahl der Partikel von Mikroplastik in einem Kilogramm Salz und jährliche Aufnahme bei von der Weltgesundheitsorganisation (2012) empfohlenem Salzkonsum von fünf Gramm täglich in Abhängigkeit von der Herkunft und der Art des Tafelsalzes (Auswahl aus Daten in Peixoto et al. 2019, S. 165; Table 2).

Herkunftsland	**Salzart**	**Partikel je Kilogramm**	**Konsumierte Partikel/Jahr***
Australien	Meersalz	0-80	0-146
Brasilien	Meersalz	200	365
China	Salzsee Meersalz Steinsalz	28-364 120-718 0-204	51-664 219-1310 0-372
Deutschland	Steinsalz	2	4
Frankreich	Meersalz	0-2	0-4
Großbritannien	Meersalz	120	219
Indien	Meersalz	3-8	5-15
Italien	Meersalz Steinsalz	5-59 80	9-108 146
Japan	Meersalz	0-1	0-2
Kroatien	Meersalz	800-19 800	1460-36 135
Mexiko	Meersalz	173	316
Neuseeland	Meersalz	0-1	0-2
Philippinen	Steinsalz	120	219
Portugal	Meersalz	0-10	0-18
Spanien	Meersalz	50-280	91-511
Türkei	Meersalz	18-84	33-153
USA	Meersalz	47-300	86-548

* Die Werte in dieser Spalte ergeben sich durch Multiplikation der dritten Spalte mit 1,825 (365 × 5 ÷ 1000), aufgerundet.

Eine große Studie zu 112 Getränken und Lebensmitteln von lokalen Märkten in Riad, Saudi-Arabien, untersuchte deren Gehalt an Mikroplastik (Ahmad et al. 2025). Die häufigsten Polymere waren – in dieser Reihenfolge – Polypropylen, Polyethylen, Polycarbonat und Polyvinylchlorid. Die Ergebnisse werden sehr kleinteilig berichtet: »Die vorherrschende Größe der Partikel war 101–250 µm bei Thunfisch, Nudeln, Wasser in Flaschen und Einwegbehältern; bei Honig, Teebeuteln und Zucker betrug sie 251–500 µm und bei Salz, Saft und Softdrinks 501–1000 µm. [...] Die durchschnittliche Gesamtzahl der Mikroplastikteilchen war in Teebeuteln am höchsten (615,71 Partikel pro Teebeutel), gefolgt von Zucker (281,01 Partikel/kg), Honig (197,67 Partikel/kg) und Salz (147,30 Partikel/kg).« Teebeutel wurden in dieser Studie als bedeutsamste Quelle von Mikroplastik in der Nahrung genannt, gefolgt von Trinkwasser in Plastikflaschen.

Diese Beispiele machen deutlich, dass Verpackungen eine nicht zu unterschätzende Quelle von Mikroplastik darstellen: Wasser und Milch in Plastikflaschen enthalten Mikroplastik – Polyethylenterephthalat (PET), Polypropylen, Polyamid, Polysulfon und Polyethersulfon – sowohl in Form weniger größerer sichtbarer Teilchen, vor allem aber in Form kleiner und kleinster Partikel (Dileepan et al. 2025). Das vom Menschen aufgenommene Mikroplastik stammt zu einem nicht geringen Teil aus den Behältern von Milch und Wasser (Lakshamayya et al. 2024).

In einer polnischen Studie vom Juli 2025 wurden sehr genaue, kleinteilige Daten zur Belastung der verschiedensten Nahrungsmittel mit Mikro- und Nanoplastik vorgestellt (Duda & Petka 2025 mit 506 zitierten Quellen!). Deren Aufnahme wurde dann bei der Befolgung dreier unterschiedlicher in Europa üblicher Diäten geschätzt: der »westlichen Diät« mit unter anderem viel Fleisch, Fertiggerichten und Fast Food, der mediterranen Diät[2] und einer lacto-ovo-vegetarischen Diät. Hierbei erwies sich die Belastung bei der letztgenannten Variante mit knapp 70 Millionen Partikeln als etwa doppelt so hoch wie bei den anderen beiden Diäten, die bei etwa 37 Millionen liegen. Da die westliche Diät wegen ihres hohen Gehalts an Fett,

Zucker und Salz ungesund ist und viel Mikroplastik enthält, empfehlen die Autoren die mediterrane Diät als die gesündeste Art der Ernährung.

Schaut man sich die tabellarisch dargestellten Daten genauer an, so fallen erhebliche Unterschiede (bis zu drei Größenordnungen) bei den verschiedenen Quellen auf, sodass weitere Studien notwendig sind. Insbesondere neue Daten aus Italien, die eine sehr große Menge sehr kleiner Mikroplastikpartikel einer Größe von unter zehn Mikrometer auf Obst und Gemüse gezeigt haben (Oliveri Conti et al. 2020), bedürfen der Replikation. Die Studie von Duda & Petka macht das Problem von Mikroplastik in der Nahrung sehr deutlich: Die bisher vorliegenden Daten sind sehr heterogen, was zu erwarten ist, denn es geht um unterschiedliche Lebensmittel aus verschiedenen Ländern mit unterschiedlichen Anbau- und Bewässerungsmethoden. Zudem sind die Methoden zur Bestimmung kleiner und kleinster Plastikteilchen noch sehr stark in der Entwicklung begriffen, sodass zusammenfassende Betrachtungen schwierig sind und bestenfalls vorläufig sein können. Man kann jedoch davon ausgehen, dass hier in den nächsten Jahren sehr viel mehr geforscht wird als bisher, da Mikroplastik noch gar nicht so lange als Gesundheitsproblem betrachtet wird.

Wie groß dieses Problem jedoch mittlerweile ist, sei anhand einer Übersichtsarbeit gezeigt, die Studien aus den Jahren 2012 bis 2022 zu den Auswirkungen der weltweiten Verschmutzung der Meere durch Mikroplastik auf Fische, Haie, Garnelen, Hummer, Krabben, Austern, Muscheln und Algen zusammenfassend darstellt (Kibria 2023). In 217 Publikationen veröffentlichte Daten aus 57 Ländern beziehungsweise geografischen Orten zur Kontamination von 924 Meerestieren – darunter 895 Fische, 9 Krebstiere, 20 Weichtiere – sowie zwei Algen, die dem Menschen als Nahrung dienen, wurden hierfür ausgewertet. Meeresnahrung aus Asien war am stärksten belastet, gefolgt von Südamerika, Europa, Ozeanien und Nordamerika. Im Hinblick auf Afrika war die Datenlage unzureichend. In vielen Fällen wurde eine besonders hohe Kontamination festgestellt, die »das

Wachstum und die Fitness von Fischen beeinträchtigt und zu Ertragseinbußen/Rückgängen in der Fischproduktion führt« (Kibria 2023, S. e1). Der Autor weist darauf hin, dass sich ein großer Teil der Menschheit aus dem Meer mit Nahrung versorgt, und gibt zu bedenken: »Mikroplastik kann die Gesundheitsrisiken für Verbraucher von Meeresfischen erhöhen, da die Wahrscheinlichkeit besteht, dass hochgefährliche Schadstoffe, die an Mikroplastik adsorbiert sind (Schwermetalle, Pestizide wie DDT und polyzyklische aromatische Kohlenwasserstoffe, PAK), über die Nahrungskette auf den Menschen übertragen werden. Einige der an Mikroplastik adsorbierten Chemikalien sind krebserregend« (Kibria 2023, S. e1). Der Effekt, dass Mikroplastik die genannten im Meerwasser befindlichen Giftstoffe akkumuliert und transportiert, wurde kürzlich auch für das Wasser in Korallenriffen gefunden. Zudem konnte gezeigt werden, dass Mikroplastik toxische Effekte auf Korallenriffe verstärkt (He et al. 2026).

Die Überwindung biologischer Barrieren

Biologische Barrieren schützen besonders empfindliche Teile unseres Körpers vor dem Kontakt mit der Außenwelt oder vor bestimmten Stoffen, die bereits in unserem Körper sind, dort aber nicht überall hingelangen sollen. Die wichtigste Barriere ist die Haut, deren Aufbau vor allem für Undurchlässigkeit und damit für Schutz sorgt. Weniger bekannt sind die beiden anderen anatomischen Barrieren zwischen »Körper« und »Nicht-Körper«, nämlich die Magen-Darm- und die Lungenbarriere. Man nennt diese drei auch *primäre* Barrieren. Daneben gibt es drei *sekundäre* Barrieren: die Blut-Hirn-, die Blut-Hoden- und die Plazentaschranke.

Die sekundären Barrieren schützen besonders empfindliches Gewebe vor Stoffen, die sich bereits im Blutkreislauf befinden. Es dürfte bekannt sein, dass die Nervenzellen des Gehirns – mit wenigen Ausnahmen – nicht nachwachsen, sich also nicht regenerieren können. Daher sollten sie nicht mit toxischen Stoffen in Kontakt kommen, wofür die Blut-Hirn-Schranke sorgt (Kapitel 6). Weniger bekannt ist, dass der Prozess der Bildung von Sperma ein spezifisches Milieu in den Hoden erfordert. Die Entstehung von Samenzellen ist ein sehr empfindlicher Vorgang, der etwas andere Umgebungsbedingungen erfordert, als im Blut vorhanden sind. Dass die Plazenta den sich entwickelnden Fötus vor toxischen Stoffen im mütterlichen Kreislauf schützt, welche die Entwicklung von Organen oder Gliedmaßen beeinträchtigen könnten, ist wiederum eher bekannt.

Viele biologische Barrieren sind »semipermeabel« (halbdurchlässig), sie lassen also nur Materialien oder Chemikalien mit bestimmten Eigenschaften passieren. Seit einigen Jahren ist bekannt, dass Nanopartikel mit einer Größe von weniger als 100 Nanometer die biologischen Barrieren überwinden können. Wie genau sie dies tun, ist noch nicht ausreichend erforscht, es sind aber wahrscheinlich vielfältige Mechanismen am Werk (Cary & Stapleton 2023). Eine jüngst publizierte Studie an Mäusen fand, dass Nanoplastikpartikel einer Größe von 20 oder 100 Nanometern mehrere biologische Barrieren passierten, doch nur die kleineren Partikel ins Gehirn gelangten. Die Plazenta ließ zwar die 20-Nanometer-Partikel durch, die größeren jedoch nicht. In die Muttermilch hingegen gingen Partikel beider Größen über (Zhang et al. 2025).

Die Magen-Darm-Barriere

Die Durchlässigkeit der Magen-Darm-Barriere für Flüssigkeiten und kleine Moleküle ermöglicht erst die Aufnahme von Nährstoffen und die Ausscheidung von Abfallstoffen. Die Aufnahme von Stoffen kann zwar prinzipiell in allen Bereichen des Magen-Darm-Trakts stattfinden (nur deswegen kann es Medikamente in Form von Zäpfchen geben), aber jeder Bereich – vom Mund über die Speiseröhre und den Magen bis zu Dünn- und Dickdarm – verhält sich im Hinblick auf die Aufnahme und die Abgabe von Stoffen anders. Dies betrifft auch die

Aufnahme von Mikro- und Nanoplastik aus dem Verdauungstrakt in unseren Körper. Diese hängt nicht nur von der Größe, sondern auch von der Ladung der Partikel sowie deren wasser- oder fettlöslichen Eigenschaften[3] und vom Säuregrad (pH-Wert) der Umgebung ab. Kleinste Plastikteilchen verklumpen im Magen aufgrund der Magensäure und brechen im Dünndarm mit seinem eher neutralen bis leicht alkalischen Milieu wieder auseinander (Shi et al. 2020). Sind sie klein genug, haben sie dort aufgrund der Länge des Dünndarms (vier bis sechs Meter) und der Darmzotten, die seine Oberfläche vergrößern, eine riesige Kontaktfläche mit Darmwand und mit Lymph- und Blutgefäßen zur Verfügung, über die sie in den Körper gelangen können. Im Vergleich zum Dünndarm hat der Dickdarm aufgrund fehlender Zotten und seiner geringeren Länge von etwa einem Meter eine deutlich geringere Absorptionskapazität.

Besonders wichtig für die Barrierefunktion sind die *Tight Junctions* (zu Deutsch: »enge Verbindungen«), welche die Darmzellen wie eine Art Reißverschluss oder Dichtungsband miteinander verbinden (siehe Abb. 7.3), indem sie die Zellzwischenräume versperren, sodass unerwünschter Darminhalt (Giftstoffe, Allergene oder Bakterien) nicht zwischen den Zellen (»parazellulär«) durch die Darmwand ins Blut gelangt, während zugleich einige Nährstoffe, kleine Ionen und Wasser aufgrund ihrer geringen Größe passieren können. Tight Junctions kommen im gesamten Magen-Darm-Trakt vor, ihre »Dichtigkeit« ist in den verschiedenen Abschnitten jedoch unterschiedlich: Im Dünndarm sind sie etwas durchlässiger, damit große Mengen an Wasser und Elektrolyten (Ionen) rasch aufgenommen werden können. Im Dickdarm hingegen machen die Verbindungen ihrem Namen alle Ehre, sind also wirklich eng *(tight),* weil der Darminhalt vor allem aus Bakterien und Endotoxinen besteht, die nicht ins Blut gelangen dürfen.

Endotoxine im Dickdarm sind Bestandteile der Zellwände bestimmter Bakterien (beispielsweise E. coli), die bei deren Wachstum oder Absterben freigesetzt werden. Man spricht auch von Lipopolysacchariden (LPS). Diese sind normalerweise im Darm vorhanden, können aber selbst die Darmbarriere schädigen oder bei vorgeschädigter Darmwand durchsickern, was Entzündungen im Körper auslösen kann, die Fieber sowie weitere Immunreaktionen und damit Leistungseinbußen und Stoffwechselstörungen (langfristig Diabetes und Übergewicht bis Fettleibigkeit) nach sich ziehen. Mikroben im Darm können sich daher auf weit entfernt im Körper liegende Orte wie beispielsweise Muskeln, Fettgewebe, Gelenke (Arthritis) oder sogar das Gehirn auswirken.

Die Anwesenheit von Nahrung im Darm erleichtert den Übertritt von Nano- und Mikroplastik ins Blut, weil viele Mechanismen dafür sorgen, dass die Darmwand in diesem Zustand aufnahmefähiger beziehungsweise durchlässiger wird: Zu nennen sind hier die Lockerung der Tight Junctions, eine gesteigerte Bildung winziger Fettkügelchen (Mizellen) durch in den Darm ausgeschüttete Galle sowie die Bildung großer, fett- und eiweißreicher Partikel in den Dünndarmzellen (Chylomikronen). Wenn die Nahrung viel Fett enthält, bekommt die Lymphe um den Darm herum, die normalerweise klar wie Wasser ist, ein milchiges Aussehen, denn sie enthält dann besonders viele Chylomikronen. In diesen werden auch die fettlöslichen Vitamine (A, D, E, K) aus der Nahrung über das Lymphsystem in den Blutkreislauf transportiert (Lichtenstein et al. 2015). Befindet sich Nahrung im Darm, kommt es auch zu einer stärkeren Durchblutung der Darmwand und zu einer Zunahme der Transportmechanismen wie der Endozytose (die Darmzellen nehmen Stoffe auf) und der Transzytose (Stoffe werden durch die Zellen hindurch transportiert).[4]

Die Gesamtheit dieser Vorgänge im Darm bei Anwesenheit von Nahrung ist also dazu geeignet, deren Aufnahme besonders gut zu erledigen – fördert aber leider auch die Aufnahme von Mikro- und Nanoplastik. Sehr kleine Mikroplastik- und vor allem Nanoplastikpartikel können über Endozytose und Transzytose durch ganz normale Darmepithelzellen aus dem Darm ins Blut gelangen. Wie häufig beziehungsweise in welchem Ausmaß das beim Menschen geschieht, ist aus methodischen Gründen noch nicht bekannt.

Mikro- und Nanoplastik einer Partikelgröße von 200 Nano- bis 150 Mikrometern wird aus dem Inneren des Dünndarms – wahrscheinlich durch Ansammlungen von Lymphfollikeln[5] in der Dünndarmschleimhaut, die sogenannten Peyer-Plaques – aktiv in die Lymphe und dann in die Blutbahn transportiert. Dieser Mechanismus wurde bei verschiedenen Tieren und auch beim Menschen untersucht, wobei je nach Spezies unterschiedliche Partikelgrößen beschrieben wurden: bei Nagetieren 30 bis 40 Mikrometer, bei Kaninchen 0,1 bis 10 Mikrometer und bei Hunden 3 bis 100 Mikrometer. Für den Menschen wurden die bereits angeführten Werte von 0,1 bis 150 Mikrometer gefunden (Hussain et al. 2001; Rieux et al. 2005; Waring et al. 2018).

Mehr als neunzig Prozent des Mikroplastiks in der Nahrung werden nicht aufgenommen, sondern nach der Passage des Magen-Darm-Trakts ausgeschieden. Die übrigen knapp zehn Prozent gelangen aber über den Blutkreislauf in die Organe, wo sie sich anreichern (Lusher et al., 2017a,b; Smith et al., 2018) und toxische Effekte auf Zellen und Gewebe haben können – auch schon im Darm selbst sowie im Gehirn (siehe Kapitel 6 und 7).

Die Lungenbarriere

Die Lunge erledigt den Gasaustausch zwischen Körper und der Außenwelt: Sie sorgt für die Aufnahme von Sauerstoff und die Abgabe von Kohlendioxid. Die Atemwege – Luftröhre, Bronchien, Bronchiolen und Alveolargänge – haben die Aufgabe, warme und befeuchtete Luft zum Ort des Gasaustauschs, den Lungenbläschen (Alveolen), zu transportieren. Damit in der Luft enthaltene kleine Partikel – »Staub« – nicht in die Lunge geraten, hat die Evolution Schutzmechanismen entwickelt. Die unteren Atemwege (Luftröhre und Bronchien) sind mit Schleim und Flimmerzellen ausgekleidet. Der Schleim verhindert, dass größere Partikel direkt mit dem Atemwegsepithel in Kontakt kommen, denn sie bleiben an ihm hängen;

die Flimmerzellen befördern sie dann nach oben und aus den Atemwegen hinaus. Die kleinen Bronchiolen sind zwar mit Flimmerzellen ausgestattet, aber nicht durch Schleim geschützt.

Die Alveolargänge und Alveolen sind weder von Schleim noch von Flimmerepithel geschützt. Die Alveolen sind jedoch mit einem Schutzfilm ausgekleidet, *Surfactant* genannt, der die Oberflächenspannung der kleinen Lungenbläschen vermindert und damit dafür sorgt, dass sie offen bleiben und nicht in sich zusammenfallen und verkleben. Partikel, die bis in die Lungenbläschen gelangen, können nicht wieder über die Atemwege nach draußen befördert werden, sondern werden von dort sitzenden Zellen, den Makrophagen[6], aufgenommen (gefressen). Diese Zellen wandern dann in die Blutbahn und gelangen so in die Leber, von wo ihr Inhalt in die Galle und damit in den Darm abgegeben wird.

Sind die Schutzmechanismen der Alveolarräume beeinträchtigt oder ist die Exposition mit Nano- und Mikroplastikpartikeln zu hoch, kann die Funktion des Surfactants darunter leiden, da es sich an Fremdkörper anlagert. Da diese Anlagerung wichtig ist, um die Aufnahme von Fremdkörpern durch Makrophagen in den Alveolen zu regulieren, kann Mikroplastik im Surfactant die Funktion der Makrophagen stören, weil es sowohl die Eigenschaften des Surfactant verändert als auch von den Makrophagen nicht abgebaut werden kann (Lin et al. 2014; Park et al. 2021).

Schon seit längerer Zeit werden die gesundheitlichen Auswirkungen von Feinstaub in der Luft diskutiert (Duffney et al. 2023; He et al. 2022; Wang et al. 2021). Mit diesem Begriff bezeichnet man die Gesamtheit der in der Luft schwebenden Teilchen (englisch: *Particulate Mater,* PM) und klassifiziert diesen Staub nach der Größe der Partikel: Teilchen der Größenklasse PM10 haben einen Durchmesser[7] von weniger als 10 Mikrometer (µm) und jene der Klasse PM1,0 von weniger als 1 µm (Wieland et al. 2022). Teilchen dieser Größe (eigentlich müsste man von »Kleinheit« sprechen) können den in unseren Atemwegen vorhandenen Reinigungsmechanismus umgehen, bei dem kleinste Flimmerhärchen (Zilien) gemeinsam und rhythmisch in Richtung Mund schlagen und so Schleim (Lateinisch: *mukus*) und darin hängen gebliebene Fremdpartikel abtransportieren. Man nennt diesen Mechanismus auch *mukoziliäre Clearance*. Er sorgt für den Abtransport von allem, was nicht in die Lunge gehört, wozu Krankheitserreger, Staub und auch Mikroplastik gehören (Warheit et al. 2001; Prata 2018). Teilchen einer Größe von weniger als fünf Mikrometer gelangen jedoch bis in die Lungenbläschen (Wieland et al. 2022).

Je kleiner die Teilchen sind, desto eher werden sie nicht über die Atemwege entsorgt, sondern von Makrophagen in der Lunge aufgenommen (Ramsperger et al. 2020). Diese haben eigentlich die Funktion, Fremdkörper abzubauen und entweder als zerlegte Metabolite ins Blut freizusetzen oder einige Bestandteile in Lymphknoten zu transportieren und dort anderen Immunzellen zu präsentieren. Dabei kann es jedoch zu entzündlichen Reaktionen kommen (Ma et al. 2011) und zu toxischen Auswirkungen auf das Epithelgewebe der Atemwege (Yang et al. 2021), wenn die aufnehmenden Zellen mit den Partikeln nicht fertigwerden und an ihnen zugrunde gehen. Zu Letzteren zählen Plastikpartikel, denn Plastik ist den evolutionär entstandenen Enzymen, die den zellulären Stoffwechsel und damit den Abbau von Fremdkörpern leisten, nicht zugänglich. Diese komplexe Maschinerie entstand über Hunderte Millionen Jahren, in denen Plastik nicht vorkam.

Hinzu kommt: Je kleiner die Teilchen sind, desto größer ist ihre Oberfläche und damit ihr toxischer Effekt (Silva et al. 2014; Schmid & Stoeger 2016; Amato-Lourenço et al. 2021). Dies ist vor allem beim Eintritt kleinster *Fasern* in die Lunge zu beobachten, weil sie – ähnlich, wie man das vom Asbest her kennt – die Zellen, von denen sie »weggeräumt« werden sollen, aufspießen und damit zu noch mehr »Bioreaktivität« führen (Shao et al. 2022). Die geschädigten Zellen werden ihrerseits wiederum von anderen Makrophagen aufgenommen, um sie zu entfernen, was aber nur zur Schädigung weiterer Zellen führt. Es entsteht ein Teufelskreis chronischer entzündlicher Veränderungen. Durch Einatmen von Mikroplastik können auf diese Weise chronische Bronchitis und Lungenentzündung, Lungenfibrose und weitere Krankheiten der Lunge (allergische Alveolitis, Bronchiektasen und Pneumokoniosen)[8] entstehen. Man kennt diese Prozesse schon seit längerer Zeit, denn man hat sie bei Menschen, die in staubiger Umgebung – im Bergbau oder früher in schlecht belüfteten Produktionshallen – arbeiteten, beobachtet, wissenschaftlich untersucht und als Berufskrankheiten anerkannt (Miller et al. 1975; Pimentel et al. 1975; Soutar et al. 1980; Studnicka et al. 1995; Eschenbacher et al. 1999).

Hinzu kommt noch Folgendes: An Mikroplastikteilchen können Bakterien »kleben«, die ihrerseits zu Entzündungen führen oder ein bereits bestehendes entzündliches Geschehen weiter verstärken (Kirstein et al. 2016; Wang et al. 2016). Außerdem können giftige, dem Plastik bei der Produktion beigemischte Stoffe (sogenannte Additive; vgl. Kapitel 9) aus Plastikpartikeln wieder austreten und toxisch auf Zellen und Gewebe wirken (Gasperi et al. 2018). Nicht zuletzt nehmen wir aufgrund der Allgegenwärtigkeit von meist aus Kunst*stoffen* bestehenden Raumtextilien (Böden, Blick- und Lichtschutz, Sitzmöbel etc.) und Kleidung viel Plastik auf (vgl. Kapitel 3).

Die Hautbarriere

Neben der Aufnahme mit der Nahrung und der Atemluft kann Mikroplastik auch direkt über die Haut aufgenommen werden. Mit einer Größe von etwa zwei Quadratmetern ist die Haut unser größtes Organ. Und man darf nicht vergessen, dass nach wie vor viele Hautpflegeprodukte – Seife, Zahnpasta, Hautcremes, Sonnenschutzmittel und dekorative Kosmetik – Mikroplastik enthalten. Nanoplastikpartikel können die Haut durchdringen. Mikroplastikpartikel einer Größe bis zu 4,5 Mikrometer können über die Schweißdrüsen und Haarfollikel in den Körper gelangen (Eom et al. 2024). Dennoch findet man keine publizierten quantitativen Daten zur Aufnahme von Mikroplastik über die Haut, worauf auch andere Autoren hinweisen (Feng et al. 2023).

Früher waren Peelings (also das »Abschleifen« der obersten Hautschicht, die aus bereits abgestorbenen Zellen besteht) mit Kunststoffpartikeln eine bedeutsame Quelle von Mikroplastik auf und in der Haut (Godoy et al. 2019). Mittlerweile hat man jedoch herausgefunden, dass menschliche Hautzellen (Keratozyten) sowohl bei einmaligem als auch bei chronischem Kontakt mit Nanopartikeln mit vermehrtem oxidativem Stress reagieren, was zu vermindertem Zellwachstum und vorzeitiger Alterung führt. Was also kurzfristig nach »Verjüngung« aussieht, entpuppt sich langfristig als Gegenteil, was man bereits mittels Elektronenmikroskopie durch den Nachweis sogenannter Seneszenzmarker (Anzeichen von Zellalterung) zeigen konnte (Loretz et al. 2008; Gopinath et al. 2021).

Die Medizin selbst ist Ursache eines weiteren, nicht natürlichen Aufnahmewegs von Mikroplastik in unseren Körper: durch Injektion oder Infusion (Gopinath et al. 2022). Gerade bei chronisch kranken Menschen können multiple Injektionen (intravenös, intramuskulär oder subkutan) oder Infusionen zur Aufnahme von Mikroplastik direkt in die Blutbahn führen. Man denke nur an die vielen Plastikbeutel und -schläuche, die für eine Blutwäsche bei Patienten mit chronischen Nierenkrankheiten verwendet werden, oder an die häufige Verwendung von Plastikspritzen. All diese medizinischen Gerätschaften können leider auch Plastikpartikel in Flüssigkeiten abgeben, die dann im Verlauf der Behandlung in den Patienten gelangen und sich in ihm ansammeln. Die verwendeten medizinischen Lösungen enthalten Salze, die zudem das Herauslösen von Additiven aus dem verwendeten medizinischen Plastik noch verstärken, sodass tatsächlich schon vor Jahrzehnten erste Beobachtungen über toxische Auswirkungen von Plastikbestandteilen auf die Leber von nierenkranken Patienten bei Dialysebehandlung berichtet wurden (Neergaard et al. 1971).

Verteilung im Körper

Befindet sich Mikroplastik erst einmal in der Lymphe und im Blut, wird es in diesen beiden Körperflüssigkeiten überallhin transportiert. Die Verteilung hängt dann von Material, Form und Größe der Partikel und natürlich auch von den Organen beziehungsweise Geweben des menschlichen Körpers ab. Mikroplastikpartikel wurden nicht nur in der Lunge (Thompson 2004), in Dünn- und Dickdarm (Zhu et al. 2024) nachgewiesen, sondern auch in der Leber (Horvatis et al. 2022), im Blut (Leslie et al. 2022; Lee 2024) sowie in Thromben nach Thrombektomien (Wu et al. 2023), und eine im Fachblatt *New England Journal of Medicine* im Jahr 2024 publizierte Studie ergab vergleichsweise hohe Konzentrationen in Atheromen (Blutgerinnsel in Arterien) und Thromben (Marfella et al. 2024) (vgl. Tabelle 4.3).

Tabelle 4.3: Mikroplastik in menschlichen Organen, Gewebeproben und Körperflüssigkeiten. Angaben in Partikeln (p) oder in Partikeln pro Gramm Gewebe (p/g) oder in Mikrogramm pro Gramm Gewebe (µg/g).

Quelle	**Organ/Gewebe**	**Bemerkungen**
Amato-Lourenço et al. 2021	Lunge	präsent in 13 von 20 Proben PE und PP
Arslan et al. 2025	Ohrenschmalz	präsent bei 10 von 12 Probanden
Hovartits et al. 2022	Leber	Patienten ohne Cirrhose: 0–6 p Patienten mit Cirrhose: 6–14 p
Ibrahim et al. 2020	Dickdarm	In allen 11 untersuchten Kolektomie-Präparaten; im Mittel 28 ± 15 Partikel/g Gewebe; 96 % Fasern
Nihart et al. 2025	Leber	433 µg/g
Nihart et al. 2025	Niere	404 µg/g
Garcia et al. 2024	Ovarien, Plazenta, Uterus	63,4 µg/g
Hu et al. 2024	Hoden	328 µm/g, vor allem PE

Lee et al. 2024	Blut	präsent in 32 von 36 Blutproben (88,9 %) 4.2 Partikel/mL
Leslie et al. 2022	Blut	1,6 µg/ml
Marfella et al. 2024	Atherome, Thromben	21,7 µg/g
Montano et al. 2023	Samenflüssigkeit	präsent in 6 von 10 Proben; PE und PP
Nihart et al. 2025	Gehirn (2016) Gehirn (2024) Gehirn bei Demenz	3345 µg/g 4917 µg/g 26 076 µg/g
Taș et al. 2024	Nasenschleim (lavage)	Patienten mit Sinusitis (n=50): 3,88 ± 2,14 gesunde Kontrollen (n=30): 2,34 ± 1,89 (p<0,001)
Wang et al. 2025	Tränendrüsen, Talg (Meibum) Tränenflüssigkeit	präsent präsent präsent
Wu et al. 2023	Thromben	präsent in 16 von 26 Thromben
Zhong et al. 2024	Glaskörper	9,1 µg/g bis 14,8 µg/g (diagnoseabhängig)
Zhu et al. 2024	Dünndarm, Dickdarm	7,91 ± 7,00 p/g; 9,45 ± 13,13 p/g

Mikroplastik wurde in Hoden (Hu et al. 2024) und in Samenflüssigkeit (Mortano et al. 2023) ebenso nachgewiesen wie in Ovarien, Gebärmuttern und der Plazenta (Garcia et al. 2024). Auch in den Sinnesorganen – Augen, Ohren und Nase – wurde es gefunden.

Im Auge wurde es bei insgesamt 49 Patienten im Alter von dreißig bis achtzig Jahren mit verschiedenen Augenleiden im Glaskörper nachgewiesen (Zhong et al. 2024). In der bisher einzigen Studie zum Vorhandensein von Mikroplastik in den Tränendrüsen und der Tränenflüssigkeit und im Talg der Meibom-Drüsen (die die Lipide des Tränenfilms herstellen) wurden 45 Patienten untersucht, die unter dem Syndrom der trockenen Augen (Sicca-Syndrom) litten. Hierbei wurde Mikroplastik nicht nur sowohl in der Tränenflüssigkeit als auch im Talg der Meibom-Drüsen nachgewiesen, sondern auch eine signifikante Korrelation der am häufigsten gefundenen Mikroplastiksorte (Polyethylen) mit der Schwere der Symptomatik (gemessen mit dem Schirmer-Test[9] und der Fluorescein-Tränenfilm-aufreißzeit) gezeigt (Wang et al. 2025).

Aufgrund dieser Beobachtung wurden weitere Studien mit menschlichen Hornhaut- und Bindehautepithelzellen durchgeführt, wodurch nachgewiesen werden konnte, dass bei Exposition der Zellen mit Polyethylenteilchen eine Reduktion der Lebensfähigkeit der Zellen sowie ein induzierter Zelltod (Apoptose) dosisabhängig auftraten. Bei Mäusen führte die lokale Verabreichung von Tropfen mit PE-Teilchen zu den typischen Symptomen trockener Augen, reduzierte die Anzahl der Schleim produzierenden Zellen (Becherzellen) in der Bindehaut (Konjunktiva), die eine entscheidende Rolle für den Tränenfilm spielen, und löste eine Bindehautentzündung aus. »Diese Studie ist die erste, die das Vorhandensein von Mikroplastik in menschlicher Tränenflüssigkeit und Meibum bestätigt und gleichzeitig neue Erkenntnisse über die potenziellen pathogenen Auswirkungen der Exposition gegenüber Mikroplastik in der Luft auf die Augengesundheit liefert«, kommentieren die Autoren abschließend ihre Untersuchungen (Wang et al. 2025, S. e2).

Mikroplastik findet sich auch im äußeren Ohr, genauer gesagt im Cerumen (Ohrenschmalz), der natürlichen, wachsartigen Substanz im Gehörgang, die sich aus Talg, Schweiß, abgestorbenen Hautzellen und Staub zusammensetzt. Ähnlich wie Tränen und Talg im Auge hat diese Substanz eine wichtige Schutzfunktion, indem sie Schmutz festhält, Bakterien abwehrt und das Ohr vor dem Austrocknen schützt. Eine im Sommer 2025 erschienene Studie an zwölf Patienten ergab bei zehn von ihnen Mikroplastik im Ohrenschmalz, wobei auch relativ große Mikroplastikpartikel (von nahezu einem Millimeter) gefunden wurden (Arslan et al. 2025).

Mikroplastik wurde auch im Nasenschleim nachgewiesen (Taş et al. 2024). Nun muss man wissen, dass der Knochen zwischen Nasenhöhle und Gehirn nicht umsonst »Siebbein« (Os ethmoidale) lautet.

Ein besonders wichtiger Teil des Siebbeins ist die Siebplatte (Lamina cribrosa), eine Schädelknochenplatte, die durch ihre vielen winzigen Löcher (Foramina) gekennzeichnet ist, durch die Riechnervenfasern aus der Nasenhöhle zur Schädelhöhle ziehen. Die Siebplatte ist sehr dünn und vor allem sehr porös. Die etwa dreitausend Poren im Knochen sind zwar winzig, aber dennoch groß genug für den Durchtritt von kleinem Mikroplastik in einer Größe von zehn bis zwanzig Mikrometern (Amato-Lourenço et al. 2024). Durch die Poren ziehen Tausende Nervenfasern von den Riechsinneszellen in der Nase direkt in den Riechkolben (Bulbus olfactorius), einen Teil des Gehirns. Der Transport durch diese Fasern kann sogar aktiv erfolgen, denn Nervenfasern enthalten Stofftransportsysteme entlang ihrer Achse in beide Richtungen. Kleinste Teilchen könnten daher aktiv ins Gehirn aufgenommen werden. Wie im folgenden Kapitel genauer dargestellt wird, könnte diesem Weg der Aufnahme von Mikroplastik ins Gehirn eine erhebliche gesundheitliche Bedeutung zukommen (Amato-Lourenço et al. 2024).

Ausscheidung von Mikro- und Nanoplastik

Würde Mikroplastik von unserem Körper permanent nur aufgenommen, dann müsste bei älteren Menschen mehr Mikroplastik im Körper nachweisbar sein als bei jüngeren. Man hatte dies vermutet und nach einem solchen Zusammenhang gesucht, ihn aber nicht gefunden (mehr dazu im nächsten Kapitel). Ganz offensichtlich gibt es also auch Wege, auf denen Plastik ausgeschieden wird. Zu diesen liegen allerdings bislang nur sehr wenige Erkenntnisse vor (Wu et al. 2022).

Die Reinigung des Blutes findet in den Nieren statt, deren Glomeruli das Blut filtrieren. Diese Filter lassen Teilchen einer Größe über etwa acht Nanometer nicht hindurch. Es war daher eine Überraschung, als vor wenigen Jahren in einer Studie an Mäusen gefunden wurde, dass injizierte Plastikteilchen einer Größe von hundert

Nanometern oder sogar von drei Mikrometern über die Nieren mit dem Urin ausgeschieden wurden (Sun et al. 2022). Wie konnte das sein? Für die Poren im Filter sind die Teilchen doch viel zu groß (elf- beziehungsweise über 300-mal zu groß) – ein Problem, das seit 2021 bekannt war (Adhipandito et al. 2021).

Eine mögliche Auflösung dieser Ungereimtheit besteht darin, dass Mikroplastikpartikel in das Filtrat (also den Urin) gelangen, wenn dieses sich bereits im Nierentubulussystem befindet, was durch aktive Aufnahme (Endozytose) durch die begrenzenden Zellen der Nierentubuli (Tubulus-Epithelzellen) und Abgabe (Exozytose) in das Filtrat geschieht (Deng et al. 2019).

Mittlerweile wurde in Urinproben von achtzehn Probanden (vier Männer, vierzehn Frauen) sogar Nanoplastik einer Größe von mehr als 300 Nanometern nachgewiesen (Ji et al. 2025). Die Konzentrationen lagen zwischen 0,098 und 0,986 µg/ml bei einer durchschnittlichen Konzentration von 0,268 ± 0,235 µg/ml. Polyethylen niedriger Dichte (LDPE) war mit 0,074 µg/ml das am häufigsten vorkommende Polymer, gefolgt von Polystyrol (PS), Polypropylen (PP) und Polyethylenterephthalat (PET). Zusammen mit den Ergebnissen einer Befragung zu Ernährungsgewohnheiten und Trinkwassernutzung deuten die Ergebnisse darauf hin, dass die Art des Trinkwassers den Nanoplastikgehalt im Urin bestimmen kann. Diese Daten machen jedoch vor allem klar, dass Mikroplastik nur in sehr geringen Mengen – von etwa 0,1 bis 1 Milligramm pro Liter Urin – über die Nieren ausgeschieden wird, vor allem wenn man sie mit den eingangs genannten Schätzungen der Aufnahme von Mikroplastik vergleicht: 100 Milligramm bis 5 Gramm pro Woche, das entspricht 14 bis 714 Milligramm pro Tag (Senathirajah et al. 2021).

Daraus folgt, dass das meiste Mikro- und Nanoplastik, das nicht dauerhaft im Körper verbleibt, durch die Leber über die Gallenflüssigkeit und den Darm ausgeschieden werden muss. Dies konnte auch kürzlich in einer Studie an trächtigen Ratten gezeigt werden, denen ^{14}C-markierte Polystyrol-Nanopartikel einer Größe von 20 beziehungsweise 100 Nanometern über die Nahrung, als Aerosol über die Lunge oder intravenös verabreicht wurden. Mit dieser Methode lassen sich zuverlässige quantitative Daten zur Verteilung und Ausscheidung des Nanoplastiks gewinnen, die bislang kaum existieren. Die radioaktiven Nanopartikel wurden unabhängig von der Art ihrer Verabreichung ausschließlich über den Stuhl ausgeschieden (Zhang et al. 2026).

Auch das meiste eingeatmete Plastik wird, wie bereits beschrieben, aus dem Körper hinausbefördert. Es wird zum Beispiel über mukoziliäre Clearance in den Mund transportiert und dann ausgespuckt – oder geschluckt und über den Darm entsorgt. Kleinere Partikel, die in die Alveolen gelangen, werden von Makrophagen abtransportiert und über Leber, Galle und Darm ausgeschieden. Die Konzentrationen von Mikroplastik einer Größe von 50 bis 500 Mikrometer in menschlichen Stuhlproben liegen um 3,5 Partikel/Gramm und sind bei regelmäßigem Konsum verpackter Fertigprodukte nachweislich erhöht (Hartmann et al. 2024). Dagegen wurde bei Menschen, die viel Fisch essen, nicht vergleichsweise mehr Mikroplastik in Stuhlproben gefunden (Rofosco et al. 2025).

Aufnahme und Abgabe: Fließgleichgewicht

Im Gehirn erst kürzlich Verstorbener fand man mehr Mikroplastik als in dem von Menschen, die schon vor Jahren oder Jahrzehnten gestorben sind (Nihart et al. 2025). Dies hat den einfachen Grund, dass Plastik erst seit einigen Jahrzehnten in sehr großen Mengen produziert wird. Einerseits ist es also so, dass wir umso mehr Mikroplastik im Körper haben, je mehr dieser Teilchen sich in unserer Umgebung befinden. Andererseits sammelt es sich nicht über die Jahre in unserem Körper an. Wie passt das zusammen?

Unser Körper lässt sich als ein offenes dynamisches System verstehen, das ständig Nahrung (das heißt Energie und Baustoffe) aufnimmt und Energie und Abfallstoffe abgibt. Im Normalfall befinden sich Aufnahme und Abgabe im Gleichgewicht. Dies gilt nicht nur für die Nahrung, sondern wahrscheinlich ebenso für Mikroplastik. Auch dieses wird vom Körper aufgenommen, verteilt sich in ihm und wird über verschiedene Mechanismen wieder ausgeschieden. Man bezeichnet einen solchen Gleichgewichtszustand als Fließgleichgewicht. Um dies zu verstehen, sei ein einfaches Beispiel betrachtet (Abbildung 4.1).

Hierzu ist der Körper als Gefäß und die Höhe des Wasserspiegels als die Menge an Mikroplastik zu betrachten, und schon wird klar, dass ein geringer Zufluss nicht nur zu einem geringeren Abfluss, sondern auch zu einer geringeren Konzentration an Mikroplastik in unserem Körper führt. Und wenn wir mehr Mikroplastik aufnehmen, dann steigt dessen Abfluss, aber auch dessen Konzentration in unserem Körper. So ist die Menge an Mikroplastik in der Umgebung gerade in jüngerer Zeit deutlich angestiegen. Da wundert es nicht, dass die Menge an Mikroplastik in unserem Gehirn in den acht Jah-

Abb. 4.1: Fließgleichgewicht in einem einfachen Experiment: Die Höhe des Wasserspiegels im Gefäß richtet sich nach der Menge zufließenden Wassers. Fließt eine mittlere Menge Wasser aus dem Hahn, ist im Gleichgewichtszustand so viel Wasser im Gefäß, dass der Druck am Abfluss dafür sorgt, dass eine ebenfalls mittlere Menge Wasser abfließt (Mitte). Kommt weniger Wasser aus dem Hahn, sinkt der Wasserspiegel, bis der Druck am Abfluss so gering ist, dass ebenso wenig Wasser abfließt wie nachkommt. Es stellt sich also ein neues Gleichgewicht zwischen Zufluss und Abfluss ein (links). Genauso ist es im umgekehrten Fall: Kommt viel Wasser aus dem Hahn, steigt der Wasserspiegel, bis durch den höheren hydrostatischen Druck am Abfluss genügend Wasser herausschießt, sodass sich bei höherem Wasserspiegel dann wieder ein Gleichgewicht einstellt (© Autor).

ren von 2016 bis 2024 um fünfzig Prozent zugenommen hat, wie im nächsten Kapitel noch genauer dargestellt wird. Ebenso gehört eine der weltweit am häufigsten produzierten Plastiksorten – Polypropylen – auch zu den am häufigsten in unserem Körper gefundenen Sorten.

Fazit

Mikro- und Nanoplastik gelangen auf drei Wegen in unseren Körper: über die Nahrung, die Atmung und durch die Haut. Die Teilchen müssen hierzu eine von drei biologischen Barrieren überwinden: die Magen-Darm-Barriere, die Lungenbarriere oder eben die Haut.

Die Haut, unser größtes Organ, schützt uns vor ungesunden Stoffen in der Außenwelt. Sie ist jedoch nicht die einzige biologische Barriere unseres Körpers zu dessen Schutz. Die Magen-Darm-Barriere sorgt dafür, dass nur Wasser und Nahrungsbestandteile, aber keine größeren beziehungsweise schädlichen Stoffe aus dem Verdauungstrakt (Mund, Speiseröhre, Magen, Dünn- und Dickdarm) ins Blut übergehen. Zu Letzteren gehören auch Mikro- und Nanoplastikteilchen, die in die Nahrungskette gelangen. Pflanzen nehmen sie aktiv auf, und über die Pflanzen gelangen sie in Tiere und Menschen. Auch im Trinkwasser oder in anderen Nahrungsmitteln wie beispielsweise Salz befindet sich Mikro- und Nanoplastik, in Deutschland glücklicherweise jeweils nur in sehr geringen Mengen.

Mehr als neunzig Prozent des von uns mit der Nahrung aufgenommenen Mikro- und Nanoplastiks wird wieder ausgeschieden und gelangt damit nicht in unser Körperinneres. Im Bereich des Dünndarms ist die Durchlässigkeit der Barriere etwas größer als im Dickdarm, der Milliarden von Bakterien enthält, weswegen es dort auf eine besonders gute Dichtigkeit der Darmwand ankommt. Im Dünndarm führt zudem die Anwesenheit von Nahrung zu einer verstärkten Durchlässigkeit – weil in diesem Abschnitt des Verdauungskanals Wasser und Nahrungsbestandteile in großen Mengen in den Körper gelangen müssen. Daher kann es vor allem im Dünndarm und bei Anwesenheit von Nahrung zur Aufnahme kleiner Mikroplastikteilchen (wenige Mikrometer groß) und von Nanoplastik kommen.

Die Lungenbarriere (auch alveolo-kapilläre Barriere genannt) ist sehr dünn. Schleim und Immunzellen in den Alveolen und Flimmerhärchen in den Atemwegen sorgen für die mukoziliäre Clearance, also dafür, dass Mikro- und Nanoplastik bis hinunter zu wenigen Mikrometern Größe, die aus der Luft in die Lunge gerieten, in Richtung Mundhöhle transportiert und dann meist geschluckt werden. Je kleiner die Partikel sind, desto tiefer dringen sie in die Lunge vor. Sind sie kleiner als 2,5 Mikrometer, gelangen sie bis in die Alveolen. Nanoplastik kann ins Blut übertreten.

5

AUFHOLJAGD IN DER MEDIZINISCHEN FORSCHUNG

Im Jahr 2010 erschienen in der medizinischen Fachliteratur nur vier Arbeiten zum Thema Mikroplastik; im Jahr 2024 waren es fast fünftausend. Außerhalb der Medizin waren Plastik und Mikroplastik schon seit den 1970er-Jahren ein Thema – als Umweltproblem. In der Folge wurden unter Verwendung experimenteller Methoden die Auswirkungen von (Mikro-)Plastik auf biologische Systeme (von Bakterien über Zellen und Organismen bis hin zu ganzen Ökosystemen) untersucht. Schließlich rückten die Effekte auf den Menschen und damit die medizinische Bedeutung langsam in den Fokus. Dies geschah jedoch erst während der letzten zehn Jahre, wie ein Blick in Datenbanken zeigt.

Mit über 39 Millionen Einträgen ist PubMed die weltweit größte Datenbank biomedizinischer Publikationen (PubMed 2026). Sie ist für jedermann zugänglich und leicht zu handhaben. Unter dem Stichwort »microplastic« findet man dort die erste Publikation aus dem Jahr 1976[1], die zweite dann erst in 2002, wonach wieder zwei Jahre Funkstille herrschte. Erst ab 2005 wurde kontinuierlich biomedizinische Literatur über Mikroplastik veröffentlicht. Aber bis einschließlich 2010 erschienen gerade einmal sechzehn Arbeiten. Im Jahr 2011 waren es zehn, 2012 bereits sechzehn, und ab etwa 2015 gab es einen rasanten Anstieg – mit 1808 Publikationen in 2020. Danach kamen jährlich etwa 800 Arbeiten dazu. Im Jahr 2025 wurden 4970 biomedizinische Arbeiten zu Mikroplastik publiziert (Abb. 5.1 links), und im November 2025 überschritt die Gesamtzahl der in PubMed verzeichneten Literatur zu Mikroplastik die Marke von 20 000. Das medizinische Interesse an Mikroplastik ist also in den vergangen fünf Jahren enorm gestiegen und gegenwärtig sehr groß.

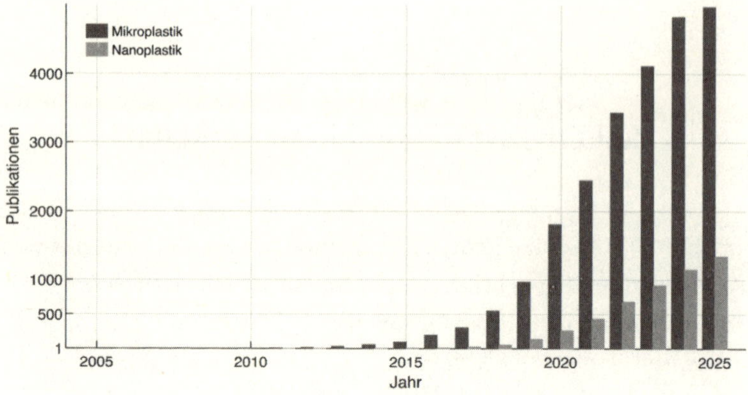

Abb. 5.1: Anzahl der in der medizinischen Datenbank PubMed unter dem Stichwort »microplastics« beziehungsweise »nanoplastics« abrufbaren Publikationen, geordnet nach dem Jahr der Veröffentlichung.

Die Zahl der Arbeiten zur *menschlichen* Gesundheit unter der Stichwortkombination »microplastics human« nahm in ähnlicher Weise zu, begann aber erst im Jahr 2007 mit einer einzigen Arbeit, fünf weitere folgten bis 2011, 47 von 2012 bis 2016; erst danach kam es zu einem starken Anstieg. Im Januar 2026 lag die Gesamtzahl bei 5912. Tierexperimentelle Arbeiten zu Mikroplastik kennt PubMed mit der ersten Publikation zu den Stichworten »microplastics mice« erst seit 2007, mittlerweile kommen etwa 800 Arbeiten zusammen (Stand: Januar 2026). Die Publikationen zu Nanoplastik begannen erst im Jahr 2011 und stiegen auf 1342 im Jahr 2025 (siehe Abb. 5.1).

Wie jung das gesamte Forschungsgebiet ist, kann man auch daran sehen, dass das erste Forschungsprojekt zu Mikroplastik, das von der US-Gesundheitsbehörde gefördert wurde, erst im Jahr 2018 anlief. Mittlerweile ist die Zahl der Projekte auf 45 gestiegen (Kozlov 2025). Hierzulande gibt es an der Fakultät für Biologie, Chemie und Geowissenschaften der Universität Bayreuth seit 2019 einen von der Deutschen Forschungsgemeinschaft (DFG) geförderten Sonderforschungsbereich Mikroplastik – in dem es aber nur um das Umweltproblem geht. Halten wir fest: Mikroplastik als *Gesundheitsproblem* hat die Medizin erst seit wenigen Jahren auf dem Schirm, und entsprechend sind viele Auswirkungen von Mikro- und Nanoplastik noch nicht hinreichend erforscht. Die folgenden Kapitel sollen einen Einblick in das geben, was man bereits jetzt mit einiger Gewissheit sagen und daraus ableiten kann.

Gesundheitsrisiken – gefürchtet, aber kaum bekannt und noch wenig erforscht

Am 13. Februar 2025 konnte man im Fachblatt *Nature* nachlesen, dass die deutschen Verbraucher Mikroplastik für das größte umweltbedingte Gesundheitsrisiko halten (Kozlov 2025) – obwohl erst wenige Details darüber bekannt waren. Dass eine Geschirrspülmaschine beim Spülen von Plastikgeschirr und -besteck etwa 920 000 Teilchen Mikroplastik pro Spülgang produziert, schrieben australische Wissenschaftler erst im April 2025. Hochgerechnet entstehen dadurch 33 Millionen Plastikpartikel pro Jahr, die allesamt im Abwasser landen und langfristig von Lebewesen, einschließlich uns Menschen, aufgenommen werden (Okoffo et al. 2025). Beim Trinken von nur einem Liter Wasser aus einer PET-Flasche nimmt man auch die darin enthaltenen 250 000 Teilchen Mikro- und Nanoplastik in sich auf. Kaum jemand weiß das. Ebenso wenig, dass Mikroplastik im Nabelschnurblut gefunden wurde (Zhu et al. 2024) und dass kleinste Styroporteilchen bei Mäusen und Menschen zu Fehlgeburten führen (Wan et al. 2024). Die kleinen Partikel landen also nicht nur überall auf der Welt, sondern auch in uns. Hier reichern sie sich in praktisch allen Organen an, die man bisher untersucht hat – aber in der vermutlich höchsten Konzentration im Gehirn, wie im nächsten Kapitel gezeigt wird.

Mikroplastik ist als Forschungsfeld längst nicht so etabliert wie beispielsweise die Gentechnik, die Raumfahrt oder der Klimawandel. Sie ist damit noch immer nicht das, was der Wissenschaftshistoriker Thomas Kuhn (1996) »normale Wissenschaft« genannt hat, in deren Wissenschaftsbetrieb es vereinbarte Messprotokolle und etablierte Verfahren gibt, die überall auf der Welt in gleicher Weise ausgeführt werden, wodurch die Ergebnisse vergleichbar sind. Zwar wurde es in den vergangenen zwei bis drei Jahren besser, aber man hat dennoch den Eindruck, dass das Forschungsfeld Mikroplastik heute eher den Naturwissenschaften von vor dreihundert Jahren ähnelt: Damals stellten Tüftler alles Mögliche an, um den Dingen auf den Grund zu gehen. Jeder hatte seine eigene Theorie, sein eigenes, ganz spezielles Labor, behielt seine Erkenntnisse oft erst einmal für sich und wurstelte in aller Stille vor sich hin. Hier gilt es aufzuholen!

Bis heute gibt es in der Forschung rund um Mikroplastik keine einheitlichen, standardisierten Untersuchungsverfahren, weswegen die Ergebnisse verschiedener Arbeitsgruppen nicht oder nur schwer vergleichbar sind. Beispielsweise schätzten Cox und Mitarbeiter 2019 die jährliche Aufnahme von Mikroplastik mit der Nahrung auf 39 000 bis 52 000 Partikel. Zu deren Größe und Gewicht wurde jedoch nichts gesagt. Da unter den Begriff »Mikro«-Plastik aber alle Plastikteilchen einer Länge von einem Mikrometer bis fünf Millimeter fallen und ein Kubik*mikro*meter (μm^3) eine Milliarde Mal kleiner ist als ein Kubik*milli*meter (mm^3), gibt es hier enorme Variationsmöglichkeiten. Erst zwei Jahre danach, 2021, haben Senathirajah und Mitarbeiter erstmals das Partikelgewicht einbezogen und so für einheitliche Bewertungsmaßstäbe gesorgt – und nicht zuletzt für eine toxikologische Einschätzung –, wie die Autoren selbst kommentieren: »Dies war der erste Versuch, die Zahlen von Mikroplastikpartikeln in deren Gesamtgewicht und damit in einen für die Humantoxikologie relevanten Messwert umzuwandeln. Die Bestimmung der aufgenommenen Menge ist von grundlegender Bedeutung für die Bewertung der Risiken für die menschliche Gesundheit durch die Aufnahme von Mikroplastik. Diese Erkenntnisse werden zu künftigen Rahmenwerken für die Bewertung von Risiken für die menschliche Gesundheit beitragen« (Senathirajah et al. 2021, S. e1).

Auch die verfolgten Forschungsstrategien werden heiß debattiert, was erneut durch ein einfaches Beispiel verdeutlicht werden soll. Es gibt keine Einigkeit darüber, welches Plastik man in der Forschung – beispielsweise im Rahmen von Tierexperimenten – verwenden sollte. Für die einen ist Standardisierung wichtig, und sie arbeiten daher mit Mikrokügelchen einer bestimmten Sorte und von einheitlicher, ganz bestimmter Größe. Die anderen sagen, dass diese Ergebnisse keinerlei praktische Bedeutung haben, weil um uns und in uns alle möglichen Arten von Plastik in den unterschiedlichsten Größen und Formen gleichzeitig vorkommen und man daher auch genau diese Mischungen untersuchen sollte. Glücklicherweise wird weniger gestritten als vor allem einfach geforscht – jeder nach seinen Gedanken und Methoden, sodass wir mit zunehmender Geschwindigkeit lernen, was Mikroplastik in unserem Körper anstellt.

Bibliometrik

Um die Forschungslandschaft zu visualisieren und dadurch eine bessere Übersicht zu bekommen, analysierte eine im Juli 2025 publizierte Studie die Literatur zu Mikro- und Nanoplastik inhaltlich und konnte vier Forschungsschwerpunkte identifizieren: (1) Umwelt, Umweltverschmutzung und Müll; (2) Materialkunde und Chemie; (3) Auswirkungen auf Bakterien und (4) Medizin (Kumari et al. 2025). Über die Jahre hinweg haben sich die Schwerpunkte verschoben, wie man mit bibliometrischen Karten zeigen kann (Abb. 5.2).

Ging es noch im Jahr 2014 um die Verteilung von Plastik im Boden und vor allem im Wasser (seawater, coastal, marine, ocean), so standen fünf Jahre später vor allem die Effekte auf die Umwelt (wastewater, exposure, treatment, toxicity) im Fokus. Nach weiteren fünf Jahren kamen langsam die Auswirkungen auf den Menschen (human, exposure, toxicity, health) hinzu und wurde sogar der mögliche biologische Abbau schon erwähnt (biodegradable).

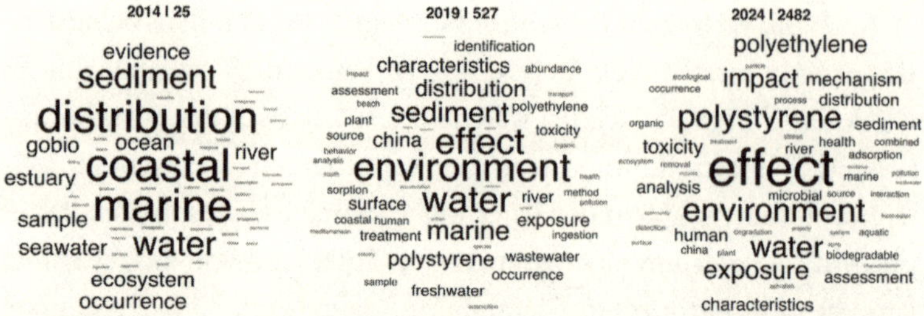

Abb. 5.2: Bibliometrische Karten für die Jahre 2014, 2019 und 2024, erstellt aus Abstracts und Titeln, die PubMed für das Schlüsselwort »microplastics« lieferte (eigene Abbildung; rechts neben dem Jahr ist jeweils die Anzahl der Arbeiten aus dem Jahr angegeben). Für jeden einzelnen Abstract samt Titel eines Jahres wurde eine Wortliste erstellt, jede wurde um Füllwörter und Wiederholungen bereinigt. Die fünfzig häufigsten Wörter über alle Listen hinweg wurden zusammen mit ihren Häufigkeiten der MATLAB™-Funktion »wordcloud« überlassen, die die jeweilige Grafik produzierte.[2]

6
PLASTIK BRINGT UNSEREN DARM AUS DEM GLEICHGEWICHT

Während meines Medizinstudiums vor gefühlten 100 und tatsächlichen 45 Jahren war die Welt noch einfach: Die Nahrung landet nach dem Essen im Darm, wird dort verdaut, und zwanzig Prozent der aufgenommenen Energie gehen dann ins Gehirn, das die ganze Sache steuert. Im Darm gibt es Bakterien, die beim Verdauen mithelfen, und in der Darmwand Nerven, damit er rhythmisch kontrahiert und dadurch alles in Richtung Ausgang transportiert.

Heute sprechen wir von der *Darm-Gehirn-Achse* und bezeichnen damit die Tatsache, dass Darm und Gehirn ständig miteinander kommunizieren. Dies geschieht über verschiedene Kanäle wie den Vagusnerv (der wichtigste und komplizierteste einzelne Nerv in unserem Körper; vgl. Tracey 2025), über Hormone und über Signalstoffe der Darmbakterien. Die Kommunikation geht tatsächlich in beide Richtungen (also nicht nur beispielsweise »Gehirn an Darm: verdauen«, sondern auch »Darm an Gehirn: Cool bleiben«), und hat gerade in meinem Fachgebiet – der Psychiatrie – in jüngerer Zeit zu vollkommen neuen Erkenntnissen geführt: Das körperliche Geschehen im Darm kann sich auf psychische Prozesse wie Stimmung, Emotionen, Stress, Appetit, Aufmerksamkeit und Denken auswirken.

Daher ist ein gesundes Darmmikrobiom von immenser Bedeutung. Als *Mikrobiom* bezeichnet man eine Gemeinschaft von vielen unterschiedlichen Mikroorganismen (Bakterien, Pilze, Viren) in einem bestimmten Lebensraum. Dieser kann sehr groß sein (Mikrobiom der Küste oder des Meeresgrundes) oder sehr klein – wie beispielsweise Ihre Mundhöhle. Beim Menschen sind vor allem die Mikrobiome auf der Haut, im Mund und im Darm interessant, wobei das Darmmikrobiom wegen seiner immer deutlicher werdenden

Bedeutung für Gesundheit und Krankheit die größte wissenschaftliche Aufmerksamkeit auf sich zieht.

Leider weiß man im Grunde noch erschreckend wenig hierzu: Niemand kann sagen, welche Mikroorganismengemeinschaft die beste für uns Menschen ist – also welche gesund ist und welche krank macht. Weil sich manche Organismen nicht miteinander vertragen und Menschen im Hinblick auf ihre Genetik und ihre Umwelt sehr verschieden sind, wird man das wahrscheinlich nie so einfach sagen können. Es ist ähnlich wie beim Essen: Was der eine gern mag, verträgt der andere nicht, was man im Winter beim Skifahren gern isst, mag man im Sommer am Meer nicht, etc. *Das* gute Essen gibt es nicht. Auch welche Zutaten ein gutes Essen ausmachen, lässt sich nicht allgemein sagen: Sauerkraut ist gesund, und Vanillesoße schmeckt gut, aber beides zusammen – obwohl gesund und wohlschmeckend – mag niemand. Übertragen auf das Mikrobiom in unserem Darm bedeutet dies, dass es kein Rezept (»Man nehme x Prozent Coli-Bakterien, y Prozent Lactobazillus soundso«) für eine gute, gesunde Gemeinschaft von Mikroorganismen geben kann. Schon länger gibt es allerdings Hinweise darauf, dass eine größere Diversität der Mikroorganismen in unserem Darm gesund ist. Wieder ist es also ähnlich wie beim Essen.

Jeder Mensch hat sein »eigenes« Mikrobiom, das sich im Lauf seines Lebens entwickelte. Vor der Geburt ist der Darm noch »keimfrei«, bei der Geburt wird er vom mütterlichen Darmmikrobiom besiedelt, am effektivsten bei einer normalen vaginalen Geburt (Ventura et al. 2025). Nach einem Kaiserschnitt kann die Besiedelung einige Wochen dauern und erfolgt vor allem beim Stillen (Selma-Royo et al. 2024). Man geht davon aus, dass die ersten beiden Lebensjahre eine Art Zeitfenster darstellen, in dem sich ein halbwegs stabiles Mikrobiom etabliert. Während dieser Zeit können jedoch einschneidende Ereignisse – akuter Stress, ein Unfall oder der Umzug in eine andere Umgebung – zu starken Änderungen des Mikrobioms führen. Und auch im gleichen Haushalt lebende Menschen können Einfluss nehmen, indem sie Mikroorganismen in den

Darm übertragen: Je mehr ältere Geschwister ein Kleinkind hat, desto diverser ist sein Mikrobiom (Laursen et al. 2015) – dies gilt überall auf der Welt (Valles-Colomer et al. 2023). Ebenso machen der Besuch von Kindergarten und Schule, Haustiere, viele Freunde sowie unterschiedlichste Nahrung das Mikrobiom artenreicher; Home-Schooling – und analog bei Erwachsenen Home-Office und Alleinleben –, Antibiotika, übertriebene Sauberkeit oder gar Angst vor anderen Menschen bewirken das Gegenteil (Heidrich et al. 2025).

Die Entwicklung eines funktionierenden Darmmikrobioms ist sehr wichtig, denn eine seiner Funktionen ist die Verdauung von Ballaststoffen. Hierbei handelt es sich um Stoffe, die wir Menschen mit den Verdauungsenzymen (Fermente), die von unseren Genen für den Stoffwechsel kodiert und bereitgestellt werden, nicht verdauen können. Langkettige Kohlenhydrate, wie sie beispielsweise in Kleie enthalten sind, sind für uns also eigentlich unverdaulich. Die Bakterien in unserem Dickdarm können diese Stoffe jedoch verdauen, wobei diese zu kurzkettigen Fettsäuren – also mit zwei bis sechs Kohlenstoffatomen (siehe Tabelle 6.1) – abgebaut werden, die als Metaboliten im Dickdarm entstehen.

Tabelle 6.1: Kurzkettige Fettsäuren

Kettenlänge	**Name**	**Name des Salzes**
C2	Essigsäure	Acetat
C3	Propionsäure	Propionat
C4	Buttersäure	Butyrat
C5	Valeriansäure	Valerat
C6	Capronsäure	Copronat

Diese kurzkettigen Fettsäuren, vor allem Acetat, Propionat und Butyrat, sind wiederum Teil der Energieversorgung von Darmzellen und helfen bei der Aufrechterhaltung der Darmbarriere, sie wirken entzündungshemmend und unterstützen das Immunsystem. Dies erklärt den positiven Effekt von Ballaststoffen auf die Magen-Darm-Gesundheit sowie die Gesundheit allgemein.

Bei Störungen der Zusammensetzung des Darmmikrobioms – man spricht dann von *Dysbiose* – kann es zu einer Funktionsstörung der Darmbarriere und zu Stoffwechselstörungen kommen, wie im Folgenden gezeigt wird.

Schäden in der Darmbarriere

Mikro- und Nanoplastik kann das Mikrobiom im Darm über eine Reihe von Mechanismen schädigen: Es reizt die Darmschleimhaut, kann eine chronische Entzündung verursachen und in der Folge die Darmbarriere schädigen. An der Oberfläche von Mikroplastik können Bakterien als Biofilm haften, wodurch die Plastikpartikel dann wie kleine Inseln oder Frachter wirken – man spricht von *Vektoren* –, die Giftstoffe oder schädliche Bakterien transportieren (Smith et al. 2018). Weiterhin enthält nahezu jedes Plastik giftige Zusatzstoffe (vgl. Kapitel 9), die mit der Zeit im Körper »ausgelaugt« werden und ungünstige gesundheitliche Auswirkungen haben können (Bora et al. 2024; He et al. 2026; Thin et al. 2025; Zhao et al. 2025).

Entzündungen werden im Folgenden näher betrachtet, denn sie sind für ein Verständnis der komplexen Auswirkungen von Mikroplastik auf den Darm und den gesamten Körper wesentlich. Entzündungen wirken sich insbesondere auf die Tight Junctions aus. Dies sind die Zellkontakte, durch die Epithelzellen, die den Darm innen auskleiden, dicht aneinandergeheftet sind (Kapitel 4). Ihre Funktion wird durch bestimmte Proteine – *Occludine* (lat. *occludere* = verschließen) und *Claudine* (lat. claudere = schließen) – herbeigeführt. Occludine bilden ausschließlich Barrieren, Claudine hingegen sowohl Barrieren (Claudin-1, -3, -4 und -8) als auch Poren. Claudine gibt es in Dutzenden von Varianten. Sie kommen vom Fadenwurm bis zum Menschen überall vor. Sie sitzen »transmembranär« in der seitlichen Zellmembran jeder Epithelzelle, reichen also von innen nach außen hindurch, wo sie Auftreibungen haben, die den Zwischenraum zur Nachbarzelle abdichten. Der Verschluss zwischen

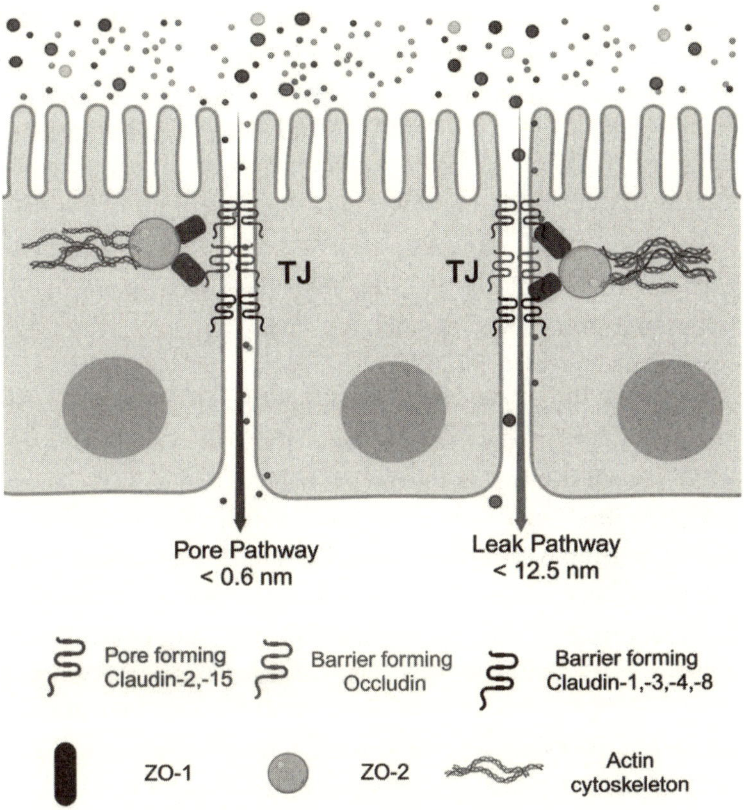

Abb. 6.1: Struktur und Funktion von Tight Junctions (nach Arumugam et al. 2025, S. 260). Dargestellt sind drei Zellen des Darmepithels, das Darmlumen ist oben, was man an den Darmzotten (villi) erkennt, die die Darmoberfläche vergrößern. Tight Junctions bestehen aus einer Reihe von Proteinen, den Claudinen und Occludinen, die in der Zellmembran sitzen und durch diese hindurchgehen. Diese daher auch Transmembranproteine genannten Eiweißkörper sind über Plaque-Proteine in der Zelle (ZO-1 und ZO-2) mit dem Aktin-Myosin-Zytoskelett in der Zelle verbunden. Die Abbildung verdeutlicht, wie die Durchlässigkeit der Tight Junctions im Darm durch zwei unterschiedliche Wege bestimmt wird. Der durch Claudin-2 und Claudin-15 vermittelte Porenweg (Pore Pathway) (links) lässt Kationen und kleine gelöste Stoffe mit einem Durchmesser von bis zu 0,6 Nanometern passieren. Der rechts dargestellte Leckweg (Leak Pathway) wird durch Occludin reguliert und ermöglicht den Durchgang gelöster Stoffe mit einem Durchmesser von bis zu 12,5 Nanometern.

den Zellen der Darmwand bewirkt, dass nur Wasser, bestimmte Ionen – in geringem Maße – Nährstoffe aus dem Darm ins Blut übertreten können und alles andere zurückgehalten wird. Claudine und Occludine sind in den Zellen über andere bestimmte Proteine, deren Namen mit *zona occludens* (ZO) beginnt (und von denen es drei gibt: ZO-1, ZO-2 und ZO-3), mit dem Skelett im Inneren der Zelle (Zytoskelett) verbunden (Abb. 6.1). Der Name »Skelett« ist irreführend, denn Aktin und Myosin sind Muskelproteine, die in Gemeinschaft ihre Länge verändern können.

Tatsächlich werden alle Muskelbewegungen unseres Körpers – ob unser Herzschlag, die Bewegungen unseres Darms (Peristaltik) oder das Laufen mit unseren Beinen – dadurch erzeugt, dass Myosin unter Verbrauch chemischer Energie Aktin greift und an sich entlangzieht (»Kraftschlag«). Genau das passiert auch an den Tight Junctions, um deren Basis herum das an ZO-Proteine gekoppelte Aktin und Myosin einen Ring bilden, der sich zusammenziehen kann. Dadurch können die Zellen des Darmepithels die Claudine und Occludine wieder ein Stück weit in sich hineinziehen und damit den Spalt zwischen den benachbarten Zellen vergrößern – oder durch mehr »Loslassen« verkleinern (Krug et al. 2014; Arumugam et al. 2025).

Damit ist erst einmal geklärt, wie die Darmbarriere funktioniert. Nur vor diesem Hintergrund lassen sich die vielfältigen Mechanismen klären, über die Mikroplastik der Darmbarriere schaden kann. Denn genau das Vergrößern der Zell-Zell-Abstände im Darmepithel durch Aktin und Myosin kann zu einem ernsthaften Problem werden, wenn es dauerhaft geschieht und dadurch die Darmbarriere zu durchlässig für Stoffe oder Bakterien wird, die nicht hindurchgelangen sollten. Und das wiederum kann durch die indirekte Wirkung von Mikroplastik auf die Aktivität des Myosins ausgelöst werden.

Chronische Entzündung und oxidativer Stress

Wie jeder Fremdkörper wird Mikroplastik vom Körper durch eine Entzündungsreaktion bekämpft. Immunzellen (zum Beispiel Makrophagen) produzieren *Reaktive Sauerstoffspezies* (reactive oxygen species, abgekürzt ROS) wie beispielsweise Wasserstoffperoxid (H_2O_2), das Hydroxylradikal oder das Radikal Superoxid. Mit dieser »Waffe« – man spricht auch vom »respiratory burst« – können Eindringlinge wie Bakterien oder körperfremde Proteine (Antigene) oft neutralisiert werden. Mikroplastik hingegen erweist sich für ROS als recht unzerstörbarer Gegner. Die Waffe geht also ins Leere beziehungsweise trifft stattdessen Biomoleküle des eigenen Körpers, die zu Schaden kommen. Hierbei entstehen viele freie Radikale.

Ein Mehr an freien Radikalen reagiert aggressiv mit biologischen Molekülen (Proteine, Membranen, DNA). Man nennt dies *oxidativen Stress*. Die beschädigten Moleküle müssen ihrerseits durch zelluläre Abbauprozesse oder weitere Immunzellen entsorgt werden, was das ganze Geschehen weiter anheizt, sodass ein Teufelskreis entsteht: Die an Entzündungen beteiligten Immunzellen verursachen freie Radikale, die mehr Entzündung verursachen. Dieser Mechanismus macht klar, warum einige wenige Mikroplastikpartikel genügen können, um eine chronische Entzündung im Darm zu erzeugen und aufrechtzuerhalten (Zhao et al. 2025). Diese kann zu Schäden bei Darmzellen oder sogar zu deren Absterben führen und damit die Barrierefunktion des Darms beeinträchtigen. Mikroplastik bewirkt somit eine höhere Durchlässigkeit im Darm – auch für Mikroplastik! Es besteht hier also eine positive Rückkopplungsschleife. Mikroplastik in der Darmwand führt zu mehr Mikroplastik in der Darmwand.

Freie Radikale beeinträchtigen den normalen Zellstoffwechsel und damit die Energieversorgung (durch die Mitochondrien[1]), das Zellwachstum sowie die Transportfunktionen innerhalb von Zellen im endoplasmatischen Retikulum[2] (Brown et al., 2001; Fröhlich et al., 2009; Hodges et al., 1995; Teuten et al., 2009; van der Meulen et al., 2015). Sie werden im Normalfall durch »Radikalfänger« in Schach gehalten. Das sind Antioxidantien wie beispielsweise die Vitamine C und E oder das Spurenelement Selen. Zwischen der Entstehung und dem Abfangen von freien Radikalen besteht im Normalfall ein Gleichgewicht. Bei jeder Entzündung aber wandern Zellen des Immunsystems ins Gewebe, um die Ursache zu bekämpfen. Für diese *Immunantwort* wird Energie gebraucht, die durch vermehrte Zellatmung bereitgestellt werden muss. Dies wiederum stört das Gleichgewicht zwischen der Produktion und dem Abfangen von freien Radikalen am Ort der Entzündung.

Bei einer Untersuchung wiesen Mäuse, denen Polystyrol-Partikel in Größen von 0,2, 1 und 5 Mikrometern in einer Dosierung von 1 Milligramm pro Kilogramm Körpergewicht oral für 28 Tage verabreicht wurden, im Dickdarm Zeichen von Entzündung und oxidativem Stress auf (Zeng et al. 2024). Dieser wiederum führte in den Zellen des Immunsystems wie beispielsweise den Makrophagen zur Aktivierung des *NLRP3-Inflammasoms*[3], einer Art molekularer Sensor (man könnte auch »Alarmknopf« dazu sagen) in Zellen. Hierbei handelt es sich um Entzündung vermittelnde beziehungsweise fördernde Stoffe (»Entzündungsmediatoren«). Neben den Interleukinen IL-1b und IL-18 konnten Zeng und Mitarbeiter vor allem auch den *nucleären Factor kappa B* (NF-κB[4]) und verschiedene weitere Interleukine wie IL-6 oder IL-8 nachweisen. Diese bewirken die Verminderung der Produktion von Occludinen und Claudinen und führen damit zu einer vermehrten Durchlässigkeit des Dickdarms der Tiere. Die Interleukine IL-1b und IL-18 können auch zum entzündlichen Zelltod, der Pyroptose, führen, was noch mehr Entzündung verursacht.

Wenn die Darmbarriere durch chronische Entzündung geschwächt und die Schleimschicht auf ihr unterbrochen ist, kommen die im Dickdarm in großer Menge vorhandenen Mikroben an die Zellen im Darm heran, was wiederum zu noch mehr Immunaktivierung führt und damit eine weitere positive Rückkopplungsschleife in Gang setzen beziehungsweise unterhalten kann. Es ist daher sehr wichtig, dass das Mausmodell auch zeigt, wie man Abhilfe schaffen kann: Die Gabe von Antioxidantien wie *N-Acetyl-L-Cystein* schützt die Darmzellen vor oxidativem Stress und wirkt der durch Mikroplastik verursachten Pathologie entgegen (Zeng et al. 2024). Zudem wird die Bedeutung der Vitamine C und E oder von Spurenelementen wie Selen als Antioxidantien deutlich. Sie sollten immer in ausreichender Menge vorhanden sein, sodass aufflammende kleine Entzündungen eben gerade *nicht* chronisch werden.

Anders ausgedrückt: Das Gleichgewicht zwischen freien Radikalen, die beim Energiestoffwechsel immer entstehen, und Antioxidantien wird durch Mikroplastik gestört. Im sehr stoffwechselaktiven Darm ist dieses Gleichgewicht besonders empfindlich. Auch ein Zuviel an Nahrung verschiebt das Gleichgewicht von freien Radikalen und Antioxidantien, ist also für sich genommen bereits ein Risikofaktor für Darmentzündungen. Übergewicht und Mikroplastik sind somit eine besonders ungesunde Kombination.

Darmkrebs durch Mikroplastik?

Langfristig kann eine chronische Darmentzündung lokal zu Gewebeschäden führen oder sich sogar auf den ganzen Körper auswirken, denn die oben genannten Entzündungsmediatoren können ins Blut gelangen und überallhin transportiert werden. So wird verständlich, dass Entzündungen des Darms auch zu Arthritis in Gelenken führen können. In verschiedensten Geweben kann es zu Fibrosen oder zu Verfettung kommen. Weitere Folgen können genetische Veränderungen oder Unfruchtbarkeit sein.

Auch das Krebsrisiko kann steigen (Deng et al., 2017; Nel, 2007; Schirinzi et al., 2017; Sharma und Chatterjee, 2017; van der Meulen et al., 2015; Waring et al., 2018; Wright und Kelly, 2017; Chartres et al. 2024). Zwar stehen chronische Entzündungen mittlerweile als Ursache von Krebs im Fokus, doch direkt zum Thema »Mikroplastik und Darmkrebs« wurde bislang nur sehr wenig publiziert. Allerdings macht das wenige, was man bislang herausgefunden hat, nachdenklich.

Im Labor gezüchtete menschliche Dickdarmzellen, die Mikro- oder Nanoplastik aus Polystyrol in nicht-toxischen Dosen in der Nährlösung ausgesetzt wurden, zeigten Veränderungen ihres Stoffwechsels. Ihre Stoffwechselwege änderten sich ähnlich wie beim Zusatz des bekannten Karzinogens Azoxymethan (AOM) sowie bei tatsächlichen Darmkrebszellen. »Insbesondere weisen diese Zellen gleichzeitig vier metabolische Kennzeichen von Krebs auf: i) erhöhte Glukoseoxidation über Laktat, selbst wenn Sauerstoff verfügbar ist; ii) verminderte Aktivität der Mitochondrien; iii) Entkopplung von Nährstoffen (Glukose und Glutamin) und iv) reduktive Carboxylierung von Glutamin«, schreiben Bonanomi und Mitarbeiter (2022, S. e12). Diese metabolischen Veränderungen stellen für die Autoren einen deutlichen experimentellen Hinweis dafür dar, dass eine chronische Exposition mit Mikro- oder Nanoplastik als Krebsrisikofaktor zu betrachten ist.

Verlässliche Daten hierzu gibt es noch keine, doch zwei Studien deuten ebenfalls auf einen Zusammenhang zwischen Darmkrebs und Mikroplastikbelastung hin. Die Autoren der ersten Studie, aus dem Jahr 2023, verglichen die Anzahl von Mikroplastikpartikeln in tumorösen und nicht-tumorösen Dickdarmgeweben von sechzehn Patienten mit Dickdarmkrebs (kolorektales Adenokarzinom) und verglichen diese Werte mit Ergebnissen aus Dickdarmgewebeproben von Probanden, bei denen kein Darmkrebs diagnostiziert worden war. Die Partikelzahl im tumorösen Gewebe lag im Mittel bei durchschnittlich 702 ± 504 je Gramm Gewebe und war damit signifikant höher als im nicht-tumorösen Kolongewebe (208 ± 154 Partikel je Gramm Gewebe) der Krebspatienten sowie im Darmgewebe der Kontrollgruppe (218 ± 213 Partikel je Gramm Gewebe) (Cetin et al. 2023).

Die zweite, im Mai 2025 publizierte Studie untersuchte Mikroplastik in Tumorgewebe und in mindestens fünf Zentimeter entferntem Darmgewebe von zehn Patienten mit Dickdarmkrebs (Pan et al.

2025). In allen Proben wurde Mikroplastik gefunden, vor allem Polyvinylchlorid (PVC) und Polyethylen (PE). Im Vergleich zu den nicht krebsartigen Geweben wiesen die Tumorgewebe eine größere Vielfalt und Verteilung von Mikroplastik auf. Darüber hinaus zeigte sich der Einfluss von Ernährungsgewohnheiten auf den Mikroplastikgehalt: Bei Patienten, die angaben, mehr als dreimal pro Woche Fertiggerichte zu konsumieren, waren die PVC-Werte im Tumorgewebe signifikant höher ($p = 0{,}0007$).

Es ist anzunehmen, dass der Zusammenhang zwischen Mikroplastik und Darmkrebs – nicht zuletzt aufgrund der hier zitierten Daten (mehr gibt es derzeit nicht) – künftig intensiver beforscht wird.

Fazit

Die medizinisch-wissenschaftliche Erforschung der Auswirkungen von Mikro- und Nanoplastik ist ein noch sehr junges Forschungsfeld, das in den vergangenen fünf Jahren einen enormen Aufschwung erlebt hat.

Im Darm können kleinste Plastikteilchen zu einem chronisch-entzündlichen Geschehen führen. Bei jeder Entzündung wird im Gewebe mehr Energie verbraucht, was zu mehr Oxidation und in der Folge zu mehr freien Radikalen führt. Diese werden im Normalfall durch »Radikalfänger« (Antioxidantien wie beispielsweise die Vitamine C und E sowie das Spurenelement Selen) in Schach gehalten. Bei einer Entzündung ist dieses Gleichgewicht gestört, es besteht oxidativer Stress, und dieser wirkt sich ungünstig auf die Abdichtung der Darmwand – die Darmbarriere – aus. Dies wiederum kann zu einer verminderten Vielfalt der Darm-Mikroorganismen führen (Dysbiose). Weitere Reizung des Darms durch (die falschen) Bakterien bewirkt noch mehr Entzündung – ein Teufelskreis.

Jede Entzündung verursacht zudem eine Aktivierung und Einwanderung von Zellen des Immunsystems und die Bildung von Entzündungsmediatoren, die ihrerseits eine weitere Erhöhung der Durchlässigkeit des Darms bewirken. Der Kontakt von Darmbakterien mit der Darmwand verursacht noch mehr Immunaktivierung – ein weiterer Teufelskreis.

Schließlich bewirkt Nahrungsaufnahme einen höheren Energieverbrauch im Darm, weswegen sie die negativen Auswirkungen von Mikroplastik – Entzündung, oxidativer Stress, Mikrobiom-Dysbiose, durchlässigere Darmbarriere – verstärken kann. So sorgt Mikroplastik in der Darmwand für noch mehr Aufnahme von Mikroplastik in die Darmwand – auch dies ein Teufelskreis.

Ballaststoffe, die wir Menschen nicht verdauen können, werden durch Darmbakterien zu kurzkettigen Fettsäuren abgebaut, die wir ansonsten nicht herstellen können und von denen sich die Zellen der Darmwand ernähren. Ballaststoffe stärken daher den Darm. Wer sich mit genügend Vitaminen, Spurenelementen und Ballaststoffen und nicht zu vielen Kalorien ernährt, wirkt den von Mikroplastik im Darm verursachten Teufelskreisen entgegen. Wer das nicht schafft, hat vermutlich ein erhöhtes Risiko, an Darmkrebs zu erkranken.

Aber nicht nur das: Entzündungsmediatoren werden zwar lokal freigesetzt, gelangen aber über die Lymphe und das Blut in unseren ganzen Körper und können so überall entzündliche Prozesse in Gang setzen, beispielsweise in Gelenken (Arthritis). Und im Gehirn.

7

IM GEHIRN: ENTZÜNDUNG, ZELLSTRESS UND DEMENZ

Im Februar 2025 erschien im Fachblatt *Nature* eine kurze Nachricht unter der Überschrift: »Ihr Gehirn ist voller Mikroplastik: Ist das schädlich für Sie?« Bereits der erste Satz bereitet Gänsehaut: »Ein Stückchen menschliches Gehirn in einem kleinen Glasfläschchen beginnt zu schmelzen, nachdem Lauge hinzugefügt wurde. In den nächsten Tagen zersetzt die ätzende Chemikalie die Nervenzellen und Blutgefäße im Inneren und hinterlässt eine grauenhafte Masse, die Tausende winziger Plastikpartikel enthält«, beginnt der US-amerikanische Autor Max Kozlov (2025, S. 311) seinen Bericht. Er beschreibt darin zunächst die Arbeit des US-Toxikologen Matthias Campen, der Gehirne untersucht, die für medizinische Zwecke gespendet wurden. Aus einem menschlichen Gehirn lässt sich nach Auflösung des Gewebes durch Lauge in der beschriebenen Weise die erstaunliche Menge von etwa zehn Gramm Mikroplastik isolieren. Das entspricht tatsächlich etwa dem Gewicht zweier herkömmlicher Kreditkarten, die ja aus Plastik sind. Ihr Gehirn besteht bei einem Gewicht von etwa 1,3 Kilogramm damit zu etwa 0,7 Prozent aus Plastik.

Was macht es da? – Dies herauszufinden, ist nicht einfach. Lange hatte man geglaubt, es läge einfach nur herum, wäre chemisch völlig *inert,* was so viel heißt wie »wenig reaktionsfreudig«. Aber auch chemisch neutrale und nicht toxische Stoffe wie beispielsweise Gold oder Magnesiumoxid können ungünstige Effekte im Gehirn verursachen, wie man schon vor der Forschung zu Mikroplastik wusste. Denn kleinste Teilchen aus solchen inerten Substanzen können nicht nur die Blut-Hirn-Schranke überwinden und von Nervenzellen aufgenommen werden, sondern dort auch – ohne chemisch mit der organischen Umgebung zu reagieren – oxidativen Stress und entzündliche Veränderungen verursachen. In gleicher Weise tut dies Mikro- und Nanoplastik im Gehirn, was zu Zellschäden und zu Störungen der Funktion von Nerven- und Gliazellen führen kann. Darüber hinaus wurde in Tiermodellen gefunden, dass Mikroplastik zu veränderten Konzentrationen mancher Neurotransmitter[1] führen kann, was wiederum Verhaltensänderungen zur Folge haben kann (Prüst et al. 2020).

Gliazellen

Etwa die Hälfte der Zellen im menschlichen Gehirn sind Gliazellen, die kleiner sind als Nervenzellen und ganz unterschiedliche Aufgaben haben. Ihr Entdecker Rudolf Virchow (1821–1902) gab ihnen diesen griechischen Namen, der »Leim« bedeutet, weil er glaubte, dass diese Zellen den Nervenzellen nur Stütze und Halt geben. Das ist jedoch längst nicht alles, was Gliazellen tun. Sie transportieren Stoffe, ernähren die Nervenzellen, kontrollieren die Konzentrationen von Ionen im Gewebe, nehmen Neurotransmitter auf, umhüllen Nervenfasern und isolieren sie somit elektrisch. Schließlich bilden Gliazellen auch eigens für das Gehirn ein ganz spezielles Immunsystem und beeinflussen sogar die Informationsverarbeitung. Für all diese unterschiedlichen Funktionen gibt es verschiedene Typen von Gliazellen, die hier kurz vorgestellt seien:

Astrozyten – ihr Name leitet sich davon ab, dass ihr Aussehen an Sterne erinnert – sind die häufigste Variante. Sie stützen tatsächlich, regulieren aber auch Wasser, Kalium- und Kalzium-Ionen sowie den pH-Wert[2] der Extrazellulärflüssigkeit. Über dreißig Jahre wurde darüber gestritten, ob Astrozyten auch aktiv an der Informationsverarbeitung beteiligt sind (Perea et al. 2009), mittlerweile hat sich jedoch geklärt, dass sie dies auf vielfache Weise tun. Dachte man früher, sie »rechneten anders« als Neuronen – dass sie über größere zeitliche und räumliche Dimensionen hinweg integrieren und die schnelle neuronale Informationsverarbeitung modulieren, also beispielsweise den Signal-Rausch-Abstand oder die Netzwerk-Lernkonstante verstellen, also den Grad der Plastizität (Spitzer 1996, Ortega et al. 2025) –, so geht man heute von ihrer Beteiligung an der Gedächtnisbildung aus (Ortega et al. 2025; Elvira et al. 2025; Sánchez Romero & Navarrete 2026).

Oligodendrozyten bilden Myelin, das als elektrische Isolationsschicht Nervenfasern im Gehirn umgibt. Dadurch beschleunigen sie die Erregungsleitung um einen Faktor von bis zu 35.

Mikroglia nennt man die Gliazellen, die im Gehirn für die Immunabwehr zuständig sind. Sie machen etwa zwanzig Prozent aller Gliazellen aus. Da Antikörper und die Immunzellen des Körpers die Blut-Hirn-Schranke nicht passieren können, sind Mikroglia für jegliche Immunantwort im Gehirn ganz wesentlich. Sie können sich wie eine Amöbe fortbewegen, fungieren als Fresszellen und haben damit eine ähnliche Funktion wie Makrophagen in anderen Geweben. Wie diese kommen sie als ruhende und aktive Zellen vor. Was bei ihrer Aktivierung alles geschieht, wird in diesem Kapitel eingehend beschrieben.

Verrücktes Verhalten

Um die Auswirkungen von Mikroplastik auf das Verhalten von Tieren zu untersuchen, muss man clevere, gut kontrollierte Experimente durchführen. Schwimmen Meerestiere beispielsweise in Meerwasser, dem Mikroplastik hinzugefügt wurde, merkt man ihnen das zunächst nicht an, sie schwimmen oder krabbeln ganz normal. Sollen sie sich aber entscheiden, wo es langgeht oder was interessant ist und was nicht, dann machen sie eigenartige Fehler. Die kleinen Plastikteilchen in ihnen lähmen sie also nicht, sondern machen sie irgendwie ein bisschen verrückt (Kapitel 10).

Ähnliche Beobachtungen, nämlich eigenartiges, der Situation unangemessenes Verhalten, wurden auch bei anderen Tierarten gefunden: So hatten Mäuse, deren Nahrung für zehn Tage Mikroplastik enthielt, plötzlich weniger Angst vor Schlangen – ein lebensgefährlich-verrücktes Verhalten! Zugleich waren sie weder verlangsamt oder sensorisch beeinträchtigt noch unaufmerksam, wie man durch zusätzliche Experimente nachweisen konnte. Sie waren nur deutlich weniger ängstlich, obwohl sie sich genau damit in große Gefahr brachten.[3] Da das Verhalten von Lebewesen durch ihr Gehirn gesteuert wird, müssen Verhaltensänderungen mit dem Gehirn zu tun haben. Mikroplastik hat also zwangsläufig im Gehirn Veränderungen bewirkt, also nicht einfach nur herumgelegen. Hinzu kommt: Eigentlich sollte es genau dort gar nicht herumliegen können, weil es – wegen der Blut-Hirn-Schranke – gar nicht bis ins Gehirn gelangen dürfte.

Die Blut-Hirn-Schranke

Mit dem etwas eigenartigen Wort »Blut-Hirn-Schranke« – es gibt keinen Bahnübergang zwischen Blut und Gehirn – bezeichnet man den Sachverhalt, dass das Gehirn ganz besonders geschützt ist. Es ist nicht nur das einzige Organ, das vollkommen von Knochen umschlossen und daher mechanisch besonders abgesichert ist, sondern es ist auch – gleichermaßen »von innen« – vor den vielen Stoffen geschützt, die über Magen, Darm, Lunge oder Haut in unseren Körper gelangen und in diesem durch das Blutsystem in (fast) alle Organe verteilt werden. Diesen Schutz leistet eine besondere Barriere zwischen dem Inneren der Blutgefäße und dem Gehirngewebe, in dem die Nervenzellen liegen.

Die Blut-Hirn-Schranke liegt überall in den hirnversorgenden Blutgefäßen, insbesondere den kleinsten von ihnen, den Kapillaren. Deren Innenwand ist wie alle Blut- und Lymphgefäße mit einer Lage flacher, sogenannter Endothelzellen ausgekleidet. Im Englischen spricht man von »brain microvascular endothelial cells«, also Gehirn-Mikroblutgefäß-Endothelzellen. Zwischen diesen Zellen gibt es – wie beim Darm-Epithel auch – Tight Junctions. Diese sind zwar nicht identisch mit denen im Darm, ihnen aber sehr ähnlich. Bei beiden sind die Grundbausteine die gleichen, nämlich Claudine und Occludine, sowie die Zytoskelett-Proteine ZO1 und ZO2. Der wesentliche Unterschied zwischen den Tight Junctions der Darmbarriere (also den Zellen des Darmepithels) und denen der Blut-Hirn-Schranke (also den Zellen des Kapillarendothels) liegt bei den Claudinen. In Gehirn-Endothelzellen ist Claudin-5 der wichtigste Baustein, häufig in Kombination mit Occludin und ZO-1 (Abbott et al. 2020; Kadry et al. 2022; Lochhead et al. 2020). Dort ist die Dichtigkeit der Barriere besonders wichtig.

Im Darm dagegen sind die Tight Junctions variabler. Im Dünndarm spielt Claudin-2 eine wichtige Rolle und kann beispielsweise in Anwesenheit von Nahrung oder bei Entzündungen für eine höhere Durchlässigkeit sorgen (Luettig et al. 2015). Im Dickdarm dagegen muss die Darmbarriere gut geschlossen sein. Diese Barrieren (Kapitel 4) sind in evolutionärer Hinsicht bemerkenswert konserviert. Obwohl Insekten kein Blut haben, sondern eine Hämolymphe genannte Flüssigkeit ihre Organe umspült, gibt es bei ihnen auch eine Art Blut-Hirn-Schranke. Gliazellen übernehmen bei der Fruchtfliege und der Honigbiene diese Funktion, und die abdichtenden Verbindungen zwischen den Gliazellen werden nicht Tight Junctions, sondern Gap Junctions genannt (Limmer et al. 2014; Quigley & Amdam 2024). Diese findet man auch bei Kopffüßern wie Tintenfischen und Kalmaren sowie bei niederen Wirbeltieren wie Haien und Rochen (Paredes-González et al. 2025).

Viele biologisch aktive Stoffe in unserem Blut – beispielsweise Eiweißkörper (Proteine), Medikamente, Drogen, Antikörper, Viren, Bakterien und andere Mikroorganismen – werden von der Blut-Hirn-Schranke nicht ins Gehirngewebe durchgelassen.

Welche Bedeutung die Blut-Hirn-Schranke hat, mag das folgende Beispiel verdeutlichen: Etwa hundert Millionen Menschen leiden nach einer COVID-19-Infektion unter langfristigen Beeinträchtigungen. Man bezeichnet dieses Syndrom als Long COVID. Eines der persistentesten Symptome ist der sogenannte *Brain Fog* (»Gehirnnebel«), womit Beeinträchtigungen des Denkens, des Gedächtnisses und der Aufmerksamkeit gemeint sind. Mittlerweile wurde herausgefunden, dass dies mit einer vermehrten Durchlässigkeit der Blut-Hirn-Schranke einhergeht (Greene et al. 2024).

Wie bereits erwähnt (Kapitel 3), können Plastikteilchen von einer Größe von weniger als 200 Nanometern durch die meisten Analysemethoden nicht nachgewiesen werden. Dies ist deswegen besonders problematisch, weil gerade diese Partikel die Blut-Hirn-Schranke passieren können (Kopatz et al. 2023).

Bis vor etwa zwei Jahren war die vorherrschende Meinung, dass die Blut-Hirn-Schranke dafür sorgt, dass entweder nur ganz wenig oder gar kein Mikroplastik ins Gehirn gelangt, doch vor Kurzem hat sich herausgestellt, dass Mikroplastik noch einen anderen Weg ins Gehirn nehmen kann.

Mikro- und Nanoplastik im Gehirn

Im September 2024 veröffentlichte ein brasilianisches Autorenteam erstmals Daten zum möglichen Übergang von Mikroplastik ins Gehirn – explizit vor dem Hintergrund, dass man hierzu bis dahin letztlich nichts wusste: »Verschmutzung durch Mikroplastik ist ein zunehmendes Problem für Umwelt und Gesundheit. Während Mikroplastik in verschiedenen menschlichen Geweben bereits nachgewiesen wurde, ist seine Anwesenheit im Gehirn bislang nicht dokumentiert, sodass Fragen zu möglichen neurotoxischen Effekten und Übertragungsmechanismen ins Gehirngewebe offenbleiben mussten« (Amato-Lourenço et al. 2024, S. e1). Die Autoren untersuchten deshalb den Riechkolben (Bulbus olfactorius) im Rahmen der Autopsie von fünfzehn in São Paulo verstorbenen Personen im Alter von 33 bis 100 Jahren (drei davon weiblich). Dabei wurden Gewebeproben zuerst mikroskopisch untersucht, dann – wie zu Beginn dieses Kapitels beschrieben – biochemisch zersetzt, filtriert und die Partikel spektroskopisch analysiert.

Mit dieser sehr aufwendigen Methodik wurden tatsächlich bei acht untersuchten Individuen Plastikpartikel gefunden, vier Fasern und zwölf Partikel mit einer Größe von 5,5 bis 26,4 Mikrometern (Partikel) beziehungsweise einer Länge von 19 bis 24,5 Mikrometern (Fasern). Die mit 43,8 Prozent häufigste Plastiksorte war Polypropylen, gefolgt von Polyamid, Nylon und Polyethylen (Amato-Lourenço et al. 2024). Die Autoren sind sich darüber im Klaren, dass Partikel solcher Größe nicht über die Blut-Hirn-Schranke eintreten können. Daher sehen sie den Riechkolben aufgrund seiner anatomischen Lage direkt über der Nasenhöhle (siehe Kapitel 4) als wahrscheinliche Eintrittspforte für größere Mikroplastikpartikel.

Sie kommentieren ihren Befund wie folgt: »Angesichts der weitverbreiteten Präsenz von Mikroplastik in der Luft […] bestätigt der Nachweis von Mikroplastik in der Nase und nun auch im Riechkolben zusammen mit den infrage kommenden anatomischen Bahnen die Annahme, dass der Geruchsweg ein wichtiger Eintrittsort für exogene Partikel in das Gehirn ist. In früheren epidemiologischen Studien wurde die Exposition gegenüber Staubpartikeln mit neurologischen und psychiatrischen Erkrankungen wie Demenz in Verbindung gebracht. Auch eine andere neurodegenerative Erkrankung, die Parkinson-Krankheit, scheint mit Geruchsstörungen (Hyposmie oder Anosmie) als erste Symptome in Zusammenhang zu stehen« (Amato-Lourenço et al. 2024, S. e6).

Die Autoren gehen sogar noch weiter und diskutieren die Konsequenzen ihrer – an im Mittel siebzig Jahre alten Verstorbenen erhobenen – Daten für die Gehirnentwicklung von Kleinkindern! Frei übersetzt argumentieren sie wie folgt: Da die Siebplatte als Knochen im Kleinkindalter noch heranreift, besteht im Alter von ein bis zwei Jahren ein kritisches Zeitfenster für das Eindringen von Mikroplastik in das kindliche Gehirn. Dies könnte negative Auswirkungen auf die Organreifung haben beziehungsweise die Gehirnentwicklung stören. Weil sie in ihrer Studie im Riechkolben Mikroplastik der Sorten gefunden haben, die zu den am häufigsten produzierten Kunststoffen gehören (Polypropylen, Nylon/Polyamid und Polyethylen) und in Verpackungen, Kleidung und Wohnaccessoires enthalten sind, liegt nahe, dass Innenräume eine wichtige Quelle für das eingeatmete Mikroplastik sind (Amato-Lourenço et al. 2024, S. e7). Abschließend mahnen sie: »Angesichts der potenziellen neurotoxischen Auswirkungen von Mikroplastik im Gehirn und der weitverbreiteten Umweltverschmutzung durch Kunststoffe sollten unsere Ergebnisse im Zusammenhang mit der zunehmenden Verbreitung neurodegenerativer Erkrankungen Anlass zur Sorge geben« (Amato-Lourenço et al. 2024, S. e8). In Anbetracht der Tatsache, dass die Autoren im Grunde über kaum mehr berichten als ein paar ziemlich kleine Plastikkrümel im Gehirn, sind ihre Schlussfolgerungen bemerkenswert und vor allem – wie sich bald zeigen sollte – nahezu hellseherisch.

Etwa fünf Monate nach dieser Publikation, am 3. Februar 2025, erschien im Fachblatt *Nature Medicine* online eine Arbeit zu Plastikpartikeln, die kleiner als 0,5 Millimeter waren – also sowohl kleineres Mikroplastik als auch Nanoplastik (kleiner als ein Mikrometer) – und vergleichend in Gewebeproben von Autopsien in den Organen Niere, Leber und Gehirn (Frontallappen) untersucht wurden. Um Veränderungen über die Zeit zu bestimmen, wurden Proben von Menschen, die in den Jahren 2016 und 2024 verstorben waren, herangezogen (Nihart et al. 2025). In Leber und Niere lag der Median der Menge an Mikroplastik bei 433 beziehungsweise 404 Mikrogramm pro Gramm Gewebe in Proben aus dem Jahr 2024. Im Vergleich zu den bereits bekannten Werten für Plazenta und Hoden waren diese Konzentrationen damit recht hoch (vgl. Tabelle 4.3).

Von überragender Bedeutung war jedoch, dass die im Frontalhirn gemessenen Konzentrationen noch deutlich höher lagen ($p<0{,}0001$)[4] – nämlich im Mittel bei 4900 Mikrogramm (Marfella et al. 2024). Fünf aus einem anderen Medizinzentrum stammende Gehirngewebeproben, ebenfalls aus dem Jahr 2016, ergaben ähnliche Werte und validieren die Ergebnisse. Die Mikroplastikkonzentrationen in der Niere hatten sich zwischen den beiden Messzeitpunkten nicht geändert, wohingegen jene in Leber und Gehirn in den acht

Jahren deutlich (und statistisch signifikant) zugenommen hatten (Vgl. Abb. 6.1). Man beachte, dass die y-Achse logarithmisch ist und sich die Konzentrationen in Leber und Gehirn um ein bis zwei Größenordnungen unterscheiden.

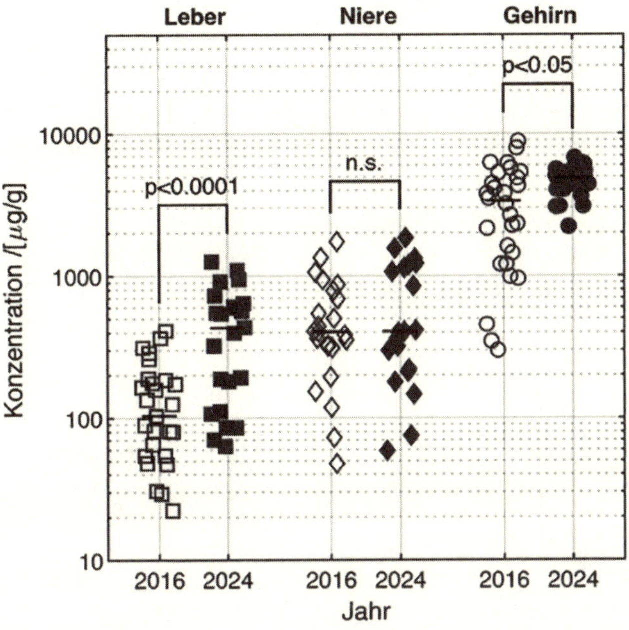

Abb. 7.1: Mikroplastik-Konzentrationen (in µg/g Gewebe) in Leber, Niere und Gehirn in Gewebeproben aus den Jahren 2016 und 2024. Die y-Achse ist logarithmisch skaliert, was Unterschiede visuell stark verkleinert: Die Mittelwerte für Leber und Niere liegen bei etwa 100 bis 300, die für das Gehirn bei 2000 bis 6000 (übersetzt und neu gezeichnet, nach Nihart et al. 2025, Figure 1a).

Gewebeproben aus den Gehirnen von zwölf in den Jahren 2019 bis 2024 an Demenz verstorbenen Patienten wiesen noch weitaus höhere Mikroplastikkonzentrationen mit einem Median von 26,1 Milligramm (entsprechend 26 100 Mikrogramm) pro Gramm Gewebe auf – also etwa das Fünffache der Kontrollgruppe aus dem Jahr 2024 (Abb. 6.2). Deutlich erkennbar sind der Anstieg der Konzentration des Mikroplastiks im Gehirngewebe über die Zeit (je später eine Person verstarb, desto höher war die Konzentration) sowie die viel höheren Konzentrationen bei den Verstorbenen mit Demenz. Unter diesen Patienten litten sechs an Morbus Alzheimer, drei an vaskulärer Demenz und weitere drei an nicht näher spezifizierter Demenz. Die Autoren kommentieren dies mit gebotener Vorsicht: »Atrophie des Gehirngewebes, eine beeinträchtigte Integrität der Blut-Hirn-Schranke und verminderte Spülmechanismen (poor clearance) gehören wesentlich zum Erscheinungsbild der Demenz, was erwartungsgemäß zu erhöhten Konzentrationen an Mikroplastik führen

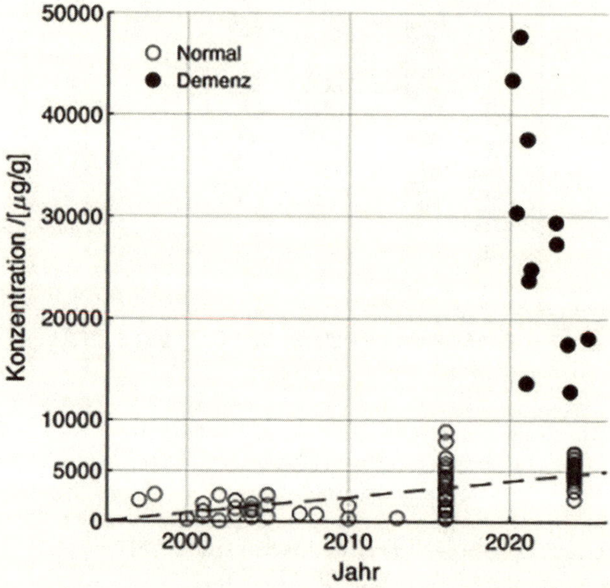

Abb. 7.2: Mikroplastik-Konzentrationen (in μg/g Gewebe) in den Gehirnen von zwölf an Demenz verstorbenen Patienten (dunkle Punkte) im Vergleich zu den Daten von den gesunden Gehirnen aus Abbildung 7.1 sowie zusätzlichen Daten zu gesunden Gehirnen aus anderen Medizinzentren aus den Jahren 1997 bis 2013 (übersetzt und neu gezeichnet, nach Nihart et al. 2025, Figure 1d). Die y-Achse gibt die Konzentration von Mikroplastik im Gehirngewebe an und ist hier linear skaliert. Die x-Achse zeigt das Jahr, in dem die Personen, deren Gehirne hier untersucht wurden, verstorben sind.

sollte; daher nehmen wir für unsere Befunde keine Kausalität an« (nach Nihart et al. 2025, S. e3).

Neurodegeneration

Bisher haben wir gesehen: Selbst Mikroplastikpartikel, die eigentlich gar nicht durch die Blut-Hirn-Schranke passen, sind im Gehirn zu finden – vermutlich, weil sie durch den Riechkolben eintreten (Amato-Lourenço et al. 2024). Die Masse von Plastikpartikeln im Gehirn ist um ein Vielfaches größer (Nihart et al. 2024) als in jedem anderen bisher untersuchten Organ (Lamoree et al. 2025). Die Plastikteilchen im Gehirn sind kleiner als in anderen Organen, weswegen Teilchenzahl und -oberfläche noch mal um ein Vielfaches größer sein müssen als im übrigen Körper. Schließlich ist die Menge an Plastikpartikeln im Gehirn zwischen 2016 und 2024 erheblich angestiegen, und sie ist bei Patienten mit Demenz nochmals etwa fünffach erhöht. All dies ist sehr beunruhigend.

Allerdings ist die Datenlage noch recht dünn. Zudem liegen bisher keine am Menschen gewonnenen Daten dazu vor, ob das in unseren Gehirnen verteilte Mikro- und Nanoplastik tatsächlich unsere Nervenzellen schädigt. Es ist also wie so oft in der Medizin: Im Tiermodell kann man Kausalität experimentell klar nachweisen, beim Menschen hingegen hat man nur statistische Zusammenhänge aus der Beobachtung.

Daraus den Schluss zu ziehen, dass man sich keine Sorgen zu machen braucht, weil ja für den Menschen keine Ursache und Wirkung einwandfrei feststeht, erscheint mir jedoch fahrlässig. Denn erstens ist ein direkter Nachweis eines toxischen Effekts im Menschen so schnell nicht zu erwarten: Wir können Menschen keinen kontrollierten Experimenten mit Mikroplastikexposition unterziehen – das wäre moralisch verwerflich. Die einzige Alternative – Kohortenstudien mit Gruppen, die sich naturgemäß in der Mikroplastikexposition unterscheiden – sind enorm schwierig, weil Plastik überall vorhanden ist und zudem in ganz verschiedenen Arten mit verschiedenen Additiven mehr oder weniger zufällig verteilt vorkommt, wodurch die Vergleichsbedingungen für solche großen Studien nahezu unmöglich zu standardisieren sind. Und schließlich müssen wir Effekte untersuchen, die teils Jahre bis Jahrzehnte brauchen, bis klinische Symptome auftreten: Das Absterben von Nervenzellen in unseren Gehirnen – *Neurodegeneration* – ist ein langsamer, schleichender Prozess.

Wie schädigen Mikro- und Nanoplastik Nervenzellen im Gehirn?

Obwohl das Forschungsgebiet *Mikroplastik und Gesundheit* erst etwa fünf Jahre jung ist, gibt es mittlerweile erste Hinweise auf Schädigungen des Gehirns durch Mikro- und Nanoplastik. Diese kommen aus Untersuchungen an Tieren, wo die notwendige kontrollierte und standardisierte Exposition mit Mikroplastik möglich ist und frühe Zeichen von Neurodegeneration direkt im Hirngewebe untersucht werden können. Diese Studien ergaben, dass die Schädigungen an Nervenzellen durch Plastikteilchen durch viele verschiedene Mechanismen geschehen, die in einem im November 2025 publizierten Übersichtsartikel zusammenfassend dargestellt wurden (Fang et al. 2025). Die Mechanismen sind teils dieselben oder ähnliche, wie sie bereits für den Darm (vgl. Kapitel 7) oder andere Gewebe beschrieben wurden, was nicht überrascht, weil Mechanismen der Schädigung durch oxidativen, endosomalen[5] und mechanischen Stress sowie Entzündungsreaktionen in allen Zellen – ob menschlichen oder tierischen – nach denselben Mustern ablaufen.

Wie man durch kontrollierte Exposition von Buntbarschen und Zebrafischen mit Polystyrol zeigen konnte, erzeugen Plastikteilchen auch im Gehirn oxidativen Stress. Hierbei kippt das Gleichgewicht zwischen Pro- und Anti-Oxidantien und führen sogenannte freie Radikale zu Schäden an Nervenzellen, zum Beispiel an deren Membranen, und können dadurch Entzündungsprozesse in Gang setzen. Freie Radikale sind Atome oder Moleküle, denen mindestens ein Elektron fehlt, was sie chemisch sehr reaktionsfreudig macht. Sie können anderen Molekülen ein Elektron entreißen und so weitere Radikale erzeugen. Freie Radikale greifen andere Strukturen innerhalb von Zellen an, indem sie mit ihnen chemisch reagieren und sie dadurch verändern.

Durch Plastik ausgelöste Entzündungen im Gehirn können aber auch auf andere Weise entstehen, das heißt, es gibt noch einen zweiten wichtigen Mechanismus der Schädigung von Hirngewebe durch Mikroplastik. Dieser wird unter dem Begriff *Neuroinflammation* diskutiert, was zunächst verwundern mag, weil doch gerade eben schon von »Entzündung« die Rede war. Entzündungsprozesse laufen jedoch im Gehirn anders als im restlichen Körper ab, was vor allem daran liegt, dass das Gehirn sein eigenes Immunsystem hat. Zudem wurde gezeigt, dass die Immunantwort des Gehirns auf Mikroplastik die Aktivität von Nervenzellen direkt beeinflussen kann.

Aber der Reihe nach! Das Gehirn ist – wie man sagt – »immunologisch privilegiert«, sprich, die Zellen und die Antikörper des »normalen« Immunsystems unseres Körpers dringen unter gesunden Bedingungen nicht durch die Blut-Hirn-Schranke. Deren Funktionen müssen daher im Gehirn durch spezialisierte Immunzellen übernommen werden, die weiter oben schon erwähnten Mikroglia. Die reine Präsenz von Plastik im Gehirn führt zur Aktivierung der Mikroglia (und auch anderer Gliazellen, den Astrozyten). Das bedeutet, dass diese Zellen dieselben Entzündungsmediatoren im Gehirn freisetzen wie die Makrophagen in Darm und Lunge und dieselben Entzündungsabläufe in Gang bringen oder dauerhaft aufheizen. Dies kann zur Übererregung in neuronalen Schaltkreisen führen und längerfristig auch zur Schädigung von Nervenzellen bis hin zum Zelltod (Pyroptose). Außerdem wird die Blut-Hirn-Schranke durchlässiger, was wiederum in einem Teufelskreis noch mehr Plastik im Gehirn nach sich zieht.

Zwei weitere Schädigungswege – welche die Organellen[6] innerhalb von Neuronen und Gliazellen betreffen – sind analog zu denen in anderen Geweben unseres Körpers. Nanoplastikpartikel werden von Neuronen, wie von anderen Zellen im Körper auch, aus dem Extrazellulärraum durch Endozytose aufgenommen. Zum einen dringen sie dann in die Mitochondrien ein, also in die »Kraftwerke«, die für die Erzeugung des Energiespeichermoleküls aller Zellen – Adenosintriphosphat (ATP) – zuständig sind. Durch die Plastikakkumulation in den Mitochondrien wird der Elektronentransport entlang ihrer Membran gehemmt, was zu einer verminderten ATP-Produktion und damit zu einem Energiemangel der besonders energiehungrigen Neuronen führt. Beim Abbau beschädigter Mitochondrien entstehen vermehrt freie Radikale und infolgedessen Schäden durch oxidativen Stress, was das Problem weiter verschlimmert.

Zum anderen werden Nanoplastikpartikel in die Lysosomen des Neurons eingeschleust, welche die Aufgabe haben, »organischen Müll« – sowohl von außerhalb als auch aus dem Inneren der Zelle – abzubauen. Diesen Prozess bezeichnet man als *Phagozytose.* Im Gegensatz zu allem, was sonst so in Lysosomen landet, kann Nanoplastik nicht abgebaut werden und reichert sich daher an, wie es dies auch in Makrophagen in Darm und Lunge tut – man spricht von »frustrierter Phagozytose«. Die »Frustration« führt in Neuronen zu Stress, weil der normale Abbau alternder Zellbestandteile durch die verstopften Lysosomen ins Stocken gerät. Es ist, als würde in den betroffenen Zellen die Müllabfuhr streiken. Dieser Stress zieht mit dem endoplasmatischen Retikulum und wiederum den Mitochondrien weitere Organellen in Mitleidenschaft und führt zur Anhäufung und Verklumpung toxischer Proteine – und schließlich zum Zelltod. Ohne Müllabfuhr geht das Leben nicht lange gut.

Im Gegensatz zu Makrophagen oder Darmepithelzellen sind Neuronen besonders hart von diesen schädlichen Wirkungen betroffen, weil sie sich nicht regenerieren können, das heißt, tote Nervenzellen werden nicht durch neue ersetzt – von wenigen für alle neurodegenerativen Erkrankungen irrelevanten Ausnahmen abgesehen. Mehrere Untersuchungen des Gehirngewebes von Mäusen oder Fischen, die Mikro- beziehungsweise Nanoplastik (meist Polystyrol) ausgesetzt wurden, zeigten entsprechend eindeutige Schäden an Nervenzellen und -gewebe: eine veränderte Zellmorphologie (Gestalt) und verminderte Zahl von Synapsen, Neurodegeneration, Zellverlust sowie Nekrose von Hirngewebe. Man fand diese Veränderungen unter anderem im Hippocampus, der besonders wichtig für die Funktion des Gedächtnisses ist. Und er ist besonders bei der Alzheimer-Demenz betroffen (Braak & Del Tredici 2012).

Als wären alle diese allgemeinen Wege zur Zellschädigung durch Plastikpartikel nicht genug, haben Mikroplastik und vor allem auch Nanoplastik noch zusätzliche toxische Wirkungen, die ganz spezifisch nur Neuronen betreffen. So wurde mehrfach gezeigt, dass das Enzym Acetylcholin-Esterase durch Mikroplastik gehemmt wird, was die Funktion des Neurotransmitters Acetylcholin beeinträchtigen könnte. Auch über Veränderungen an anderen zentralen Neurotransmittersystemen unseres Gehirns – mit den Transmittern Glutamat, Gamma-Aminobuttersäure (GABA), Dopamin, Serotonin und BDNF (Brain-derived neurotrophic factor; zu Deutsch: Gehirn-Wachstumsfaktor) – wurde berichtet, die bei Lernprozessen eine wichtige Rolle spielen. Ebenso fand man Veränderungen des Tau-Proteins, das für die Regulation des Zellskeletts von Neuronen, aber auch für die Neurodegeneration bei der Alzheimer-Demenz relevant ist.

Nanoplastik und Morbus Parkinson

Zudem gibt es einen weiteren Schädigungsweg, der für Neuronen spezifisch ist und vor allem die Parkinson-Krankheit betrifft – die zweithäufigste neurodegenerative Erkrankung nach Morbus Alzheimer: Anionische (also negativ geladene) Nanoplastikpartikel aus Polystyrol lagern sich an eine spezifische Region des Proteins alpha-Synuclein[7] an und lösen hierdurch dessen Fehlfaltung und infolgedessen die Verklumpung mehrerer alpha-Synuclein-Moleküle zu einem zunehmend unlöslichen Aggregat aus – was man dann *Amyloid* nennt (Liu et al. 2023). Je kleiner die Polystyrolteilchen, desto größer scheint ihr Effekt zu sein (Somarathne et al. 2024).

Genau solche Amyloide aus alpha-Synuclein werden als wesentliche Treiber der Parkinson-Erkrankung angesehen. Unter anderem haben Menschen, die mehrere Kopien des Gens für alpha-Synuclein haben, eine höhere Wahrscheinlichkeit, an Morbus Parkinson zu erkranken. Tatsächlich korreliert die Anzahl der Kopien mit der Schwere der Symptome. Bei Morbus Parkinson degenerieren vor allem Neuronen eines spezifischen Typs, nämlich die Dopamin ausschüttenden in einem kleinen Teil des Mittelhirns, den man aufgrund seiner Erscheinung in mikroskopischen Schnitten als *Substantia nigra* (schwarze Substanz) bezeichnet. Diese relativ kleine Neuronenpopulation ist für alle unsere Willkürbewegungen extrem wichtig. Wenn diese Zellen sterben, bekommen die Patienten zunehmende Schwierigkeiten, sich zu bewegen. Man spricht von *Hypokinese* (Bewegungsarmut), die zusammen mit *Bradykinese* (verlangsamte Bewegung) und *Akinese* (Bewegungslosigkeit) ein Symptom der Parkinson-Krankheit – die Veränderung der willkürlichen Bewegungen – beschreibt. Die beiden weiteren Hauptsymptome sind Muskelstarrheit *(Rigor)* und das charakteristische Zittern *(Tremor)*.

Vermutlich führen Aggregate aus alpha-Synuclein auf mehreren Wegen zum Tod der Dopaminzellen – nicht zuletzt sogar verstärkt durch Nanoplastik. Sie verursachen beispielsweise einen verstärkten Einstrom von Kalzium in die Neuronen und letztlich in deren Mitochondrien, was die Funktion derselben Komponente des Elektronentransports vermindert, die auch von Nanoplastik gehemmt wird. Hierdurch entsteht wiederum oxidativer Stress, der auch zu weiterer Fehlfaltung von alpha-Synuclein und anderen Proteinen führen kann.

Außerdem überlasten die alpha-Synuclein-Aggregate, ebenso wie das Nanoplastik, die Lysosomen, die ihren Abbau versuchen – mit den bereits genannten Konsequenzen. Es zeigt sich mithin, dass

Nanoplastik über verschiedene Wege gleichzeitig die Neuronen überlasten kann und dass diese Wege sich auch noch gegenseitig verstärken und damit mehrere Teufelskreise (positive Rückkopplungsschleifen) miteinander bilden, die letztlich zum Tod der Dopaminzellen in der Substantia nigra führen.

Dass dies keine aus rein zellulären Beobachtungen zusammengepuzzelte Theorie ist, zeigen zwei tierexperimentelle Studien aus dem Jahr 2025. Diese konnten nachweisen, dass Mikro- und Nanoplastikpartikel aus Polystyrol in einer realistischen (niedrigen) Dosis bei Mäusen nicht nur zu alpha-Synuclein-Aggregation, Neuroinflammation und oxidativem Stress führten, sondern tatsächlich zur Degeneration von Dopaminzellen und Parkinson ähnlichen motorischen Symptomen (Liang et al. 2025; Bai et al. 2025). Die Autoren der oben erwähnten Übersichtsarbeit (Fang et al. 2025) sehen bei der Parkinson-Erkrankung einen der bisher stärksten Hinweise für die neurotoxischen Effekte von Mikroplastik. Im Hinblick auf die Übertragbarkeit der Ergebnisse auf den Menschen sind sie jedoch vorsichtig. Denn erstens wurden bislang viele (jedoch nicht alle) Tierstudien mit vergleichsweise hohen Konzentrationen von Mikro- oder Nanoplastik durchgeführt, und zweitens wurden meist nur die Auswirkungen von Polystyrol untersucht. Sie schreiben: »Die spezifische Erkenntnis, dass Nanopartikel die Aggregation von alpha-Synuclein direkt fördern können, stellt eine besonders starke Verbindung auf molekularer Ebene zur Pathogenese der Parkinson-Krankheit dar und geht über eine einfache Korrelation hinaus. Es bleiben jedoch Herausforderungen bestehen, vor allem hinsichtlich der Extrapolation auf menschliche Szenarien« (Fang et al. 2025, S. e6).

Dennoch sollte an dieser Stelle nicht unerwähnt bleiben, dass die Parkinson-Krankheit über die letzten vier Jahrzehnte dramatisch zugenommen hat – aus bisher unerklärlichen Gründen. Eine umfassende, im Jahr 2024 im Journal *The Lancet Healthy Longevity* publizierte Meta-Analyse fasste die Daten aus 82 Studien aus 37 Ländern zusammen und zeigte, dass sich die Häufigkeit von Parkinson von unter 0,1 Prozent in den frühen 1980er-Jahren auf über 0,3 Prozent in 2020 verdreifacht hat – wobei fast der gesamte Anstieg erst nach 2000 stattfand und sich weiterhin zu beschleunigen scheint. Eigenartigerweise ist die Inzidenz auch umso höher, je höher ein Land entwickelt ist und je besser es den Leuten in sozioökonomischer Hinsicht geht. Weitere Studien sind notwendig, um herauszufinden, ob die dramatische Zunahme dieser neurodegenerativen Erkrankung durch die zunehmende Menge an Mikro- und Nanoplastik in unseren Gehirnen verursacht ist, wie die oben genannten tierexperimentellen Daten nahelegen.

Plastik und Demenz

Der Befund, dass Plastikpartikel in den Gehirnen von Demenz-Patienten etwa fünffach höher konzentriert sind als bei der Kontrollgruppe (Nihart et al. 2025), ist zunächst nichts weiter als ein statistischer Zusammenhang. Nimmt man an, dass diesem eine Ursache-Wirkungs-Beziehung zugrunde liegt, dann bleibt die Frage nach dessen Richtung. Diese lassen die Autoren offen. Denn tatsächlich sind beide Kausalrichtungen plausibel: Krankhafte Veränderungen der Blut-Hirn-Schranke bei Demenz könnten diese durchlässiger – für Nanoplastik – machen. Nanoplastik könnte aber auch über die oben beschriebenen Mechanismen zum Absterben von Neuronen führen und dadurch Demenz verursachen. Die dramatischen Unterschiede zu gesunden Gehirnen lassen die Vermutung zu, dass beides geschehen und sich zu einem Teufelskreis kombinieren könnte – mehr Demenz führt zu mehr Plastikeintrag, was wiederum zu mehr Demenz führt usw.

Tierexperimentelle Studien haben in den letzten Jahren nahegelegt, dass zumindest die eine Kausalrichtung sehr plausibel ist: Plastik im Kopf könnte zu Demenzprozessen führen oder sie zumindest verstärken und beschleunigen. Und das nicht nur durch direkte Effekte im Gehirn, sondern auch über den Darm: Die durch Mikroplastik induzierte Dysbiose im Darm kann über die Darm-Hirn-

Achse zu Neuroinflammation führen und die Ablagerung von Proteinaggregaten (Amyloid-beta-Plaques und phosphoryliertes Tau-Protein) im Gehirn verursachen, die an der Entstehung von Morbus Alzheimer beteiligt sind (Hu et al. 2023). Eine Studie in einem Mausmodell von Morbus Alzheimer zeigte zudem, dass die wiederholte Injektion von Polystyrol-Mikroplastik in die Blutbahn zur Verschlechterung von räumlichem Gedächtnis und zu Neuroinflammation führte (Wang et al. 2024a).

Zwei weitere Studien (Lee et al. 2022; Paing et al. 2024) zeigten, dass auch die Gabe von zwei Mikrometer sowie von dreißig bis fünfzig Nanometer großen Polystyrolkügelchen (also Mikro- und Nanoplastik) über mehrere Wochen zu Gedächtnisstörungen bei Mäusen führte, jedoch nicht zu Änderungen im Angst- und Sozialverhalten. Auch Veränderungen der Synapsen und der Zellaktivität im Hippocampus wurden beobachtet, einer Region, die besonders bei Morbus Alzheimer betroffen ist. Es sind noch viele weitere Studien nötig, um zu bestimmen, inwieweit realistische Exposition mit Mikro- und Nanoplastik Demenz erzeugen oder zumindest das Demenzrisiko erhöhen kann und welches der vielen direkten und indirekten Effekte von Plastikpartikeln die relevanten Ursachen für Neurodegeneration sind. Die wenigen bisherigen Studien aus den letzten vier Jahren bieten jedenfalls alles andere als einen Anlass zur Entwarnung.

Fazit

Mikroplastik wurde in den Gehirnen von zu verschiedenen Zeitpunkten verstorbenen Menschen gefunden. Bei Tieren hatte man Verhaltensänderungen nach Mikroplastikexposition beobachtet. Die Blut-Hirn-Schranke sollte den Übertritt von Mikro- und Nanoplastik ins Gehirn verhindern. Möglicherweise geschieht der Übertritt aber gar nicht durch die Blut-Hirn-Schranke, sondern über Nervenfasern in der Nase, die zum Riechkolben ziehen, einem Teil des Gehirns direkt unterhalb des Frontalhirns.

Überraschend waren die folgenden weiteren Beobachtungen: Das Alter der Verstorbenen hatte keinen Einfluss auf die gefundenen Konzentrationen, das Sterbedatum schon: Im Jahr 2016 Verstorbene wiesen weniger Mikroplastik im Gehirn auf als im Jahr 2024 Verstorbene. Im Vergleich zu anderen Organen waren die Konzentrationen im Gehirn am höchsten, und bei Patienten mit Demenz waren sie nochmals höher. Unklar muss bislang die Richtung der Kausalität bleiben: Es könnte sein, dass demenzbedingte neuronale Schäden auch eine Schädigung der Blut-Hirn-Schranke sowie die Beeinträchtigung von Gehirn-Spülmechanismen nach sich ziehen, also der Demenzprozess zu erhöhten Konzentrationen an Mikroplastik führt. Es könnte aber auch sein, dass das Mikroplastik zuerst da war und seinerseits die demenziellen Veränderungen verursachte. Hierfür sprechen eindeutig die tierexperimentellen Befunde, denn im Experiment lässt sich Kausalität nachweisen. Zudem lässt sich experimentell untersuchen, auf welche Weise, also über welchen Pathomechanismus Mikro- und Nanoplastik im Gehirn Nervenzellen schädigen können.

Untersuchungen aus der jüngsten Vergangenheit ergaben, dass die Schädigungen an Neuronen durch Plastikteilchen über eine ganze Reihe verschiedener Mechanismen vermittelt sein können, die man auch schon in anderen Geweben (wie beispielsweise dem Darm) gefunden hat: über oxidativen Stress und Entzündungsreaktionen, was zu Neuroinflammation und -degeneration und letztlich zur Parkinson-Krankheit sowie zu Demenz führen kann.

8
PLASTIK IST NICHT GLEICH PLASTIK

Bei Tausenden Sorten von Kunststoffen mit den verschiedensten Eigenschaften ist es schwierig, die Übersicht zu behalten. Es ist daher sinnvoll, bestimmte Gruppen zu unterscheiden, wobei die Einteilung nach mechanischem und thermischem Verhalten zwar praktisch ist. Danach unterscheidet man *Thermoplasten,* die sich in einem bestimmten Temperaturbereich (»thermo-plastisch«) verformen lassen, von *Duroplasten,* bei denen dies nicht geht. Eine dritte Gruppe stellen die *Elastomere* dar, die sich elastisch verformen und wieder ihre ursprüngliche Form annehmen.

Polymere aus Monomeren

In chemischer Hinsicht sind die meisten Kunststoffe Polymere, das heißt, sie bestehen aus vielen (griechisch: *poly*) identischen Teilen (*meros* = Teil) beziehungsweise vergleichsweise kleinen Molekülen, den Monomeren, die wie die Glieder einer Kette aneinanderhängen (siehe Abb. 8.1 und Tabelle 8.1). Es gibt verschiedene chemische Prozesse des Aneinanderhängens: Polymerisation, Polykondensation und Polyaddition. Bei der Polymerisation erfolgt das Kettenwachstum rasch und über ein aktives Zentrum, es entstehen keine Nebenprodukte. Die in der Abbildung dargestellten Reaktionen sind beide Polykondensationen, denn es entstehen Nebenprodukte. Dies geschieht beispielsweise wie beim Polyethylenterephthalat (PET) durch Veresterung einer Carbonsäure und eines Alkohols. Beim Polycarbonat (PC) geschieht die Polymerisation durch die Bildung von Carbonat-Brücken. Auch in der Natur gibt es Polymere wie beispielsweise Stärke, Zellulose oder DNA (siehe Kapitel 11).

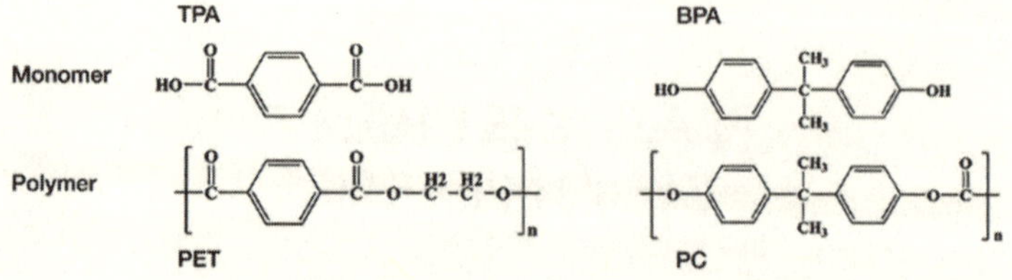

Abb. 8.1: Beispiele für Monomere und die daraus produzierten Polymere zweier Plastiksorten. Links: Das Polymer PET besteht aus Monomeren der Terephthalsäure (TPA, englisch: terephthalic acid), die mit Ethylenglykol verestert sind. Man spricht daher auch von einem Polyester. Rechts: Das Polymer PC besteht aus vielen Monomeren Bisphenol A (BPA), die über Carbonat-Brücken (-O-CO-O-) verknüpft sind.

Plastiktypen: Eine sehr kurze Einführung

Sämtliche Kunststoffe hier auch nur zu erwähnen, würde den Rahmen dieses Buches sprengen. Daher beschränken wir uns hier auf diejenigen Plastiksorten, von denen am meisten produziert wird.

Thermoplasten

Bei den Thermoplasten sind dies Polyethylen (PE), Polypropylen (PP), Polyethylenterephthalat (PET), Polystyrol (PS), Polyurethan (PUR), Polyvinylchlorid (PVC) und Polycarbonat (PC) (Li et al. 2016). Bereits in Kapitel 2 haben wir gesehen, wie diese Kunststoffe die Umwelt und vor allem die Meere verschmutzen. In Kapitel 3 wurde gezeigt, wie sie zerrieben werden und als Mikroplastik überall auf der Welt gefunden werden. Im Folgenden werden diese Stoffe kurz charakterisiert, um ihre Eigenschaften besser zu verstehen, ihre Mengen kennenzulernen – aber auch die mit ihnen verbundenen Probleme.

Der weltweit am häufigsten verwendete Kunststoff mit einem Produktionsanteil von 26 Prozent (im Jahr 2022; Husseini et al. 2025) ist *Polyethylen (PE)*. Er wird durch die Polymerisation von Ethen (Ethylen) hergestellt und ist bekannt für seine Flexibilität, chemische Beständigkeit, gute elektrische Isolationsfähigkeit, gutes Gleitverhalten und geringes Gewicht. Aus dem Material werden beispielsweise Frischhalte- und Schrumpffolie, Müllsäcke, die Isolation von Kabeln, Rohre oder auch große Behälter hergestellt. Je nach Länge, Verzweigungsgrad und Vernetzung der Ketten, dem Grad der Kristallisation (der kristalline Anteil beträgt zwischen 35 und 80 Prozent) und vielerlei möglichen Zusatzstoffen variieren die Dichte (etwa 0,9 bis höchstens 1 g/cm^3) und die Eigenschaften des Materials, was eine Vielzahl von Anwendungen ermöglicht. Aufgrund der (erwünschten) Eigenschaften sind Produkte aus Polyethylen sehr verwitterungsresistent und tragen wesentlich zur Umweltverschmutzung durch Plastik bei. Die Umwelttoxizität und der Abbau von PE werden von Yao detailliert beschrieben. Neben den traditionellen Methoden der Entsorgung durch Deponierung oder Verbrennung besteht auch die Möglichkeit der thermischen und der Photooxidation (durch UV-Licht) sowie des chemischen Abbaus durch Hydrolyse nach vorheriger Oxidation. Polyethylen kann darüber hinaus durch Mikroorganismen und wirbellose Tiere abgebaut werden – diese Wege des biologischen Abbaus bedürfen jedoch weiterer Untersuchungen (Yao et al. 2022).

Polypropylen (PP) hat ähnliche Eigenschaften wie Polyethylen, ist im Vergleich jedoch härter, fester, chemisch widerstandsfähiger und in einem höheren Temperaturbereich stabil (PP schmilzt erst bei etwa 160 Grad). Mit etwa 0,9 g/cm^3 hat es von allen Kunststoffen die geringste Dichte. Polypropylen wird vor allem dort verwendet, wo Zähigkeit, geringes Gewicht, chemische Unbedenklichkeit und Wärmebeständigkeit wichtig sind, beispielsweise bei Verpackungen, Behältern, Haushaltsprodukten, Autoteilen (beispielsweise für den Innenraum), Wasserrohren für Kalt- und Warmwasser sowie als Industriefaser für Vlies und andere Gewebe. Es gibt unterschiedliche Typen – PP-H, PP-R und PP-B – mit etwas unterschiedlichen Materialeigenschaften. Chemisch ist PP-H reines PP, PP-R enthält einen geringen Zusatz an Ethylen oder Buten, was das Material weicher macht, und PP-B enthält ganze Segmente von Ethylen zwischen dem PP, was für eine besondere Schlagfestigkeit sorgt.

Polyethylenterephthalat (PET) ist ein thermoplastischer Kunststoff aus der Familie der Polyester mit einer Dichte von etwa 1,3 bis 1,4 g/cm³. Es wird durch Veresterung von Terephthalsäure (TPA) mit Ethylenglykol hergestellt (Abb. 8.1). Aus ihm werden Flaschen (PET-Flaschen haben hohe Bekanntheit), verschiedenste Behälter, Folien (wie beispielsweise die metallbeschichtete Notfallfolie im Auto) sowie Textilfasern hergestellt, die unter den Warennamen Dacron® und Trevira® bekannt sind. Über die Jahre hinweg beträgt der Anteil von Flaschen etwa dreißig Prozent, der von Fasern siebzig Prozent. Die weltweite Jahresproduktion von PET belief sich 2016 auf 53,3 Millionen Tonnen (ECI, 2016). Neuere Zahlen zur globalen Gesamtproduktion sind leider unzugänglich, man findet nur welche für Fasern und für Flaschen, was an unterschiedlichen Systemen für die Erfassung von Fasern und Verpackungsmaterial (Flaschen) liegt. Für das Jahr 2024 werden für Fasern 77,7 Millionen Tonnen (Textile Exchange, Materials Market Report 2025) und für Flaschen 26,3 Millionen Tonnen (Global PET bottles market) angegeben, was in Summe 104 Millionen Tonnen ergibt. Dem gegenüber lag laut *Market Growth Reports* am 29.12.2025 die Gesamtproduktion deutlich niedriger: »Die weltweite PET-Harzproduktion belief sich im Jahr 2024 auf etwa 82 Millionen Tonnen, was die weitverbreitete Verwendung von PET in verschiedenen Branchen wie Verpackung, Textilien, Automobilindustrie und Elektronik widerspiegelt.«

Ähnlich wie Polyethylen ist PET sehr stabil, und es gibt sehr viel davon. Daher stellt seine Entsorgung ein Problem dar. Glücklicherweise ist man aber beim biologischen Abbau weiter als bei anderen Kunststoffen (vgl. Kapitel 11), sodass eine künftige PET-Kreislaufwirtschaft bereits vor fünf Jahren im Fachblatt *Science* in Betracht gezogen wurde (Kakadellis & Rosetto 2021).

Dass *Polystyrol (PS)* eigentlich glasklar ist, wird man kaum glauben, kennen wir doch alle dieses Plastik in einer Form, die vor allem aus Luft besteht: dem weißen Styropor. Dessen Grundsubstanz, Polystyrol, ist tatsächlich durchsichtig wie Glas und zudem hart und spröde, wärmeempfindlich und brennbar; seine Dichte beträgt 1,04 bis 1,09 g/cm^3, das heißt, es geht im Wasser unter. Aufgeschäumtes Polystyrol – Styropor – hat dagegen eine sehr geringe Dichte zwischen 0,015 (Dämmplatten) und 0,09 g/cm^3 (Polsterung in Schutzhelmen), weshalb sich alles, was aus diesem Schaum hergestellt wird, unglaublich leicht anfühlt.

Aufgrund der vielen im Schaum gefangenen Luft hat Styropor eine sehr geringe Wärmeleitfähigkeit, was es zu einem idealen Dämmmaterial macht. Dämmstoffe aus Styropor werden in großen Mengen beim Bau verwendet.

Polyurethan (PUR) kann kettenförmig oder vernetzt aus verschiedensten Komponenten hergestellt werden und daher sehr unterschiedliche Eigenschaften haben: Es kann Thermoplast, Duroplast oder Elastomer sein! PUR-Schaum dient beim Bau zur Isolation, bei Polstermöbeln als Polsterung und in der Medizin als Wundauflage, was die Vielfältigkeit des Stoffs verdeutlicht. Die Faser *Elastan* ist aus Polyurethan. PUR ist zudem der Grundstoff vieler Farben und Lacke, Klebstoffe und Dichtstoffe.

Polyvinylchlorid (PVC) wurde bereits in den 1930er-Jahren in großen Mengen produziert, in den Jahren nach dem Zweiten Weltkrieg war es sogar der meistproduzierte Kunststoff der Welt. PVC ist eigentlich hart und spröde, kann aber mit chemischen Zusatzstoffen in Weich-PVC umgewandelt werden. Aus Hart-PVC werden Rohre oder Profile, beispielsweise für Fenster, hergestellt. Aus Weich-PVC (das bis zu vierzig Prozent Weichmacher enthalten kann) werden Fußbodenbeläge, Schläuche, Schuhsohlen oder Dachabdichtungen gefertigt, außerdem wird es als Isolationsmaterial für Stromkabel verwendet. Ab dem Jahr 1948 lösten Schallplatten aus PVC die alten brüchigen Schallplatten aus Schellack ab. PVC ist lange haltbar (auch in der Sonne oder in Meerwasser), weswegen es für langlebige Produkte und auch im Baubereich zum Einsatz kommt. Gerade diese Eigenschaft macht es im Hinblick auf die Umweltverträglichkeit zum Problem, weswegen mittlerweile Rücknahmeprogramme und andere Verfahren der Kreislaufwirtschaft eingesetzt werden.

Polycarbonat (PC) ist vor allem wegen toxischer Eigenschaften seines Monomers (Bisphenol A) problematisch. Die produzierten Mengen sind daher deutlich geringer, weswegen PC im Hinblick auf Müll und Mikroplastik eine geringe Rolle spielt.

Eine Untergruppe der thermoplastischen Kunststoffe bilden die sogenannten *Hochleistungskunststoffe,* die gegenüber Temperaturen über 150 Grad und bestimmten Chemikalien sowie mechanisch stabiler sind. Diese High-Performance-Polymere oder schlicht Hightech-Kunststoffe wurden in den 1960er-Jahren beispielsweise für die Raumfahrt entwickelt und in den 1970er-Jahren auf den Markt gebracht. Sie sind schwieriger herzustellen, vergleichsweise teurer und erfüllen meist nur eine ganz bestimmte Funktion. Aus diesen Gründen werden sie nur in geringen Mengen produziert und hier nicht weiter berücksichtigt, jedoch beispielhaft tabellarisch erwähnt (vgl. Tabelle 8.1).

Polyamide (PA) sind thermoplastische Kunststoffe, die chemisch den Proteinen, also von allen Lebewesen produzierten Eiweißkörpern, ähnlich sind, weil das Prinzip der Kettenbildung das gleiche ist. Während jedoch Proteine gemäß des genetischen Codes von Lebewesen in diesen durch biologische Prozesse (Ablesen des Codes und Aneinanderhängen der vom Code vorgegebenen Aminosäuren zur Erzeugung einer ganz bestimmten Form, die dem Protein ganz bestimmte Eigenschaften verleiht), erfolgt die Polyamid-Synthese durch chemisches Aneinanderhängen immer des gleichen Bausteins. Da sehr viele unterschiedliche Bausteine möglich sind, haben Polyamide auch unterschiedliche Eigenschaften. Das wahrscheinlich bekannteste Polyamid ist Nylon, das bereits im Jahr 1935 als Faser entwickelt wurde. Kompaktes Polyamid ist ein fester, steifer und zäher Kunststoff, der auch bei mehr als 150 Grad beständig ist und daher vielfach eingesetzt wird: Gehäuse von Geräten, Dübel, Kabelbinder, Motorabdeckungen, Druckluftsysteme, Material für 3D-Druck. Aus Nylonfasern werden neben Bekleidung unter anderem Seile, Fallschirme oder auch Gitarrenseiten sowie chirurgisches Nahtmaterial hergestellt, das wegen seiner glatten Oberfläche das Gewebe schont und Bakterien wenig Nährboden bietet.

Duroplasten

Im Gegensatz zu den Thermoplasten werden Duroplasten beim Erwärmen nicht weich, sondern zerfallen oberhalb einer bestimmten Temperatur. Sie härten unter Einwirkung von Wärme oder bestimmten Substanzen (Katalysatoren, Härter) durch Polymerisation aus. In Verbundwerkstoffen werden beispielsweise Matten aus Glasfasern mit Kunstharz getränkt, sodass nach Aushärtung ein leichtes und zugleich sehr festes Bauteil entsteht. Duroplasten behalten ihre ihnen einmal gegebene Form, weil in ihnen die Kettenglieder zusätzlich untereinander (senkrecht zur Kette) verbunden sind. Zu dieser Gruppe gehören beispielsweise die Zweikomponentenkunststoffe, bei denen der »Härter« für die hohe Vernetzung und anschließende Stabilität sorgt. Die mechanischen Eigenschaften werden von der Zugfestigkeit und Steifigkeit der Fasern bestimmt. Die Kunststoffmatrix – das Grundmaterial – verhindert, dass sich die Fasern unter Belastung gegeneinander verschieben. Dazu muss sie gut auf der Faser haften. Ist dies nicht (mehr) der Fall, kann es zum Totalversagen der Form kommen: Das Material verbiegt sich nicht und gibt nicht nach – bis es bricht und zerfällt. Das Recycling von Verbundstoffen ist schwierig, weil sie auf Festigkeit und Beständigkeit ausgelegt sind. Die Trennung der Komponenten ist schwierig bis unmöglich.

Glasfaserverstärkter Kunststoff, auch *Glasfaserkunststoff (GFK)* oder Fiberglas genannt, ist einerseits sehr fest und zugleich mit einer Dichte von 2,0 g/cm^3 sehr leicht und zudem kostengünstig, weswegen er vielfach verwendet wird, beispielsweise im Boots- und Anlagenbau, dem Automobil- und Flugzeugbau oder für Rotorblätter für Windkraftanlagen. Da der Werkstoff zudem ein guter Isolator ist, wird er auch in der Elektrotechnik verwendet, zum Beispiel für Isolatoren, die hohe mechanische Lasten übertragen müssen. In Europa wurden im Jahr 2014 etwa eine Million Tonnen GFK verarbeitet. Das Recyceln von GFK ist schwierig, es besteht jedoch die Möglichkeit, ihn in der Zementproduktion als Zusatzbrennstoff beizumischen, wobei der Kunststoffanteil Energie liefert und der Glasanteil Teil des Zements wird.[2]

Tabelle 8.1: Übersicht zu den häufigsten Typen von Plastik, geordnet nach Thermoplasten, Duroplasten und Elastomeren. Die Angaben in den Spalten 4 und 5 entstammen für PE, PP, PS, PUR und PVC der Arbeit von Houssini und Mitarbeitern, die 2025 im Fachblatt *Nature* publiziert wurde; sie beziehen sich auf das Jahr 2022. Die Daten zu PET entstammen einem Report von Textile Exchange (2023) zu PET-Fasern (63 Mt) und von Ribeiro (2023) zum Anteil des PET-Granulats (26 Mt). Die Daten zu Polyamid (Nylon) betreffen das Jahr 2024, beziehen sich auf das gesamte PA (nicht ausschließlich die Faser Nylon, obgleich sie den größten Teil ausmacht) und stammen von Astute Analytica (2025). k. A.: keine Angaben; n. a.: nicht anwendbar.

Name (Kurzbezeichnung)	**Seit**	**Typ**	**Jahresproduktion weltweit in Mio. Tonnen (Mt)**	**Anteil an Jahresproduktion**
Polyethylen (PE)	Entdeckung 1898; Massenproduktion ab den 1950er-Jahren	Thermoplast	104 Mt	26 %
Polyethylenterephthalat (PET) »Dacron«, »Trevira«	Entdeckung 1942; Massenproduktion ab 1953	Thermoplast	89 Mt (2023) 82 Mt (2024)	k. A.
Polypropylen (PP)	Entdeckung 1951; Massenproduktion ab 1960er-Jahre	Thermoplast	76 Mt	19 %
Polyvinylchlorid (PVC)	Entdeckung 1912; Massenproduktion 1928 in den USA und 1930 in Deutschland	Thermoplast	52 Mt	13 %
Polyurethan (PUR)	Im Jahr 1937 von Otto Bayer erstmals synthetisiert. Massenproduktion erst in den 1950er-Jahren	Thermoplast oder Duroplast oder Elastomer	20 Mt	5 %

Polystyrol (PS) »Styropor«	Entdeckung 1839; Massenproduktion in den 1950er-Jahren	Thermoplast	20 Mt	5 %
Polyamid (PA) »Nylon«	Entwicklung (Nylon) 1935	Thermoplast	8,7 Mt	k. A.
Polycarbonat (PC)	Entwicklung 1953, Massenproduktion seit 1958	Thermoplast	3 Mt	k. A.
Polysulfon (PSU)	Seit 1965 am Markt, besonders beständig gegenüber hohen Temperaturen, Heißwasser/Dampf und mechanischer Belastung	Hochleistungsthermoplast	57 000 t (2013)	n. a.
GFK	Seit 1935; Massenproduktion ab den 1950er-Jahren	Duroplast	In Europa 1 Mio t (2014)	n. a.
CFK	Seit den 1950er-Jahren; bis heute kaum Massenproduktion	Duroplast	107 000 t (2022)	n. a.
Gummi Naturkautschuk	Vor 3500 Jahren in Mittelamerika	Elastomer	ca. 10 Mt (2020)	k. A.
Synthesekautschuk	Deutsches Patent 1909, während des Ersten Weltkriegs, 2500 t	Elastomer	14,4 Mio t (2020)	k. A.

Silikone	Chemisch Polyorganosiloxane, gibt es als Öl, Harz, Gel, Dichtmasse und Elastomer	Keine Einordnung möglich	> 2,6 Mt	k. A.
Silikonkautschuk	Erfunden 1940, großtechnisch in den 1950er-Jahren	Elastomer	ca. 1 Mt	k. A.
Gummiarabikum	Seit 4000 Jahren gehandelt	Elastomer	60 000 t	n. a.
Löwenzahnkautschuk[1]	2016	Elastomer	kleine Mengen	n. a.

Kohlenstofffaserverstärkter Kunststoff, auch *carbonfaserverstärkter Kunststoff (CFK)* genannt, wird seit den 1950er-Jahren in der Luft- und Raumfahrt verwendet. Anstatt von Glasfasern sind zu Stoffbahnen verwobene Kohlenstofffasern in eine Kunststoffmatrix eingebettet. Der Werkstoff ist mit einer Dichte von 1,5 g/cm³ sehr leicht, kann aber die mechanischen Eigenschaften, zum Beispiel die Steifigkeit in Faserrichtung, von Stahl übertreffen. Weil die Herstellung von Bauteilen aus CFK sehr schwierig und damit teuer ist, bleibt er Spezialanwendungen vorbehalten. Es gibt Tennisschläger, Fahrradrahmen, Angelruten, Roboterarme und Windräder aus CFK. Beim Bearbeiten von Werkstücken oder bei Bränden gelangen Kohlefasern in die Luft und können eingeatmet werden. Sie sind dann ähnlich gefährlich wie Asbest. Andererseits kann CFK relativ leicht verbrannt werden.

Elastomere

Wie ihr Name schon sagt, verformen sich *Elastomere* bei Zug- oder Druckbelastung elastisch, finden aber nach Ende der Krafteinwirkung in ihre ursprüngliche Form zurück. Elastomere – wie beispielsweise Gummi[3] – verdanken diese besondere Eigenschaft ihrer molekularen Struktur. Gummi entsteht durch das Verfahren der Vulkanisation, das im Verkneten von Kautschuk mit etwa zwei Prozent Schwefel bei Temperaturen von 120 bis 160 Grad besteht. Hierdurch werden die langkettigen Kautschukmoleküle durch kovalente Schwefelbrücken vernetzt. Dadurch gehen die plastischen Eigenschaften des Kautschuks verloren, wobei gleichzeitig die Eigenschaft der Elastizität entsteht. Je mehr Schwefel beim Vulkanisieren verwendet wird, desto mehr Schwefelbrücken entstehen, und desto härter wird der Gummi.

Naturkautschuk oder einfach nur Kautschuk ist ein Naturprodukt, das aus dem milchigen Saft des Kautschukbaums *(Hevea brasiliensis)* hergestellt wird. Dieser wuchs ursprünglich nur im Gebiet des Amazonas. In einer der Sprachen der dortigen Einwohner bedeutet *caa* »Baum« und *ochu* »Träne«, *caa ochu* also etwa »Träne des Baums«. Letzteres wurde als *caucho* ins Spanische übernommen, woraus die Franzosen *caoutchouc* machten, was im Deutschen schließlich zu *Kautschuk* wurde. Schneidet man eine keilförmige Kerbe in die Rinde des Baums, dann läuft dessen Milchsaft (spanisch: *leche*) heraus, der Latex genannt wird. In der Natur dient der Saft als Schutz, denn er dichtet verletzte Stellen ab, bevor Schädlinge oder Krankheiten in den Baum gelangen.

Bereits 1600 v. Chr., also 3500 Jahre vor der Entwicklung des Vulkanisationsverfahrens durch den Engländer Charles Goodyear, verarbeiteten die indigenen Völker Mittelamerikas Kautschuk mittels eines zweiten Pflanzensafts zu Gummi und stellten Gummibälle, hohle Gummifiguren, breite Gummibänder zum Befestigen von Steinbeilen an Holzgriffen sowie andere Gegenstände her, wie durch die Analyse von Funden und experimentelle Studien gezeigt werden konnte (Hosler et al. 1999). Im Jahr 1839 entdeckte der US-amerikanische Tüftler und Autodidakt Goodyear durch Zufall das Verfahren der Vulkanisierung. Doch erst das Patent auf luftgefüllte Gummireifen des Schotten John Boyd Dunlop von 1888 machte Kautschuk zu einem begehrten Rohstoff. Mit dem Siegeszug des Automobils mit seinen vier Autoreifen wurde Gummi zu einem der bedeutendsten Rohstoffe.

Synthetischer Kautschuk wurde während des Ersten Weltkriegs in Deutschland vom Chemiker Friedrich (Fritz) Hofmann durch Polymerisation von Dimethylbutadien hergestellt. Mittlerweile sind etwa sechzig Prozent des weltweit verbrauchten Kautschuks synthetisch.

Silikonkautschuk – man spricht auch von Silikonen – bezeichnet eine Gruppe synthetischer Polymere, bei denen Siliziumatome über Sauerstoffatome verknüpft sind. Die restlichen beiden freien Valenzen des 4-wertigen Siliciums sind durch Kohlenwasserstoffreste (meist Methylgruppen) abgesättigt. Silikone gehören damit zur Gruppe der siliziumorganischen Verbindungen. Die Weltproduktion an Silikonen stieg zwischen 1974 und 1986 von 130 000 auf 430 000 Tonnen im Jahr an. Etwa 65 Prozent der Silikonproduktion sind die hier diskutierten Silikonelastomere, 25 Prozent entfallen auf Silikonöle und -fette und 10 Prozent auf Silikonharze oder andere Spezialprodukte (Anon. 2025b).

Fazit

Plastikmoleküle sind groß und lang, denn sie bestehen aus Ketten Tausender immer gleicher Bausteine, den Monomeren, die durch Polymerisation oder ähnliche Reaktionen aneinandergehängt wurden. In der organischen Chemie wurden und werden noch immer ständig neue Sorten von Plastik erfunden, die sich grob in Thermoplasten, Duroplasten und Elastomere einteilen lassen. Thermoplasten sind Stoffe, die sich bei Erwärmung verformen, Duroplasten tun dies nicht, und Elastomere sind elastisch, das heißt, sie kehren nach einer Verformung in ihre alte Form zurück. Am häufigsten produziert werden die Thermoplasten Polypropylen, Polyethylen, Polyethylenterephthalat (PET), Polystyrol, Polyurethan, Polyvinylchlorid (PVC) und Polycarbonat.

Die wichtigsten Duroplasten sind Verbundwerkstoffe wie glas- oder kohlefaserverstärkter Kunststoff (GFK und CFK), bei denen

Matten aus Glas- oder Kohlestofffasern (Carbon) in eine Matrix aus Kunstharz eingebettet sind.

Elastomere wurden früher aus dem Naturstoff Kautschuk hergestellt, aus dem zunächst durch Vulkanisierung Gummi gemacht wird. Heute wird oft synthetischer Kautschuk eingesetzt.

Das Recyceln von Plastik wirft je nach Sorte ganz unterschiedliche Probleme auf. Daher muss Plastik zunächst sortiert werden, was mit sehr großem Aufwand verbunden ist. Wiederverwertungssysteme für bestimmte Plastikarten oder gar Produkttypen wie beispielsweise Rücknahmeprogramme für PVC oder für PET-Flaschen weisen in die richtige Richtung.

9

ADDITIVE – WAS SO ALLES IN PLASTIK STECKT

Wie im vorangegangenen Kapitel dargestellt, kann Plastik ganz unterschiedliche Eigenschaften haben. So kann es sehr hart oder auch besonders weich sein – mit allen Abstufungen dazwischen. Es kann sich bei höheren Temperaturen verformen oder stabil bleiben, es kann spröde und leicht zerbrechlich sein oder sogar einen Sturz auf den harten Küchensteinboden heil überstehen.

Die Eigenschaften von Plastik werden nicht nur durch dessen unterschiedliche Grundstoffe und die Struktur des reinen Polymers bestimmt, sondern vor allem durch eine Vielzahl weiterer Stoffe, die ihm bei der Herstellung beigemischt werden. Die damit erreichte Modifikation der Materialeigenschaften erweitert die Einsatzmöglichkeiten von Kunststoffen ganz wesentlich. Man nennt diese Zusatzstoffe ganz allgemein »Additive«, denn sie sind so verschieden, dass sie nur eine Gemeinsamkeit haben: Sie werden hinzugegeben, wie der Name es sagt (lateinisch *additivus* = hinzugefügt, zusätzlich). Das von Ralph Maier und Michael Schiller herausgegebene *Handbuch Kunststoffadditive* hat in seiner vierten Auflage aus dem Jahr 2016 einen Umfang von 1330 Seiten! Im *KunststoffWeb,* einer Internetplattform für Produkte und Informationen rund um Plastik, finden sich 694 Additive, darunter 29 Antistatika, 36 Flammschutzmittel sowie 25 Lichtschutzmittel und UV-Stabilisatoren. Man kann daran ermessen, wie vielfältig und vor allem komplex dieses Themengebiet beziehungsweise Forschungsfeld im Bereich der Polymerwerkstoffe ist.

Additive führen nicht nur bestimmte mechanische Eigenschaften herbei – wie eine gute Verarbeitbarkeit –, sondern stabilisieren die Kunststoffe auch mechanisch oder gegen Hitze, UV-Licht oder Sauerstoff. Dadurch verhindern beziehungsweise verzögern sie deren

Abbau, den man auch als Alterung bezeichnet. Und sie sorgen dafür, dass es Plastik in allen Farben gibt.

Tabelle 9.1: Beispiele für verschiedene Gruppen von Additiven, die durch sie beeinflussten Eigenschaften des Kunststoffs und Eigenschaften der Additive selbst (nach Maier & Schiller 2016 sowie den dort genannten weiteren Autoren).

Additivgruppe	**Veränderung des Plastiks**	**Eigenschaften der Additive**
Antioxidantien	Verhinderung von Alterung durch Oxidation	Wasserstoff-Donor Hydroperoxid-Zersetzer Radikalfänger
Antistatika	Verhinderung elektrostatischer Aufladung und damit der Anziehung von Staub	Verbessern die elektrische Leitfähigkeit von Plastik
Aufheller, optische	Brillanz, Farbwirkung: weiß statt gelblich	Wandeln UV-Licht in sichtbares blaues Licht um
Farben	Ästhetik; durchgehende Färbung	Wirken auch als Lichtschutzmittel
Flammschutzmittel	Beeinflussen das Brandverhalten, indem sie die (ansonsten gute) Brennbarkeit von Kunststoffen reduzieren beziehungsweise das Abbrennen verlangsamen	Chlor- und bromhaltige organische Verbindungen, die beim Verbrennen Energie verbrauchen (endotherme Reaktion von Halogenwasserstoff mit Sauerstoff)
Füllstoffe	Müssen vor allem billig sein, denn sie sollen den Kunststoff kostengünstiger machen; können manche Eigenschaften auch günstig beeinflussen	Calziumcarbonat (Kalk/Kreide), Gips (Kalziumsulfat) und Magnesia (Magnesiumoxid)
Gleitmittel	Hauptsächlich zur besseren Verarbeitbarkeit von Kunststoffen	Fette, Wachse oder Seifen

Hitzestabilisatoren	Schützen vor Hitze, Verfärbung, Versprödung, Rissbildung und chemischem Abbau	Radikalfänger, Phosphite oder Phosphonite
Lichtschutzmittel	Verminderung der Alterung durch UV-Absorption	Lichtabsorption, Radikalfänger
Säurefänger	Fangen saure Abbauprodukte ab	Kalzium- oder Zinkstearat, Epoxide
Thermostabilisatoren	siehe Hitzestabilisatoren	
Treibmittel	Machen Plastik leichter, verbessern Schall-, Stoß- und Wärmedämmung	Gase (N2, CO2) oder Gasbildner
Vernetzungsmittel	Bewirken die dreidimensionale Vernetzung von (zweidimensionalen) Polymerketten	Je nach Plastikart: bei Duroplasten »Härter«, bei Elastomeren Schwefel zur Vulkanisation
Verstärkungsmittel	Fasern (Glas, Karbon, Aramid, Naturfasern) oder Partikel (Kreide, Glas)	Sorgen in der Polymermatrix für mehr Festigkeit, Steifigkeit, Schlagzähigkeit und Formstabilität
Weichmacher	Bewirken Flexibilität, Elastizität und vermindern Versprödung	Phthalate u. a.

Die lange Liste von Additiven reicht damit von Farbpigmenten über Stabilisatoren, Füllstoffe, Weichmacher, optische Aufheller, Antioxidationsmittel, Säurefänger, Gleit-, Vernetzungs-, Treib- und Verstärkungsmittel bis zu den bereits genannten Antistatika, Flamm- und Lichtschutzmitteln (Tabelle 9.1). Hinzu kommen (unbeabsichtigte, aber in Kauf genommene) Verunreinigungen durch Rückstände in den Rohmaterialien oder vom Syntheseprozess (Katalysatoren wie beispielsweise das Element Antimon). Diese sind nach dem eigentlichen Wortsinn keine Additive, denn sie wurden nicht bewusst und mit Absicht hinzugegeben. Weil es sich aber um Substanzen handelt, welche die Eigenschaften des Plastiks verändern und vor allem beim Recycling besondere Probleme verursachen können, werden sie in diesem Kapitel, wie allgemein üblich, gemeinsam mit den Additiven betrachtet.Abbaumittel

Es mag eigenartig klingen, aber bis vor wenigen Jahren wurden Additive beispielsweise zu Polyethylen oder Polypropylen hinzugefügt, um die Alterung des Plastiks und damit dessen spontanen Abbau durch Sauerstoff, UV-Licht oder Hitze zu *beschleunigen – Oxo-Abbaubarkeit* genannt. Hierzu werden Metalle wie zum Beispiel Eisen, Kobalt, Kupfer oder Mangan in Form von Salzen beigemischt.

Man unterscheidet zuweilen zwischen Plastik, das »oxo-abbaubar« (Zersetzung durch Oxidation, die durch Wärme oder Licht begünstigt wird), und solchem, das »oxo-biologisch abbaubar« (zum Beispiel durch Zersetzung durch Mikroorganismen) ist. Oft werden diese Termini aber synonym verwendet, und letztlich ist in beiden Fällen nichts weiter als ein prooxidativer Effekt gemeint. Der funktioniert tatsächlich, wie Studien in Frankreich und Florida zeigen, wo man PE mit und ohne Abbaumittel für neunzig beziehungsweise sechzig Tage in der Sonne liegen ließ (Moreira et al. 2021). Ob es sich auch in gemäßigteren Breiten wie Deutschland oder Großbritannien so verhält, wurde zumindest von den Briten angezweifelt (UK DEFRA 2025). Eine Langzeitstudie zur Exposition von Tragetaschen (auch oxo-biologisch abbaubare waren dabei) über bis zu drei Jahre an Land, im Boden und im Meer zeigte, dass sich das Plastik in realen Umwelten sehr unterschiedlich verhielt und teils nur begrenzt in kleinste Fragmente zersetzte (Napper & Thompson 2019). Auf jeden Fall gilt jedoch, dass das entstandene Mikroplastik in der Umwelt verbleibt und gerade *nicht* biologisch abbaubar ist, sondern die Ökosysteme belastet (Sciscione et al. 2023). Zudem können Oxo-Abbaumittel das Recycling von herkömmlichem Polyethylen und Polypropylen erschweren, weil die Recyclingprodukte mit den Metallen verunreinigt und daher qualitativ minderwertig sind.

Die Produktion von oxo-abbaubarem Plastik mittels entsprechender Abbaumittel löst also das Problem der Kunststoffverschmutzung nicht, vielmehr trägt es zur Entstehung von Mikroplastik bei. Entsprechend ist auch die Rechtslage in der Europäischen Union: Produkte aus oxo-abbaubarem Kunststoff dürfen gemäß Artikel 5 der EU-Richtlinie 2019/904 (Single-Use-Plastics-Richtlinie) nicht mehr in den Verkehr gebracht werden. Für Deutschland ist das in der Einwegkunststoffverbotsverordnung (EWKVerbotsV) umgesetzt.

Antioxidantien

Das Gegenteil dieser Abbaumittel sind Antioxidantien, also Stoffe, die den Abbau von Plastik durch Oxidation verlangsamen und es dadurch besonders haltbar machen können. Die Zweischneidigkeit dieses Schwerts wird damit schon deutlich: Des einen haltbare Plastik ist des anderen Ewigkeitsmüll.

Die meisten von Ihnen werden die Antioxidantien Vitamin C, Vitamin E oder Selen (Spurenelement) kennen. Diese Stoffe neutralisieren freie Radikale, also reaktive Moleküle, die beim natürlichen Stoffwechsel sowie durch Umwelteinflüsse wie Rauchen oder UV-Strahlung entstehen. Wie schon im vorangegangenen Kapitel erwähnt, greifen freie Radikale andere Moleküle an, indem sie Elektronen von ihnen abziehen (Oxidation). Überwiegen die freien Radikalen die Antioxidantien, führt das zu oxidativem Stress, das heißt, Sauerstoff reagiert mit Proteinen, Membranen oder anderen Stoffen im Körper, die dadurch zerstört werden. Dies ist letztlich gleichbedeutend mit einer Beschleunigung des Alterungsprozesses und einem erhöhten Risiko der Entstehung von Herz-Kreislauf-Erkrankungen, Diabetes oder Krebs. Antioxidantien neutralisieren freie Radikale, indem sie Elektronen an sie abgeben. Sie werden also selbst von ihnen oxidiert und verhindern damit, dass die freien Radikale andere Moleküle oxidieren können. Obst, Gemüse, Nüsse und Kräuter sind unter anderem deshalb gesund, weil sie oft Antioxidantien enthalten.

Was hat das nun mit Plastik zu tun?

Auch Plastik altert, und zwar genauso wie wir, nämlich durch oxidativen Stress, der durch Sauerstoff in der Luft verursacht und durch Hitze oder UV-Licht (siehe Lichtschutzmittel) beschleunigt wird (Wegmann et al. 2016). Daher können Antioxidantien im Plastik Abbauprozesse und Materialalterung verlangsamen oder anhalten, indem sie verhindern, dass die Polymerketten durch Oxidation brechen oder sich neu vernetzen. So bleiben die mechanischen Eigenschaften und das Aussehen des Kunststoffs erhalten. In der Kunststoffchemie bezeichnet man solche Radikalfänger als »primäre Antioxidantien«. Verwendet werden hierzu Phenole mit Namen wie Antioxidans 1010 oder Antioxidans 1076 oder aromatische Amine (Beispiel: Irganox® 5057 der Firma BASF). Diese Additive sind entscheidend für die Langzeitstabilität eines Kunststoffs. Das Antioxidans Irganox® E201 der Firma BASF ist übrigens identisch mit alpha-Tocopherol, sprich Vitamin E. Dieses Vitamin schützt also nicht nur uns, sondern auch Plastik vor Alterung! Vitamin C dagegen wird in Kunststoffen nicht eingesetzt, weil es (im Gegensatz zum fettlöslichen Vitamin E) wasserlöslich ist und daher aus dem Plastik rasch ausgewaschen würde.

Als »sekundäre Antioxidantien« werden Stoffe bezeichnet, die zwar die initiale Oxidation nicht stoppen, aber dabei entstehende schädliche Zwischenprodukte wie Peroxide oder Hydroperoxide deaktivieren beziehungsweise zersetzen. Hierdurch wird weiterer Schaden durch diese hoch-reaktiven Zwischenprodukte verhindert. Verwendet werden phosphor- und schwefelhaltige Verbindungen (Phosphite und Phosphonite sowie Thioverbindungen).

Lichtschutzmittel

Im Verbund mit Sauerstoff führt Licht bei Kunststoffen zur sogenannten Photooxidation. Strahlt also die Sonne auf Plastik in Anwesenheit von Luft, dann kommt es zu dieser Reaktion. Davon prinzipiell zu unterscheiden ist die thermische Oxidation, also die Reaktion mit Sauerstoff in Anwesenheit von Wärme, wenn auch beides oft zugleich vorkommt. Häufig verschlechtern sich dadurch nicht nur die mechanischen oder physikalisch-technischen Eigenschaften des Kunststoffs, sondern auch dessen Aussehen. Daher wurden hier nicht weiter diskutierte Spezialchemikalien entwickelt, die man als »Lichtschutzmittel« oder auch »UV-Stabilisatoren« bezeichnet (Grob et al. 2016). Deren Bedeutung kann man schon daran ermessen, dass das Kapitel »Lichtschutzmittel« in der erwähnten 1330-seitigen Quelle zu Additiven mit 312 Seiten das mit Abstand umfangreichste darstellt (Maier & Schiller 2016). Übrigens können auch Ruß oder andere Farbpigmente als Lichtschutzmittel dienen.

Antistatika

Da Kunststoffe meist gute Isolatoren sind (und zum Teil zu genau diesem Zweck erfunden wurden), leiten sie elektrischen Strom nicht, weshalb elektrische Ladungen nicht einfach abfließen können. So erklärt sich das bekannte und unerwünschte Phänomen, dass Plastik (nach elektrostatischer Aufladung durch Reibung) Staub »wie ein Magnet« anzieht. Um eine elektrostatische Aufladung weitgehend zu verhindern, mischt man Kunststoffen Antistatika bei, um ihren Widerstand von 10^{15} bis 10^{17} Ohm auf 10^{9} bis 10^{12} Ohm zu senken (Richter & Schacker 2016, S. 643). Werden Antistatika während der Herstellung in den Kunststoff eingearbeitet, sprich man von »inneren« Antistatika. »Äußere« Antistatika werden dagegen nachträglich in Form von Beschichtungen auf die Kunststoffoberfläche aufgetragen. Sie haben den Nachteil, dass sie sich durch Gebrauch abreiben und dadurch ihre Wirkung langsam verlieren können.

Wer schon einmal einen Pullover aus Kunstfaser (Nylon, Polyester) im Winter (also bei trockener Heizungsluft) ausgezogen und dabei ein Knistern gehört und auf der Haut gespürt hat, der hat unmittelbar erfahren, was elektrostatische Aufladung ist. Physikalisch werden durch die Reibung des Kleidungsstücks am Körper Elektronen frei, wodurch ein Ungleichgewicht zwischen positiven und negativen Ladungen entsteht. Wenn es knistert, entlädt sich die aufgebaute Spannung, die 30 000 bis 40 000 Volt betragen kann. Gefährlich für unsere Gesundheit ist dies nicht, weil die Stärke des dabei fließenden Stroms sehr gering ist. Wer elektrostatische Effekte beim An- und Ausziehen der Kleidung vermeiden will, der sollte bekleidungstechnisch auf Baumwolle umsteigen, denn dieser Naturstoff neigt wenig zu elektrostatischer Aufladung.

Ganz allgemein kann jegliche Reibung elektrostatische Aufladung und damit Funkenentladungen verursachen und brennbares Material entzünden. Werden zum Beispiel Plastiksäcke mit Pulvern befüllt, kann die Reibung der Materialien für den Funken sorgen, der den Pulverstaub zur Explosion bringt. Daher werden vielen Kunststoffen, die in der Verpackungsindustrie verwendet werden, Antistatika beigesetzt, um das Risiko gefährlicher Staubexplosionen zu verringern. Antistatika sind jedoch nicht nur aus Sicherheitsgründen wichtig, sie beseitigen zudem eine Reihe weiterer Probleme, denn elektrostatische Aufladung kann das Verkleben von Folien oder Fasern bei der Produktion verursachen, kann die Lackier- und Bedruckbarkeit von Plastik beeinträchtigen oder gar das Verpackungsgut (beispielsweise elektronische Bauteile) zerstören (Richter & Schacker 2016, S. 642 f.).

Aufheller

Wer schon einmal in einer Diskothek die Hemden, Blusen oder andere Kleidungsstücke aus weißem (Baumwoll-)Stoff durch sogenanntes Schwarzlicht (also schwach-violett leuchtende UV-Lampen) buchstäblich leuchten sah, der weiß, was optische Aufheller sind. Solche Substanzen absorbieren unsichtbares UV-Licht und wandeln es in blaues Licht um, sodass die Menge an reflektiertem Licht höher zu sein scheint als diejenige an eingefallenem: Folglich »leuchtet« das Hemd oder die Bluse leicht bläulich. Der Effekt tritt oft erst dann auf, wenn das Kleidungsstück mit einem Waschmittel gewaschen wurde, das »strahlendes Weiß« verspricht, denn solche Waschmittel enthalten optische Aufheller. Hierfür gibt es eine Reihe von seit Jahrzehnten verwendeten Substanzen, deren chemische Bezeichnungen über mehrere Zeilen gehen, weshalb ich sie Ihnen erspare.

Optische Aufheller werden nicht nur in der Waschmittel-, sondern auch in der Textil- und Papierindustrie verwendet sowie bei der Herstellung von Kunststoffen (Oertli 2016). Ähnlich wie Papier sind viele Kunststoffe in ihrer Reinform leicht gelblich. Addiert man blaues Licht, entsteht beim Betrachten der Eindruck von Weiß, da blaues und gelbes Licht bei additiver Farbmischung weißes Licht ergeben. Es kommt so zu einer »Verbesserung oder Maskierung der Ausgangsfarbe«, wie Alfred Oertli (2016, S. 813) in seinem sehr lesenswerten Buchkapitel über optische Aufheller schreibt. Weitere Gründe für deren Gebrauch sind die gleichen wie bei Papier und Textilien auch: Es geht im Grunde immer um die Herstellung brillantweißer Produkte, Modeartikel oder Verpackungen. Mehr Brillanz durch optische Aufheller erhalten im Übrigen auch farbige oder sogar schwarz pigmentierte Produkte.

Füllstoffe

Füllstoffe sind feste Partikel, die Kunststoffen beigemischt werden, um deren Eigenschaften zu optimieren. Man unterscheidet inaktive und aktive Füllstoffe. Inaktive Füllstoffe sind vor allem billig und erhöhen einfach nur das Volumen. Das fertige Produkt besteht somit aus weniger Plastik. Aktive Füllstoffe verbessern die mechanischen Eigenschaften von Kunststoffen, weswegen man sie auch »verstärkende Füllstoffe« nennt (Knerr & Hersche 2016, S. 1069). Meist werden anorganische Stoffe verwendet: Talkum (Magnesiumsilikat), ein weißes, fein gemahlenes Pulver, sehr weich und pudrig, oder Calciumcarbonat (umgangssprachlich einfach Kalk genannt), das – wie übrigens auch Calciumsulfat (Gips) – sogar in Lebensmitteln verwendet wird (als E170 und E516). Organische Füllstoffe sind Holzmehl oder Baumwollflocken, bei denen es sich um feine, zerkleinerte Baumwollfasern handelt, die eine erhöhte Schlag-, Zug-, Druck- und Biegefestigkeit bewirken und damit zu den aktiven Füllstoffen zählen.

Hitzestabilisatoren

Hitzestabilisatoren sorgen bei vielen Kunststoffen dafür, dass sie bei der Verarbeitung und ihrem Einsatz nicht durch Wärme oder Sauerstoff abgebaut werden. Ohne Stabilisierung würden viele Kunststoffe vergilben und schlecht riechen, sie würden spröde und weniger zäh werden oder schlechter elektrisch isolieren. Hitzestabilisatoren verlängern die Lebensdauer von Plastik bei Dauerwärme, erhalten die Eigenschaften (Farbe/Transparenz, mechanische Kennwerte, Zähigkeit, Fließverhalten, Langzeitfestigkeit) und verhindern das Altern.

Bei PVC ist sie besonders wichtig, aber auch bei Polyethylen und Polypropylen sowie Polyamiden ist eine Wärme- beziehungsweise Oxidationsstabilisierung für Langzeitfestigkeit vonnöten. PET-Flaschen benötigen bei ihrer Produktion die Stabilisierung gegenüber thermischer Spaltung und Abbau.

Thermostabilisatoren

Durch die thermische Verarbeitung (Schmelzen) verändern sich bei den meisten Kunststoffen (bis auf wenige Ausnahmen) chemische Eigenschaften wie beispielsweise der Grad der Vernetzung der Moleküle. Auch kommt es zu Oxidations- oder sogar zu Zerfallsprozessen. So würde sich beispielsweise PVC bereits bei Temperaturen zersetzen (indem es Salzsäure abspaltet), die unter seiner Verarbeitungstemperatur liegen. Um dies zu verhindern, werden Thermostabilisatoren beigemischt, bei denen es sich um anorganische Stoffe wie Calcium und Zink oder auch um organische Verbindungen handeln kann (Richter & Schacker 2016, S. 584).

Vernetzungsmittel

Bei thermoplastischen Kunststoffen sorgen Vernetzungsmittel dafür, dass sich Polymerketten chemisch miteinander verbinden, wodurch ein dreidimensionales Netzwerk entsteht. Dadurch ändern sich die Eigenschaften des Plastiks oft sehr deutlich – meistens in Richtung höherer Beständigkeit. Diese bringt aber auch eine geringere Verformbarkeit mit sich. Durch die Vernetzung wird die Form von Kunststoffteilen stabilisiert, die Teile werden mechanisch belastbarer und beständiger gegen Lösungsmittel und Chemikalien.

Bei Elastomeren nimmt die Elastizität zu: Ohne Vernetzung wäre Gummi weich und klebrig und würde sich unter Last dauerhaft verformen. Dieses Beispiel zeigt besonders deutlich, dass Additive erst die für die Anwendung wichtige Eigenschaft der Elastizität hervorbringen.

Duroplaste (Epoxidharz) sind nach der Vernetzung beim Aushärtungsprozess nicht mehr schmelzbar. Sie sind damit keine Thermoplasten mehr, das heißt, erst das Vernetzungsmittel macht sie zu dem, was sie sind.

Der Grund des Einsatzes von Vernetzungsmitteln ist zugleich ihr größtes Problem: Sie erschweren das Recyceln von Kunststoffen oder machen es ganz unmöglich.

Gleitmittel

Gleitmittel reduzieren Reibung, auch bei Plastik. Hierbei unterscheidet man zwischen innerer und äußerer Reibung und folglich auch zwischen »inneren« und »äußeren« Gleitmitteln. Bei den inneren Gleitmitteln geht es um eine Verminderung der Reibung innerhalb des Polymers, sprich zwischen den Molekülen, was gleichbedeutend damit ist, dass der Kunststoff sowohl bei seiner Herstellung als Schmelze als auch als fertiges Produkt geschmeidiger ist. Innere Gleitmittel verhindern also, dass physikalische Scherkräfte die Kunststoffketten zerreißen und das Material bricht. Auch bei den sogenannten Weichmachern (siehe unten) handelt es sich um innere Gleitmittel.

Gleitmittel beeinflussen auch die äußere Reibung zwischen dem Kunststoff und den Oberflächen von Bearbeitungsmaschinen (Bohrern, Fräsen, Sägen, Walzen), was die Verarbeitung wesentlich erleichtert, Schäden durch Überhitzung verhindert und die Oberflächenqualität des fertigen Kunststoffteils verbessert. Letzteres spielt auch bei der »Entformung« eine Rolle, denn Gleitmittel reduzieren die Haftung der heißen Schmelze an den Formwänden, wodurch sich das fertige Teil leichter lösen lässt. All dies erhöht die Effizienz bei der Produktion und senkt damit deren Kosten. Zudem können Gleitmittel den Oberflächenglanz des fertigen Plastikteils erhöhen und dessen Gleiteigenschaften verbessern.

Gleitmittel sind beispielsweise Wachse, die zu den ältesten Rohstoffen zählen. Sie stellen chemisch keine homogene Gruppe dar, und es gibt sie »in einer überraschenden Vielfalt von Eigenschaften und Anwendungen« (Richter & Schacker 2016, S. 585). Sie werden Kunststoffen in Konzentrationen von 0,2 bis 2 Prozent beigemischt (Domininghaus 2012, S. 259).

Weichmacher

Weichmacher werden Kunststoffen beigemischt, um sie flexibel, elastisch und weniger spröde zu machen. PVC beispielsweise wäre ohne Weichmacher hart und spröde und kaum verwendbar, weswegen über neunzig Prozent der Weichmacher in PVC eingesetzt werden. Sie verringern die innere Reibung der Polymerketten, wodurch das Material bei Raumtemperatur besser zu bearbeiten ist. Sie kommen in vielen Alltagsgegenständen vor wie beispielsweise Kabeln, Folien, Schläuchen, Bodenbelägen, medizinischen Geräten, Sportgeräten oder Freizeitartikeln. Auch können sie Bestandteil von Klebstoffen, Dichtungsmassen, Farben, Gummiwerkstoffen, Verpackungen und Materialien mit Lebensmittelkontakt sein.

Weichmacher können jedoch aus dem Plastik wieder entweichen und gesundheitsschädliche Effekte haben. Lediglich Polyethylen (PE) und Polypropylen (PP) kommen ohne Weichmacher aus. Auch PET-Plastikflaschen enthalten keine Weichmacher.

Zur Gruppe der Weichmacher gehören die Phthalate, eine ganze Reihe chemischer Verbindungen. Sie sind nicht fest im Kunststoff gebunden, dünsten mit der Zeit aus und reichern sich in der Raumluft und im Hausstaub an. Außerdem gelangen sie in die Umwelt, also in Böden und Gewässer. Zudem können sie von Lebensmittelverpackungen, Spielzeug oder sogar Medizinprodukten in die Nahrung übergehen, denn Weichmacher sind fettlöslich. Fettige Nahrungsmittel beziehungsweise Öle und Fette – unter anderem also auch Cremes – können Phthalate daher in besonders hohen Konzentrationen enthalten. Sie gelangen über das Essen oder über die Haut in unseren Körper. Heute lassen sich Weichmacher bei fast jedem Menschen im Blut und im Urin nachweisen. Eine indische Studie aus dem Jahr 2011 fand beispielsweise ein oder mehrere Phthalate in allen untersuchten 24 Spielwaren, wobei die Konzentrationen in weichen Spielzeugen höher waren als in harten (Johnson et al. 2011).

Eines der am häufigsten eingesetzten Phthalate war lange Zeit das inzwischen von der Europäischen Union als reproduktionstoxisch und damit gesundheitsschädlich eingestufte Diethylhexylphthalat (DEHP): DEHP hat hormonelle Wirkungen und vermindert daher die Fruchtbarkeit. Bei Mäusen und Ratten wurde experimentell gefunden, dass Exposition mit DEHP das Sexualverhalten und die Hodenfunktion bei den männlichen Tieren beeinträchtigt, die Spermatogenese stört und die Morphologie der Spermien verändert, unter anderem durch oxidativen Stress (Mitochondrien) und Stress im endoplasmatischen Retikulum (Singh et al. 2025).

Ähnliches gilt für Dibutylphthalat (DBP), Diisobutylphthalat (DiBP) und Benzylbutylphthalat (BBP). Dipropylheptylphthalat (DPHP) hat in Tierversuchen negative Auswirkungen auf lebenswichtige Hormonfunktionen, und Diisononylphthalat (DINP) und Diisodecylphthalat (DIDP) können die Leber schädigen. Die Verwendung dieser Stoffe ist in der EU daher seit 2015 nur noch mit einer besonderen Zulassung erlaubt. Um Kinder vor den schädlichen Substanzen zu bewahren, sind DEHP, DBP, BBP, DINP und DIDP sowie das Di-n-octylphthalat (DNOP) in Babyartikeln und Kinderspielzeug verboten, weil Kinder diese in den Mund nehmen können (European Chemical Agency).

Da alte Kunststoffartikel noch immer Phthalate enthalten können, deren Verwendung nicht mehr zulässig ist, stellen sie ein Problem für die Kreislaufwirtschaft dar. Denn sie müssen vor dem Recycling von Altplastik nachgewiesen und entfernt werden. Seit dem 5. Januar 2021 verpflichtet daher die Abfallrahmenrichtlinie Hersteller, Importeure und Händler von Phthalat-haltigen Produkten, diese in einer speziellen Datenbank der European Chemical Agency zu melden (European Chemical Agency). Weltweit ist die Lage etwas unübersichtlich, denn ein weltweites Verbot von Phthalat-Weichmachern gibt es nicht, sondern meist nur produktbezogene Grenzwerte, insbesondere für Spielzeug und Kinderpflegeartikel. In vielen Ländern (USA, Kanada, China, Japan, Südkorea) bestehen mittlerweile jedoch ähnliche Richtlinien wie in der EU (Bekki et al. 2024; CPSC 2017; SGS 2022) oder Verbote (Australien; ACCC 2010).

Wie wichtig die von der EU ergriffenen Maßnahmen sind, zeigt eine Studie aus Serbien (das noch kein Mitglied der EU ist, aber die EU-Richtlinien für Phthalate implementiert hat). Von 118 untersuchten Spielzeugen enthielten noch 23,7 Prozent Phthalate in Konzentrationen über dem Grenzwert der EU von 0,1 Prozent. Die Autoren beklagen daher abschließend: »Die in diesem Artikel vorgestellten Ergebnisse zeigen, dass Spielzeug auch mehr als ein Jahrzehnt nach Einführung des Verbots und der Beschränkungen für Phthalate in Spielzeug immer noch eine bedeutende Quelle für die Exposition von Kindern gegenüber Phthalaten darstellt« (Ivanovic et al. 2024).

Brandschutz- und Flammschutzmittel

Der Grund für den Einsatz von Flammschutzmitteln ist der Brandschutz, dessen Verordnungen sich nicht nur auf den Haushalt, sondern auch auf ganze Gebäude (Wohnen und Arbeiten) sowie Transport und Verkehr (Autos, Bahnen, Schiffe, Flugzeuge) beziehen. Flammschutzmittel werden überall dort verwendet, wo Brände entstehen oder aufrechterhalten werden können. Sie sollen beispielsweise bei Ihnen zu Hause verhindern, dass Elektrogeräte wie Fernseher oder Computer (Möglichkeit der Entstehung von Funken durch Kurzschluss) oder leicht brennbare Polstermöbel und Teppiche in Brand geraten. Inwieweit dies tatsächlich gelingt, ist übrigens bislang nur wenig erforscht (Jahl et al. 2025).

Flammschutzmittel sollen das Risiko eines Brandes minimieren und dadurch Leben, Gesundheit und Besitz des Menschen sowie die Umwelt schützen. Infolge von Bränden starben allein in den USA im Jahr 2023 3670 Menschen, erlitten 13 350 Menschen Brandverletzungen und entstand ein Sachschaden von 23 Milliarden US Dollar (Hall 2024).

In chemischer Hinsicht handelt es sich bei den weit über hundert bekannten Flammschutzmitteln um sehr unterschiedliche Stoffe, die sich in vier Gruppen einteilen lassen: (1) Halogenierte (chlorierte oder bromierte) Kohlenwasserstoffe; (2) organische Stickstoffverbindungen (beispielsweise Melamin); (3) organische Phosphorverbindungen und (4) anorganische Stoffe wie Metalle und Metallverbindungen (Oxide, Salze). Am bekanntesten sind chlorierte oder bromierte Kohlenwasserstoffe, von denen die bromierten mehr als 75 Stoffe ausmachen. Noch im Jahr 2000 wurden weltweit fünf Millionen Tonnen Brom (im Wert von zwei Milliarden US-Dollar) aus Meerwasser oder Kalisalzlagerstätten gewonnen. Davon wurden 38 Prozent zur Herstellung von bromierten organischen Verbindungen als Flammschutzmittel verwendet (Birnbaum & Staskal 2004).

Diese Verbindungen entfalten ihre Wirkung, weil sie beim Verbrennen Energie verbrauchen: Die Reaktion von Halogenwasserstoff mit Sauerstoff ist, wie Chemiker sagen, »endotherm«, das heißt, es wird Wärme verbraucht und dem Brand somit Energie entzogen, statt Wärme zu liefern (»exotherm«). Zudem verdünnen die beim Brand entstehenden Gase den für die Verbrennung notwendigen Luftsauerstoff, was den Verbrennungsprozess weiter hemmt.

Flammschutzmittel stellen aber auch eine Gefahr für die Umwelt dar, und zwar vor allem dann, wenn sie tatsächlich zum Einsatz kommen, wenn es also wirklich brennt. Wenn diese Mittel großer Hitze ausgesetzt sind und zum Teil auch selbst brennen, können Dioxine freigesetzt werden. Diese Umweltgifte weisen eine hohe Toxizität auf, reichern sich in Lebewesen – damit auch im Menschen – an und schaden der Gesundheit. Seit die Konzentration mancher Flammschutzmittel im Hausstaub, im Blutserum von Menschen und in der Muttermilch gemessen wird, findet man über die Jahre hinweg ansteigende Werte. In Schweden werden seit 1967 die Konzentrationen chlorierter organischer Verbindungen in der Milch stillender Mütter im Großraum Stockholm gemessen. Man konnte so auch zeigen, dass die Verbote von Insektiziden wie DDT (Dichlordiphenyltrichlorethan) und polychloriertes Biphenylen (PCB) etwas gebracht haben, weil deren Konzentrationen in der Muttermilch tatsächlich abnahmen.

Flammschutzmittel auf der Grundlage organischer Phosphatverbindungen setzen bei Bränden weniger giftige Stoffe frei, weswegen sie die halogenierten Kohlenwasserstoffe nach deren Verbot häufig ersetzten. Ihre Toxizität ist auch deswegen geringer, weil sie beim Verbrennen weniger Gase und mehr Asche bilden. Schließlich werden auch Metalle und deren Verbindungen als Flammschutzmittel verwendet, vor allem Mineralien, die Aluminium, Kalzium oder Magnesium enthalten.

Erwähnt werden muss hier noch, dass es Kunststoffe gibt, die ohnehin ausschließlich aus halogenierten Monomeren bestehen – beispielsweise Polyvinylchlorid (PVC), Polytetrafluorethen (PTFE) und Polydibromstyrol – und dadurch von vornherein nicht brennbar sind. Sie werden als »inhärent flammgeschützt« bezeichnet.

Flammschutzmittel können sich auf der Oberfläche von Mikroplastik anreichern.

PBB und der größte Futtermittelskandal in den USA

Polybromierte Biphenyle (PBB) kamen in den USA im Jahr 1971 als Flammschutzmittel auf den Markt. Nur zwei Jahre danach, im Mai 1973, kam es im Bundesstaat Michigan zu einer versehentlichen Massenvergiftung mit PBB, von der wahrscheinlich mehr als vierzig Millionen Menschen betroffen waren (Chen 1979). Der Hersteller Michigan Chemical Company verwendete ähnliche Handelsnamen und Verpackungen sowohl für sein Flammschutzmittel (»Firemaster«) als auch für den Futtermittelzusatzstoff Magnesiumoxid (»Nutrimaster«), der in einer Konzentration von 0,4 Prozent von der Firma *Farm Bureau Services* (ein Servicebetrieb, der die Funktion hiesiger Genossenschaften hatte) dem Futtermittel beizumischen war, um Magnesiummangel bei den Milchkühen zu vermeiden (Kay 1977). Irgendwann waren gerade keine Säcke mit der Aufschrift »Firemaster« da, und so füllte man das Flammschutzmittel in zehn bis zwanzig Säcke zu jeweils 22,7 Kilogramm (entsprechend 50 amerikanischen Pfund) mit der Aufschrift »Nutrimaster«.

Dies hatte fatale Folgen: Aus einer viertel bis halben Tonne des Giftes PBB wurden 60 bis 120 Tonnen kontaminiertes Futtermittel, das über größere Regionen von Michigan ausgeliefert wurde. Die Konzentrationen des Giftes lagen bei bis zu 13 500 ppm[1], also 1,35 Prozent (Kay 1977, S. 74). Dummerweise sehen das ungiftige Magnesiumoxid und das toxische PBB gleich aus – ein weißes Pulver –, sodass die Verwechslung zunächst niemandem auffiel. Nur ein einziger Milchbauer meldete – im Oktober 1973 – Auffälligkeiten: Die Milchleistung seiner Herde war innerhalb weniger Wochen zurückgegangen. Er setzte daraufhin ein anderes Futtermittel ein. In einer anderen Herde starben innerhalb von sechs Monaten sogar 24 von 400 Kühen. Auch Hühner und deren Eier wurden kontaminiert.

Im Mai 1974, also erst ein ganzes Jahr nach dem Vorfall, wurden dann eine Reihe weiterer Herden mit vergifteten Rindern identifiziert und schließlich ein Zusammenhang mit dem Schadstoff PBB in Gestalt des Flammschutzmittels »Firemaster« festgestellt. Somit gelangten über mindestens neun Monate hinweg unbemerkt kontaminierte Milchprodukte, Eier und Fleisch in die Supermärkte und wurden entsprechend von Menschen verzehrt, die sich ihrerseits mit PBB vergifteten (Kay 1977). Zu allem Überfluss fand sogar ein »Recycling« der Kontamination statt: Vor der Identifizierung von PBB in Futtermitteln wurden beispielsweise Tiere, die auf einem kontaminierten Bauernhof starben, zur Verarbeitung und Einarbeitung in Futtermittel an eine Tierkörperverwertungsanlage geschickt (Fries 1985). »Kontaminierte Milch gelangte in Milchpulver für die Fütterung junger Tiere. Der Austausch von Futtermitteln zwischen einzelnen Bauernhöfen und Futtermühlen war [ebenfalls] üblich« schreibt Kay (1977, S. 76).

Im Mai 1974 legte die zuständige Agrarbehörde (Michigan Department of Agriculture) einen anfänglichen »Toleranzwert« von 1 ppm PBB in Fleisch, Milchprodukten und Eiern fest. Im November 1974 wurde dieser Wert auf 0,3 ppm gesenkt, aber erst 1977 wurde der Verkauf von PBB-verseuchten Tieren und deren Produkten verboten. Dies bedeutet, dass die höchsten Expositionen mit PBB zwar »nur« von 1973 bis 1974 auftraten, aber noch für weitere drei Jahre PBB-haltige Lebensmittel in Umlauf waren.

Eine repräsentative Querschnittsstudie aus dem Jahr 1978 unter Einwohnern des Bundesstaates Michigan zeigte daher auch PBB in 97 Prozent von 844 Fettproben (Nachweisgrenze 2 ppb) und in 70 Prozent von 1681 Serumproben (Nachweisgrenze 0,2 ppb). Eine im Medizin-Fachblatt *Lancet* publizierte Studie an 95 Frauen, die 1976 ein Kind zur Welt gebracht hatten, ergab, dass 69 von ihnen (also knapp 73 Prozent) nachweisbare PBB-Werte in der Muttermilch aufwiesen (Brilliant et al. 1978).

Die Produktion von PBB wurde als Folge des Ausmaßes der in Michigan aufgetretenen Kontamination in den USA eingestellt. Dennoch wurde noch Jahrzehnte später in einer großen Studie, der *National Health and Nutrition Examination Survey* (NHANES; 2013–2014; Nachweisgrenze 0,001 ppb), PBB bei 77 Prozent der teilnehmenden Amerikaner nachgewiesen (Hoffman et al. 2025:e2).

Da PBB über die Plazenta auf den Fötus und durch Stillen auf den Säugling übertragen wird, hat man die Gruppe der von den Behörden nach der Kontamination weiterhin beobachteten Personen im Jahr 1978 um alle Kinder der schon beteiligten Frauen und seit 2012 auch um deren Kinder erweitert. Tatsächlich fand man vierzig Jahre nach der Katastrophe (in den Jahren 2012 bis 2014) erhöhte PBB-Werte noch bei den Kindern der damals Betroffenen (Chang et al. 2020). Im Hinblick auf die gesundheitlichen Auswirkungen der PBB-Kontamination lassen sich insgesamt akute sowie länger- und langfristige Wirkungen unterscheiden.

Akute Wirkungen: In einer Studie zu den gesundheitlichen Auswirkungen der Kontamination mit 933 Landwirten und Einwohnern von Michigan, die wahrscheinlich mit PBB kontaminierte landwirtschaftliche Produkte konsumiert hatten, und einer Vergleichsgruppe von 229 Milchbauern aus dem benachbarten Bundesstaat Wisconsin (jeweils etwa zur Hälfte Männer und Frauen) wurden alle Teilnehmer befragt und von einem Arzt untersucht. Neuropsychiatrische, muskuloskelettale, dermatologische und gastrointestinale Symptome wurden bei den Personen aus Michigan signifikant häufiger gefunden als bei denen aus Wisconsin. Die häufigsten neuropsychiatrischen Symptome waren Müdigkeit, Kopfschmerzen, Schläfrigkeit, Nervosität, Depressionen, Schwindel, Missempfindungen, verschwommenes Sehen, Muskelschwäche, Gleichgewichts- und Gehstörungen, Schlaflosigkeit, Wahrnehmungsstörungen sowie Hautausschläge. Nur bei den Teilnehmern aus Michigan zeigte sich zwischen 1972 bis 1976 (also in den Jahren der PBB-Vergiftung relativ zum Jahr davor) eine Zunahme dieser Symptome, bei den Teilnehmern aus Wisconsin hingegen nicht (Anderson et al. 1978).

Im muskuloskelettalen Bereich kam es zu Gelenkschmerzen und -schwellungen sowie Rückenschmerzen und Schmerzen in den Beinen. Im Bereich der Haut traten Akne, Brennen und dunkle Flecken auf, Wundheilungsstörungen und eine erhöhte Empfindlichkeit für UV-Strahlen. Dazu kamen Verfärbungen und Deformierungen der Finger- und Zehennägel. Weitere Symptome waren Husten, Keuchen und Enge in der Brust. Im gastrointestinalen Bereich kam es zu Übelkeit, Erbrechen, Bauschmerzen, Bauchkrämpfen, Durchfall, Verstopfung, Appetitverlust und Gewichtsverlust von mehr als zehn Pfund.

Die Autoren der Studie diskutierten die Frage, ob die neurologischen Symptome vielleicht auf psychosomatische Auswirkungen von Traumata zurückgehen könnten. Schließlich hatten die Landwirte erhebliche persönliche und finanzielle Verluste erlitten. Ein Vergleich der Teilnehmer, die nicht Farmer waren und nur als Konsumenten PBB-haltiger Lebensmittel in die Studie aufgenommen worden waren, zeigte jedoch keine Unterschiede, sodass die Autoren eine psychosomatische Verursachung der Symptome für unwahrscheinlich hielten. Entsprechend fiel ihr Fazit aus: »Es bestehen erhebliche Unterschiede zwischen der Prävalenz bestimmter Symptomgruppen bei den zufällig ausgewählten Bauernfamilien aus Michigan und einer vergleichbaren Gruppe von Landwirten aus Wisconsin, die sich ohne Berücksichtigung einer ätiologischen Rolle von PBB nicht erklären lassen« (Anderson et al. 1987, S. 225).

Länger- und langfristige Effekte: Die wichtigste Publikation zu den länger- und langfristigen medizinischen Auswirkungen der Katastrophe erschien erst im Jahr 2025, also mehr als ein halbes Jahrhundert danach (Hoffman et al. 2025). Die Autoren durchsuchten hierfür zunächst Datenbanken nach zwischen 1973 und Februar 2025 publizierten Studien und identifizierten schließlich 79 relevante für die weitere Auswertung, die mit ihren dreißig Seiten klein gedrucktem Text sehr ausführlich berichtet.

Studien aus den 1970er- und 1980er-Jahren ergaben insgesamt kaum Hinweise auf PBB-bedingte längerfristige Gesundheitsschäden bei den primär Exponierten (Hoffman et al. 2025). Studien, die im Zeitraum von 1990 bis 2023 publiziert worden waren, also siebzehn bis fünfzig Jahre nach der Kontamination, zeichneten für die primär Exponierten ein gemischtes Bild: keine Effekte im Hinblick auf Aufmerksamkeitsstörungen (bei Exposition vor dem zehnten Lebensjahr), Diabetes, Endometriose, Schwangerschaft, Menopause und Schwangerschaft. Bezüglich Schilddrüsenunterfunktion und Beeinträchtigungen des Immunsystems fanden sich gemischte Ergebnisse, die keine klare Schlussfolgerung erlauben. Deutliche Hinweise auf einen Effekt der Exposition ergaben sich dagegen bei Leberfunktionsstörungen, Menstruationsstörungen und Krebserkrankungen des Verdauungstrakts sowie Brustkrebs. Sowohl die Effekte auf die Söhne als auch auf die Töchter können mit den östrogenartigen Wirkungen des PBB erklärt werden (Hoffman et al. 2025).

Die deutlichsten Auswirkungen zeigten sich allerdings erst bei den beiden nachfolgenden Generationen, also bei den Kindern und Enkelkindern der ursprünglich Exponierten. Das Geburtsgewicht der Kinder von Eltern, bei denen höhere PBB-Konzentrationen festgestellt worden waren, war vermindert, die Funktion des Immunsystems und die Menstruation waren beeinträchtigt. Höhere PBB-Konzentrationen bei Müttern, die als Kinder die PBB-Exposition durchmachten, führten zu einem verminderten Apgar-Score[2], einer Feminisierung[3] des Fötusses durch östrogenartige Wirkungen des PBB, zu einem höheren Anteil an männlichen Säuglingen und mehr Spontanaborten. Die Söhne stark exponierter Mütter litten signifikant häufiger an urogenitalen Störungen und hatten eine verspätet einsetzende Pubertät. Bei den Töchtern dieser Mütter kam es, wenn sie gestillt wurden, zu einer früheren Menarche (erste Menstruationsblutung) – ein Risikofaktor für Krebserkrankungen der Brust, der Ovarien und des Endometriums.

Die Kinder hatten das Pech, dass ihre Mütter ihr PBB aus der Kontamination während der Schwangerschaft und beim Stillen an sie weitergegeben haben, und obgleich die Mengen wahrscheinlich geringer waren als bei den primär Exponierten hatten sie einen größeren Zeitraum für die Entfaltung ihrer Wirkungen. Zudem waren die nachfolgenden Generationen während des besonders sensiblen Zeitraums ihrer Entwicklung dem PBB ausgesetzt. Eine vergleichsweise frühe Studie hatte zudem gefunden, dass die PBB-Konzentrationen in der Muttermilch deutlich über den Serumkonzentrationen liegen konnte (Eyster et al. 1983).

Was die Kinder der Kinder anbelangt, so ist die Fallzahl noch zu klein, als dass hier schon ähnlich gründliche Studien vorliegen könnten. Erste Beobachtungen zeigen jedoch, dass Töchter mit höherer PBB-Exposition in der Gebärmutter selbst eine höhere Rate an Spontanaborten berichteten (Small et al. 2011).

Farben und die Probleme von schwarzem Plastik

Farben werden Kunststoffen vor allem aus ästhetischen Gründen beigefügt. Farbpigmente können jedoch auch als Lichtschutzmittel wirken. Durchgefärbte Produkte haben gegenüber dem Farbauftrag auf der Oberfläche den Vorteil, dass sich die Färbung auch bei Abrieb nicht ändert.

Die häufigste Farbe ist Ruß *(carbon black)* zur Produktion von schwarzem Kunststoff. Wenn Sie einmal kurz überlegen, wo Ihnen dieser schon begegnet ist, dann werden Ihnen wahrscheinlich sowohl Küchenutensilien als auch kleine Geräte aus dem Bereich der Unterhaltungselektronik einfallen.

Ruß ist eigentlich ein unproblematischer Farbstoff, denn er besteht aus kleinsten Kohlenstoffteilchen, die bei der Verbrennung von organischem Material (zum Beispiel Gas, Öl oder Holz) entstehen, wenn dabei zu wenig Sauerstoff vorhanden ist. Nach den Abfallbeseitigungsregularien der Europäischen Union muss Elektroschrott (englisch *Waste Electrical and Electronic Equipment,* WEEE) recycelt werden, und dazu gehören neben Kühlschränken, Waschmaschinen und anderen elektrischen Geräten mit weißen Plastikteilen auch Radio- und Fernsehapparate, Computer und andere elektronische Geräte mit Gehäusen und anderen Anteilen aus schwarzem Plastik.

Weil schwarz gefärbtes Plastik wenig Licht reflektiert (deswegen erscheint es ja schwarz!), das vor dem Recycling notwendige Sortieren aber mittels Infrarot-Spektroskopie erfolgt, macht seine Sortierung besondere Schwierigkeiten. Daher wird das schwarze Plastik aus Elektroschrott oft zusammen mit schwarzem Plastik aus Haushaltsgegenständen (einschließlich Küchenutensilien wie Pfannenschaber, Löffel, Deckel, Griffe etc.) recycelt – vor allem in Ländern außerhalb der EU, die es mit den Verordnungen nicht so genau nehmen (Turner 2016). Dies erkannte man daran, dass in schwarzen Haushaltsgegenständen aus recyceltem Plastik Flammschutzmittel nachgewiesen wurden, die nur aus Elektroschrottplastik stammen können. Aus Elektroschrott geraten aber auch andere giftige Stoffe – die Schwermetalle Cadmium, Chrom, Quecksilber und Blei – in Produkte aus recyceltem Material und damit in Gegenstände des täglichen Gebrauchs und in Spielzeug.

Man braucht nicht viel Fantasie, um sich zu vergegenwärtigen, dass auf diese Weise das stärker mit Additiven belastete Plastik aus Elektroschrott letztlich über Küchenutensilien in uns endet. Wissenschaftliche Erkenntnisse hierzu liegen schon vor: Eine Studie, in der Mundkontakt mit Plastikspielzeug aus recyceltem Elektroschrott simuliert wurde, fand eine Reihe potenziell toxischer Additive im Speichel: »Nach der Simulation des Mundkontakts mit WEEE-kontaminierten Spielzeugen wurden mehrere gefährliche Polymeradditive im künstlichen Speichel gefunden. Die Hälfte der künstlichen Speichelproben enthält mehr als fünf Additive, wobei in einer künstlichen Speichelprobe elf Polymeradditive gefunden wurden«, fassen die Autoren ihre Ergebnisse zusammen (Brandsma et al. 2022).

Weil Additive zum Flammschutz nicht chemisch im Plastik gebunden sind, lösen sie sich besonders leicht heraus, insbesondere beim Erhitzen (schwarzer Schaber in der Bratpfanne). Dies trifft auch für die genannten Schwermetalle zu. »Sie möchten einfach keine Flammschutzmittel auch nur in der Nähe Ihrer Pfannengerichte haben«, heißt es hierzu in einer Übersicht zu schwarzem Plastik (Schlanger 2024, S. e2). Halogenierte Kohlenwasserstoffe, also Flammschutzmittel, haben Auswirkungen auf die Wirkungen von Hormonen *(endokrine disruptors)* und werden mit Erkrankungen der Schilddrüse (Allen et al. 2016) sowie Diabetes (Zhang et al. 2016) in Verbindung gebracht. Menschen mit den höchsten Konzentrationen an bromierten Kohlenwasserstoffen hatten ein dreifach erhöhtes Krebsrisiko, wie eine Studie erst kürzlich ergab (M. Liu et al. 2024). Vor allem ältere Küchenutensilien können hohe Konzentrationen von BFS aufweisen, und bereits 2018 wurde gezeigt, dass dieses beim Braten ins Bratöl übergeht (Kuang et al. 2018). Auch die schwarzen Sushi-Tabletts aus Plastik und manches Spielzeug aus schwarzem Plastik enthielten Brandschutz-Chemikalien (M. Liu et al. 2024).

Schließlich wies eine Untersuchung von fünfzig Muttermilchproben aus den USA bromierte Kohlenwasserstoffe in allen Proben nach (Schreder et al. 2023).

Bromierte Kohlenwasserstoffe sind in den USA und der EU mittlerweile verboten und werden nicht mehr hergestellt. Aber gerade durch den Prozess des Recycelns in einer globalen Wirtschaft kommen sie aus den Ländern, in denen das Recycling geschieht, wieder zurück – als neue Produkte, denen man nicht ansieht, woraus sie gemacht sind. Denn die wenigsten Konsumgegenstände aus Plastik sind mit entsprechenden Hinweisen (»aus recyceltem Material«) versehen. So gelangen toxische Stoffe aus Plastikgegenständen im Haushalt auf verschiedene Wege in unsere Körper und die unserer Kinder. Daher gilt: »Plastik«, »Küche« und »Hitze« sind ein sehr ungesunder Mix – das sollten Hausfrauen und Hausmänner weltweit bedenken.

Fazit

Die Eigenschaften von Plastik können durch eine Vielzahl von Additiven, die man bei der Produktion beimischt, verändert werden oder überhaupt erst entstehen. Neben mechanischen Eigenschaften wie einer guten Verarbeitbarkeit oder einer Einfärbung geht es auch um Stabilisierung gegen Hitze, UV-Licht oder Sauerstoff, um so den Abbau zu verhindern oder zumindest zu verzögern. Daher werden Farbpigmente, Stabilisatoren, Füllstoffe, Weichmacher, optische Aufheller, Antioxidationsmittel, Säurefänger, Gleit-, Vernetzungs-, Treib- und Verstärkungsmittel sowie Antistatika, Flamm- und Lichtschutzmittel als Additive verwendet. Hinzu kommen Verunreinigungen durch Rückstände in den Rohmaterialien oder vom Syntheseprozess wie beispielsweise Katalysatoren.

Über lange Zeit waren die toxischen Eigenschaften von manchen Additiven wie Weichmachern oder Flammschutzmitteln unbekannt oder wurden unterschätzt. Daher sind Langzeitstudien notwendig, denn zuweilen geht es hier um Auswirkungen, die sich erst nach Jahrzehnten und in Folgegenerationen zeigen. Zu erwähnen sind hier vor allem die chemisch sehr stabilen Kohlenstoff-Fluor-Bindungen (die sogenannten polyfluorierten Alkylsubstanzen, abgekürzt PFAS), die auch als »Ewigkeitschemikalien« bezeichnet werden. Sie verbleiben sehr lange im Boden und im Wasser, verbreiten sich überallhin auf der Welt, reichern sich im Menschen und in Tieren an und schaden der Gesundheit durch Beeinträchtigung des Immunsystems, der Leber und der Schilddrüse sowie durch ein erhöhtes Krebsrisiko (vgl. Kapitel 10).

Schwarzes Plastik kann recycelten Elektroschrott und damit neben Additiven auch giftige Schwermetalle enthalten, die beim Erhitzen freigesetzt werden. Vor schwarzen Küchenutensilien muss daher gewarnt werden.

10

PLASTIK KANN AUF VERSCHIEDENE WEISE TOXISCH SEIN

Toxisch bedeutet ganz allgemein »giftig« und fasst ganz unterschiedliche unerwünschte Auswirkungen von Stoffen zusammen. Bei krank machenden Wirkungen von Stoffen spricht man einfach nur von »Toxizität« oder verweist auf das betroffene Organ (neurotoxisch, lebertoxisch etc.). Wirken sich die Stoffe auf das Verhalten aus, spricht man von *Verhaltenstoxizität* – das wird mithilfe von Tierversuchen ermittelt. *Mutagenität* bezeichnet die Auswirkungen von Stoffen (oder anderen äußeren Einwirkungen wie beispielsweise radioaktive Strahlung) auf das Erbgut, also die DNA von Zellen. Von *Kanzerogenität* spricht man, wenn Stoffe zwar keine akuten giftigen Wirkungen zeigen (wie beispielsweise Übelkeit oder Erbrechen), jedoch langfristig die Wahrscheinlichkeit erhöhen, an Krebs zu erkranken. Unter *Reproduktionstoxizität* versteht man die negativen Auswirkungen auf die Fortpflanzung, beispielsweise eine verminderte Rate von Schwangerschaften, mehr Spontanaborte oder Geburtskomplikationen. Als *teratogen* werden Substanzen bezeichnet, die Missbildungen beim werdenden Kind verursachen können.

Pflanzen und Tiere als Filter und Verstärker

Bislang haben wir die meiste Aufmerksamkeit dem Boden und dem Wasser als häufige Quellen von Kunststoffen gewidmet, die in die Nahrungskette gelangen. Im Fachblatt *Nature* wurden kürzlich jedoch überzeugende Beweise dafür publiziert, dass die Luft ein ebenso wichtiger Übertragungsweg ist. Durch sehr aufwendige Experimente gelang der Nachweis, dass Pflanzen Mikroplastik direkt aus der Luft aktiv aufnehmen können (Li et al. 2025). Zwar können

Pflanzen dies auch über den Boden und das Wasser tun, aber der Transport nach oben in die Blätter ist sehr langsam.

Es konnte gezeigt werden, dass Plastikpartikel über Spaltöffnungen in der Blattoberfläche und über die Kutikula, eine mit unlöslichem Wachs überzogene Membran auf Blättern, aufgenommen wird. Ist das Mikroplastik erst einmal im Blatt, bewegt es sich durch die Räume zwischen den Pflanzenzellen und kann sich zudem in winzigen haarähnlichen Strukturen, den sogenannten Trichomen, auf der Blattoberfläche ansammeln (Peijnenburg 2025). Diese Anreicherung verhindert die Verteilung der Partikel in der gesamten Pflanze bis zu den Wurzeln, sodass das Plastik in den Blättern verbleibt und von Pflanzenfressern (oder direkt vom Menschen) aufgenommen wird.[1]

Auch Mikroplastik im Wasser findet über verschiedene Nahrungsketten seinen Weg auf unseren Speiseteller, und dies nicht nur über Meeresfrüchte und Fische aus dem Meer (vgl. Kapitel 4), sondern zum Beispiel auch durch Lebewesen in Mischwasserzonen (auch Ästuare[2] genannt). Dies sind Flussmündungen, in denen sich Fluss- und Meerwasser unter dem Einfluss von Ebbe und Flut vermischen. Geografisch haben diese Flussmündungen oft die Form eines Trichters, was die Vermischung von Süß- und Salzwasser fördert und in größeren Regionen für Mischwasser sorgt. Man spricht auch von Brackwasser. Diese Mischwasserzonen sind mit ihrem besonderen Lebensraum für viele Tier- und Pflanzenarten einzigartige Ökosysteme: Pflanzen wie Algen und Seetang werden von Kleinstlebewesen gefressen, die als Nahrungsquelle für Fische dienen. Kleine Fische werden von größeren gefressen, die wiederum als Nahrung auf unseren Tischen landen können. Mischwasserzonen sind für den Fischfang von enormer Bedeutung und damit von großem wirtschaftlichem Wert.

Zu den relevanten Kleinstlebewesen gehören die Vielborster, auch Polychäten genannt. Der Name kommt aus dem Griechischen (*polys* = viel; *chaite* = Haar, Borste) und bezeichnet kleine Tierchen, die durch ihre zahlreichen Borsten auf ihren seitlichen Auswüchsen

Abb. 10.1: Oben: Der Schuppenwurm Harmothoe imbricata lebt zwischen Muscheln und Steinen. Seinen Rücken schützen Panzerplatten wie bei einem Gürteltier. Unten: Der Grüne Meerringelwurm (Alitta virens) ist mit bis zu 40 Zentimetern Länge der größte Borstenwurm der Nordsee. Jungtiere sind oft rötlich gefärbt, die Erwachsenen sind dunkelgrün und schwimmen schnell und lebhaft. Für die Fotografien danke ich Herrn Dipl.-Biol. Rainer Borcherding von der Schutzstation-Wattenmeer in Husum herzlich (© Rainer Borcherding).

(Parapodien) gekennzeichnet sind. Die auch Borstenwürmer genannten Tiere (Abb. 10.1) sind eine Klasse vom Stamm der Ringelwürmer (Annelida), von denen es über 15 000 Arten gibt (Struck 2011).

Polychäten sind in den meisten Meeres- und vor allem Brackwassergebieten der Welt weit verbreitet und stellen für viele andere, größere Meeresbewohner eine wichtige Nahrungsquelle dar. Obwohl diese Kleinstlebewesen schon im vorletzten Jahrhundert sehr detailreich beschrieben wurden (Grube 1850), haben sie nur eine geringe Bekanntheit und wurden auch in der Wissenschaft lange wenig beforscht. Sie sehen mitunter aus wie aus einem Horror- oder Science-Fiction-Film (»Alien«). Meist erreichen sie nur eine Länge von unter einem Millimeter bis wenige Zentimeter. Es gibt jedoch Ausnahmen wie das im Jahr 2009 in Japan zufällig gefundene drei Meter lange Exemplar des Riesenborstenwurms (Uchida et al. 2009).

Unter dem Namen »Seepocken« fasst man die Vertreter der festsitzenden (sessilen) Rankenfußkrebse zusammen, die ohne einen Stiel am Untergrund haften. Es gibt von ihnen mehrere Hundert Arten (Abb. 10.2), deren Größe von einigen Millimetern bis einigen Zentimetern reicht. Seepocken besitzen ein schützendes, verschließbares Außenskelett aus Kalkplatten. Das darin befindliche Tier ist am Untergrund festgewachsen und ernährt sich als aktiver oder passiver Filtrierer. Wenn es mit seinen sechs nach oben aus dem Panzer ragenden, mit feinen Borsten bedeckten Beinchen, den »Rankenfüßen«, Wasser in Bewegung bringt und in sich aufnimmt, um kleinste Tierchen (Plankton) und Pflanzenteile sowie organische Schwebeteilchen herauszufiltern, spricht man von aktivem Filtrieren. Bei passivem Filtrieren strömt das Wasser aufgrund von Gezeitenströmung vorbei. Seepocken leben fast ausschließlich im Meer, nur selten findet man sie im Brackwasser von Flussmündungen und nie im Süßwasser.

Warum diskutiere ich das Leben im Brackwasser so detailliert? Weil es in den Mischwasserzonen besonders heftig brummt: Sehr viele Kleinstlebewesen am Anfang der Nahrungskette – wie die Po-

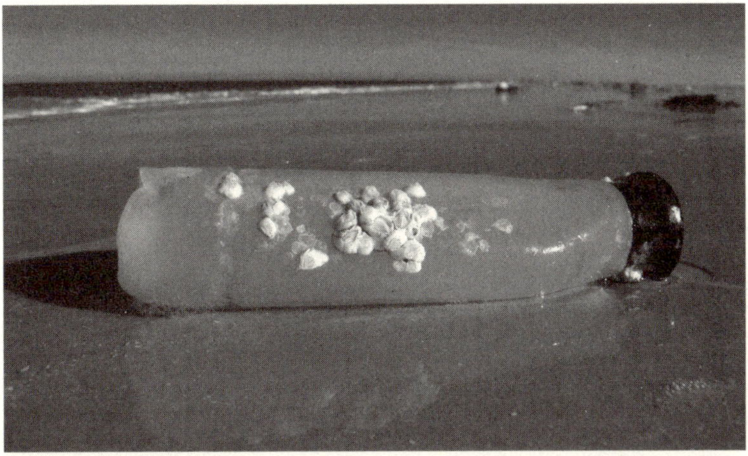

Abb. 10.2: Oben: Plastikmüll, der monate- oder jahrelang im Meer treibt, wird von Seepocken, Moostierchen und Polypenkolonien besiedelt. So können diese Arten, die üblicherweise am Meeresboden leben, Hunderte oder Tausende von Kilometern weit verfrachtet werden. Unten: Die Kerbseepocke (Balanus crenatus) siedelt sich im Küstenbereich oft auf Muscheln oder Krebspanzern an, hier auf einer Strandkrabbe. Wenn die Krabbe wächst und ihren Panzer abstreift, wird sie die Last der Mitbewohner los. Auch für diese beiden wunderbaren Bilder danke ich Herrn Dipl.-Biol. Rainer Borcherding von der Schutzstation-Wattenmeer in Husum herzlich (© Rainer Borcherding).

lychäten – nehmen Mikroplastik aus dem Meer auf und akkumulieren es in ihrem Körper. Durch Filtration gelangt Mikroplastik auch in sesshafte Meerestiere wie die Seepocken und anschließend in die Nahrungskette, wenn Fressfeinde – Krebse, Seeigel, Schnecken sowie die Meeresvogelarten Meerstrandläufer und Steinwälzer – die bei Ebbe exponierten Seepocken von Steinen picken. Ist das aus dem Meer herausgefilterte Mikroplastik erst in der Nahrungskette, reichert es sich über größere (Raub-)Tiere weiter an und gelangt irgendwann an, oder besser gesagt *in* das Ende der Nahrungskette: den Menschen.

Verhaltenstoxizität bei Meerestieren

Was Mikroplastik mit unserem eigenen Verhalten macht, kann man nicht experimentell untersuchen. Daher sind Studien zur Verhaltenstoxizität bei Tieren sehr wichtig. Einige Ergebnisse wurden in Kapitel 6 bereits erwähnt. Im Folgenden werden weitere Untersuchungen hierzu vorgestellt, um die Tragweite dieser wenig bekannten Effekte zu verdeutlichen.

Weil ein signifikanter Anteil des weltweiten Mikroplastiks in den Meeren endet und daher vor allem von Tieren aufgenommen wird, die dort leben, wurden die ersten experimentellen Untersuchungen zu Auswirkungen von Mikroplastik auf das Verhalten zunächst an Meerestieren durchgeführt. Eine bereits im Jahr 2020 publizierte Metaanalyse von 139 bis zum Jahr 2018 veröffentlichten Einzelstudien lieferte eine gute Übersicht (Bucci et al. 2020). In den Untersuchungen wurden zwar viele Effekte beschrieben, jedoch konnten kaum Dosis-Wirkungs-Beziehungen festgestellt werden. Die Datenlage wurde entsprechend auch als »ungünstig« beschrieben, sie hat sich in den vergangenen Jahren jedoch etwas verbessert.

Irische Wissenschaftler ersannen ein Experiment, auf das man vielleicht nur bei ein paar Bier in einem irischen Pub kommt: Sie untersuchten das Entscheidungsverhalten von 64 Einsiedlerkrebsen bei deren Wohnungssuche (Crump et al. 2020). Einsiedlerkrebse tragen ihren Namen, da sie – eben wie Einsiedler – allein in ihrer Behausung leben, beispielsweise einer leeren Muschel (Abb. 10.3). Da die Tiere ein Leben lang wachsen, müssen sie immer wieder umziehen, wenn sie für ihr altes »Haus« zu groß geworden sind. Dabei kommt es, wie beim Umzug von Menschen auch, darauf an, die richtige Entscheidung im Hinblick auf die neue Behausung zu treffen.

Im Rahmen des Experiments verbrachten 29 Krebse zunächst fünf Tage in einem Tank, der vier Liter Wasser und 50 Gramm Mikroplastik enthielt. Eine Kontrollgruppe von 35 Krebsen verbrachte diese Zeit in sauberem Wasser. Alle Krebse wurden danach der gleichen Prozedur unterzogen: Sie wurden aus ihrer alten »Wohnung« geholt und in einen Beobachtungstank mit zwei Behausungen zur Auswahl gesetzt: mit einer Muschel, die kleiner war als ihre vorherige (was eine Verschlechterung ihrer Wohnsituation bedeuten würde), und einer, die größer war (Verbesserung). Dann wurde 45 Minuten abgewartet. Die in sauberem Wasser gehaltenen Tiere entschieden sich relativ rasch für die größere Muschel (71 Prozent

Abb. 10.3: Einsiedlerkrebs in seinem Muschelhaus (Foto: Autor).

hatten Kontakt, und 60 Prozent bezogen sie), wohingegen die zuvor dem Mikroplastik ausgesetzten Tiere länger brauchten und oft die schlechtere Option wählten (nur 34 Prozent hatten Kontakt mit der größeren Muschel, und nur 31 Prozent gingen hinein). »Diese Ergebnisse zeigen, dass Mikroplastik geistige Leistungen (das Sammeln von Informationen und deren Verarbeitung) beeinträchtigen und damit ein für das Überleben von Einsiedlerkrebsen notwendiges Verhalten zerstören kann«, kommentieren die Autoren ihre Beobachtungen (Crump et al. 2020, S. e1).

Leider erlaubte das Experiment nicht die genaue Beurteilung der Ursachen für das Informationsverarbeitungsdefizit. Die Ergebnisse lassen sich beispielsweise auch durch eine rein sensorische oder motorische Beeinträchtigung erklären. Um dem nachzugehen, waren weitere Versuche erforderlich – die dieselbe Arbeitsgruppe in der Folge publizierte. Es konnte gezeigt werden, dass das Verhalten tatsächlich durch eine Störung »höherer« Prozesse der Informationsverarbeitung verursacht war (Crump et al. 2023).

Ähnliche Erkenntnisse wurden durch Experimente an jungen Zebrabuntbarschen gewonnen, die zuvor mit Shrimps gefüttert worden waren, die wiederum zehn Tage davor in Becken gehalten worden waren, deren Wasser entweder gar keine (Kontrollgruppe) oder 10 beziehungsweise 100 Polyethylen-Mikrokügelchen von 10 bis 20 Mikrometer Größe je Milliliter enthielt. Anschließend wurden Gruppen von jeweils drei Fischen einem zweitägigen Experiment unterzogen, bei dem sie sich in einem Wasserlabyrinth zurechtfinden mussten. Es wurde dabei die Zeit gemessen, die sie vom Start bis in den Zielbereich des Labyrinths brauchten. Die Autoren fanden keine Auswirkungen der Mikroplastikexposition auf die Futteraufnahme und das Wachstum der Jungtiere sowie die Wettbewerbsaggression, für die Buntbarsche bekannt sind, dafür jedoch auf das Erkundungsverhalten und die Leistung im Labyrinth, obwohl die Tiere das Mikroplastik sehr rasch (innerhalb von 24 Stunden) wieder ausgeschieden hatten (Felismino et al. 2025). Es treten also Änderungen des Verhaltens und der Entscheidungsfindung bereits bei Mikroplastikmengen auf, die keinerlei Auswirkungen auf das Wachstum, die Bewegung oder die Wahrnehmung der Tiere haben.

In einem anderen Experiment wurden die Auswirkungen von etwa tausendmal kleineren Nanoplastikpartikeln – mit einer Größe von nur 25 Nanometern – auf das Schwimmverhalten bei Flohkrebsen untersucht (Yripour et al. 2025). Die im Süßwasser lebenden, eineinhalb bis zwei Zentimeter großen Tierchen wurden zunächst für zehn Tage dem Nanoplastik in zwei verschiedenen Konzentrationen (2 mg/l und 20 mg/l) ausgesetzt. Dies bewirkte bei den Tieren eine erhöhte Schwimmaktivität, die auf eine stimulierende Wirkung von Nanoplastik auf ihr Bewegungsverhalten hindeuten könnte. Die Untersuchung der Darmbakterien der Tiere ergab ferner eine konzentrationsabhängige Auswirkung des Nanoplastiks auf die Zusammensetzung des Mikrobioms. Die ökologische Relevanz dieser Befunde ist jedoch noch vollkommen ungeklärt.

Verhaltenstoxizität bei landlebenden Tieren

Studien an im Wasser lebenden Tieren haben den Vorteil, dass die Exposition recht einfach erfolgen kann (man fügt das Mikro- oder Nanoplastik dem Wasser zu) und gut zu kontrollieren ist. Bei Experimenten an landlebenden Tieren erfolgt die Exposition demgegenüber über die Nahrung, was einen größeren Aufwand bedeutet und schwerer zu kontrollieren ist.

Zugleich ist das Fressverhalten landlebender Tiere in manchen Studien aber auch die abhängige Variable, denn die aktive Nahrungsaufnahme gehört ja zum Verhaltensrepertoire. So wurden die Auswirkungen von Mikroplastik auf die Fressgewohnheiten von Würmern (Nematoden) – genauer vom Modellorganismus des Fadenwurms *Caenorhabditis elegans* oder einfach *C. elegans* – untersucht. Zunächst stellte man fest, dass die Tiere zwischen mit Mikroplastik kontaminierten (»schmutzigen«) und nicht kontaminierten (»sauberen«) Nahrungsquellen – in diesem Fall Bakterien – unterscheiden können und saubere Beute bevorzugen. Die Tiere erkannten das Mikroplastik offensichtlich am Geruch, was man dadurch zeigen konnte, dass genetisch modifizierte Fadenwürmer, denen ein zum Riechen benötigtes Gen (odr-10) fehlt, keine Präferenz für mikroplastikfreie Nahrung an den Tag legten.

Weitere Experimente mit *C. elegans* konnten nachweisen, dass die Nahrungspräferenz durch Erfahrung beeinflussbar ist. Wurden die Würmer über mehrere Generationen hinweg mit mikroplastikhaltiger Nahrung gefüttert, begannen sie, solcherart verunreinigte Nahrung zu bevorzugen. Dass dieser Effekt auf assoziatives Lernen zurückzuführen ist, wurde dadurch gezeigt, dass er bei genetisch veränderten Tieren, denen ein für das assoziative Lernen notwendiges Gen (lrn-1) fehlt, nicht auftritt (Yang et al. 2025).

Zusätzliche Studien zeigten, dass dieser Effekt auch bei im realen Erdreich lebenden Tieren zu beobachten ist. Die Verschmutzung der Umwelt mit Mikroplastik könnte also die Nahrungspräferenzen von Lebewesen in der freien Natur verändern und dadurch langfristig ganze Ökosysteme beeinflussen. Da Geruchssinn und assoziatives Lernen zum Verhaltensrepertoire vieler im Erdreich lebender kleiner Tiere gehören, sind weitreichende Folgen für die Gesundheit von Ökosystemen nicht auszuschließen. Man muss hierzu bedenken, dass Nematoden zu den häufigsten auf der Erde lebenden Tieren gehören. In einem Interview weist der *Senior Author* der Studie, Song Lin Chua von der Polytechnischen Universität Hongkong, darauf hin, dass derartige Veränderungen auch den Menschen betreffen können: »Dies wird sich in der Nahrungskette fortsetzen […] Letztlich wird es auch zu uns zurückkommen« (Mulcair 2025).

Honigbienen sind aufgrund ihrer entscheidenden Rolle als Hauptbestäuber sowohl für Wild- als auch für Kulturpflanzen ein wichtiger Organismus für die terrestrische Ökotoxikologie. Sie müssen erkennen und sich merken, welche Arten von Pflanzen lohnender sind, welche also mehr Nektar und Pollen enthalten. Und sie müssen in der Lage sein, nach dem Sammeln nach Hause zurückzufinden. Daher sind Studien zum Einfluss von Mikroplastik auf Lern- und Gedächtnisprozesse von Honigbienen von großer praktischer und ökologischer Bedeutung.

Eine italienische Arbeitsgruppe um David Baracchi untersuchte daher den Einfluss von Mikroplastik auf das Lernen und das Gedächtnis von Bienen. Zunächst wurden Bienen über zwei Tage einer Exposition mit Mikroplastik über ihre Nährlösung unterzogen: zum einen mit Polystyrol in einer Größe von 4,8 bis 5,8 Mikrometern, zum Zweiten mit Plexiglas (Polymethylmethacrylat) in einer Größe von 1 bis 40 Mikrometern und zum Dritten mit einer Mischung aus beiden Stoffen. Eine Dosierung entsprach dem unteren, eine zweite dem oberen Bereich der Mikroplastikkonzentrationen in der Umwelt (0,5 und 5 mg/Liter), und eine dritte Dosis wurde so gewählt, dass sie deutlich darüber lag (50 mg/Liter), um den überdeckten Dosisbereich zu vergrößern und keine Effekte zu übersehen. Untersucht wurde die Reaktionsfähigkeit auf Zucker (Saccharose) sowie das Lernen der Bedeutung von Gerüchen (Pasquini et al. 2024). Zunächst stand jedoch etwas anderes im Fokus: »Um den möglichen Mechanismus zu verstehen, durch den Mikroplastik toxische Wirkungen auf das Gehirn ausübt, haben wir getestet, ob Mikrokügelchen mit einem Durchmesser von 1–5 µm mechanisch die Blut-Hirn-Schranke von Insekten durchdringen und das Gehirn erreichen können«, schreiben die Autoren in der Einleitung ihrer Arbeit (Pasquini et al. 2024, S. e2). Wie in Kapitel 6 bereits erwähnt, haben Insekten streng genommen kein Blut, sondern Hämolymphe, aber eine Barriere zwischen übrigem Körper und ihrem etwa stecknadelkopfgroßen Gehirn mit etwa einer Million Nervenzellen gibt es bei ihnen durchaus.

Es zeigte sich, dass Polystyrol die Reaktion auf Zucker verringerte, Plexiglas sich hingegen nicht darauf auswirkte; die Kombination von beiden jedoch hatte einen deutlichen negativen Effekt. Beide Arten von Plastik sowie deren Mischung beeinträchtigten das Lern- und Gedächtnisvermögen von Bienen, wobei Polystyrol die schwerwiegendsten Auswirkungen hatte. Mittels fluoreszierender Mikroplastikpartikel einer Größe von ein bis fünf Mikrometern konnte mikroskopisch (mittels Zwei-Photonen-Fluoreszenzmikroskopie) nachgewiesen werden, dass diese bereits drei Tage nach oraler Exposition die Blut-Hirn-Schranke durchdrungen und sich im Gehirn angesammelt hatten. »Diese Ergebnisse geben Anlass zu Bedenken hinsichtlich möglicher mechanischer, zellulärer und biochemischer Schäden, die Mikroplastik am zentralen Nervensystem verursachen kann«, kommentieren die Autoren ihre Befunde (Pasquini et al. 2024, S. e2).

Diese Studie ist unter anderem deswegen von Bedeutung, da die meisten Arbeitsgruppen nur einzelne Polymere untersuchen und damit nicht die reale Umgebung von Organismen – komplexe Schadstoffgemische mit potenziellen synergistischen Effekten – abbilden. Diese Forschungslücke wurde mit der Experimentalbedingung »Mischung zweier Mikroplastikarten« erstmals adressiert.

Unter den gleichen Bedingungen führte dieselbe Arbeitsgruppe eine weitere Studie zur Toxizität von Mikroplastik bei Honigbienen durch (Ferrante et al. 2024). Die Ergebnisse deuten auf eine additive negative Wirkung von Polystyrol und Plexiglas auf das Überleben der Bienen bei ökologisch relevanten Konzentrationen hin. Das Sozialverhalten (Kontrollverhalten oder Aggressivität) gegenüber Artgenossen war in dieser Studie hingegen nicht beeinträchtigt. Dennoch halten die Autoren ihre Ergebnisse für besorgniserregend, weil einzelne Bienen durch Mikroplastik zu Tode kommen können, was sich negativ auf das Funktionieren des gesamten Bienenstocks auswirken könnte.

Auch bei Mäusen beeinträchtigt Mikroplastik kognitive Fähigkeiten wie Lernen und Gedächtnis (Lee et al. 2022), wie eine methodisch sehr aufwendige Studie mit mehr als einem Dutzend Mausmodellen zeigte. Alle Tiere wurden unter Standardbedingungen gehalten und erhielten über einen Zeitraum von vier oder acht Wochen hinweg zweimal wöchentlich Trinkwasser entweder mit zwei Mikrometer großen Polystyrol-Mikropartikeln in einer Dosis von acht oder sechzehn Nanogramm pro Kilogramm Körpergewicht (Experimentalgruppen) oder reines Wasser (Kontrollgruppe). Die Dosierung war so gewählt, dass sie die Exposition mit Mikroplastik unter heute realen Umgebungsbedingungen simulierte.

Das verabreichte Mikroplastik konnte sowohl in der Leber als auch im Gehirn der Tiere nachgewiesen werden, insbesondere im Hippocampus, der für Lern- und Gedächtnisfunktionen besonders bedeutsam ist. Um diese zu prüfen, machte man den Objekt-Erkennungstest: Zeigte man Mäusen, die sauberes Wasser bekommen hatten, einen kleinen Holzblock, so schnüffelten sie 24 Stunden später weniger an ihm herum, das heißt, sie erkannten ihn wieder. Bei Mäusen, die Mikroplastik ausgesetzt waren, war dies nicht der Fall: Bereits nach einem einzigen Tag hatten sie den Holzblock wieder vergessen. Zudem wies die Blut-Hirn-Schranke dieser Tiere eine deutlich erhöhte Durchlässigkeit auf.

Verschiedene weitere standardisierte Verhaltenstests ergaben, dass das Sozialverhalten, das soziale Gedächtnis und die Angstreaktionen normal waren. Dies wurde zum einen im *Open-Field-Test* gemessen, bei dem sie in einen 60 × 60 Zentimeter großen Kasten

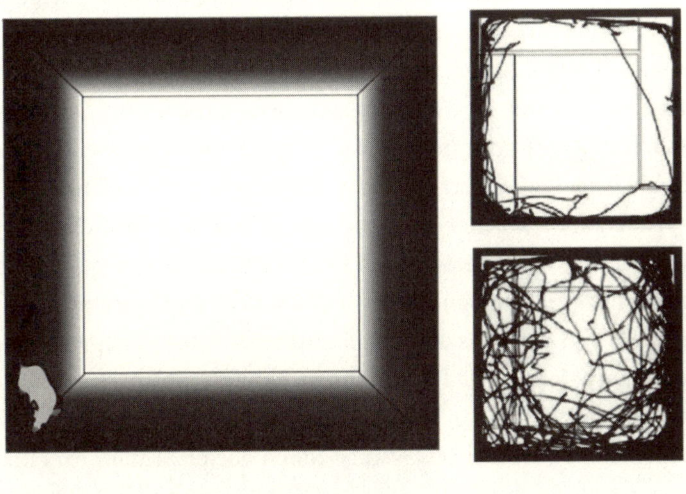

Abb. 10.4: Open-field Test, links der Versuchsaufbau und rechts oben das normale, rechts unten ein pathologisches Textergebnis: Das Tier betritt immer wieder das helle offene Feld (© Manfred Spitzer).

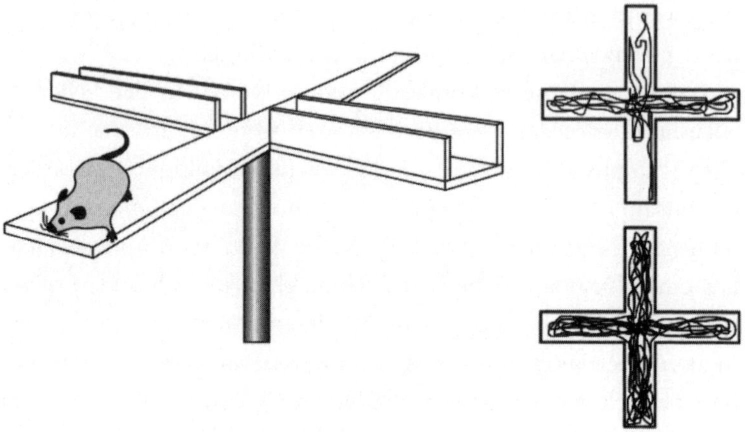

Abb. 10.5: Der »Irrgarten des erhöhten Kreuzes« (elevated plus maze), links die Versuchsanordnung und rechts oben ein normales, rechts unten ein pathologisches Ergebnis (© Manfred Spitzer).

gesetzt werden, der in der Mitte beleuchtet ist. Sie halten sich meist am (dunklen) Rand auf, was man mit Video von oben aufzeichnen und dann automatisiert auswerten kann. Zum anderen zeigt sich das normale Verhalten im *Elevated-Plus-Maze-Test*. Dieser »Irrgarten des erhöhten Kreuzes« hat die Form eines erhöht positionierten Plus-Zeichens mit 50 Zentimeter langen Armen, von denen zwei durch fünf Zentimeter hohe Wände begrenzt sind, während die beiden anderen keine Begrenzungen aufweisen, also »gefährlicher zu betreten« sind. Normal ist, wenn die Tiere die gefährlichen Arme seltener betreten. Unterscheiden sie *nicht* zwischen den gefährlichen und den ungefährlichen Armen des Kreuzes und betreten sie etwa gleich häufig, wird das als pathologisch gewertet. Auch zeigten die Tiere normale soziale Interaktionen (wandten sich einem neuen Tier vermehrt zu).

Lernen und Gedächtnis waren jedoch beeinträchtigt. Im Hippocampus wurde entsprechend eine Verminderung der Expression von Genen festgestellt, die eine Aktivierung dieser Hirnregion anzeigen. Ebenso führte die Mikroplastikexposition zu einer erhöhten

Neuroinflammation – also zur Vermehrung von Entzündungsmediatoren im Gehirn, was weitreichende negative Folgen für die Gehirnfunktion hat.

Eine weitere Untersuchung an Mäusen verwendete zum Hervorrufen von Angst eine Schlangenattrappe sowie eine gut gefütterte und daher nicht an den Mäusen interessierte reale Schlange. Mäuse, die keinen Mikroplastikpartikeln ausgesetzt waren, drängten sich in Anwesenheit der realen Schlange in einer Ecke des Käfigs zum gegenseitigen Schutz zusammen. Mäuse, die zuvor mit Polystyrol-Mikroplastik gefüttert worden waren, verhielten sich dagegen recht furchtlos: Sie erkundeten weiter ihre Umgebung, näherten sich dabei sogar der Schlange und hätten sich damit unter realen Bedingungen in Lebensgefahr gebracht (Guimarães et al. 2023).

Neben der Verminderung der Angst vor Schlangen wurden in dieser Studie zudem Hinweise auf Schäden der DNA durch Mikroplastik gefunden. Beide Effekte waren jedoch nicht dosisabhängig.[3] Da in anderen Studien eine Dosisabhängigkeit der Effekte gefunden wurde, diskutieren die Autoren die Möglichkeit, dass die von ihnen verwendete sehr hohe Dosis zu Verklumpungen und dadurch zu verminderter Resorption geführt haben könnte. Weitere Untersuchungen sind daher nötig, um diese Wirkungen von Mikroplastik erstens zu replizieren (und damit ihre Existenz abzusichern) und zweitens besser einordnen zu können (sprich, mit einem Wirkungsmechanismus in Verbindung zu bringen).

Toxische Wirkungen von PFAS beim Menschen

Die Toxizität von Mikroplastik kann auch indirekt bedingt sein und zum Beispiel von Additiven stammen, die von Mikroplastik in unseren Körper transportiert werden (Vektorfunktion). So galt Plastik über lange Zeit als gesundheitlich völlig unbedenklich. Erst als sich herausstellte, dass – früher ebenfalls für unbedenklich gehaltene – Ewigkeitschemikalien sich erstens im Menschen anreichern, zweitens in Tierexperimenten toxische Effekte zeigten und drittens als Additive in vielen Plastiksorten enthalten sind, gab es zunehmend Anlass zur Sorge.

»Ewigkeitschemikalien« ist eine umgangssprachliche Bezeichnung für Per- und Polyfluoralkylsubstanzen, kurz PFAS, also Verbindungen von Kohlenwasserstoffen mit Fluor. Für diese Schadstoffe liegen jedoch noch keine umfangreichen Daten vor, welche Arten der PFAS-Expositionen, die im täglichen Leben auftreten, welche Auswirkungen auf die menschliche Gesundheit haben.

Eine Studie aus dem US-Bundesstaat New Hampshire aus den Jahren 2010 bis 2019 konnte zeigen, dass Mütter, deren Trinkwasserquellen sich stromabwärts von PFAS-freisetzenden Fabriken befanden, mehr extrem frühzeitige Geburten hatten, dass dort zudem die Säuglingssterblichkeit höher lag und die Babys bei der Geburt extrem untergewichtig waren. Im Einzelnen war die Säuglingssterblichkeit im ersten Lebensjahr um 191 Prozent höher (611 zusätzliche Todesfälle im ersten Lebensjahr pro 100 000 Geburten); die Anzahl der Geburten vor der 28. Schwangerschaftswoche war um 168 Prozent höher (466 zusätzliche solche Geburten pro 100 000), und die Zahl der Neugeborenen mit einem Gewicht unter 1000 Gramm lag 180 Prozent über dem Durchschnitt (607 zusätzliche solche Geburten pro 100 000). Die Autoren führten eine Hochrechnung auf die übrigen Vereinigten Staaten durch, die zum Ergebnis hatte, dass die PFAS-Kontamination jährliche soziale Kosten in Höhe von etwa acht Milliarden US-Dollar verursacht. Sie geben zu bedenken, dass diese Gesundheitskosten wesentlich höher sind als die aktuellen externen Schätzungen der Kosten für die Entfernung von PFAS aus der öffentlichen Wasserversorgung (Baluja et al. 2025).

Lebertoxizität

Die Leber ist das größte Stoffwechselorgan des Menschen, und über den Darm aufgenommene Nährstoffe – und Mikroplastikpartikel – gelangen zunächst in die Leber.

Systematische Untersuchungen zu toxischen Wirkungen von Plastik auf die Leber gibt es nicht sehr viele. Ein chinesisches Wissenschaftlerteam publizierte im Jahr 2022 eine Übersicht über die wenigen damals bekannten Untersuchungen (Yin et al. 2022), sprach aber noch von »möglicher Toxizität«. Mehrere neuere Übersichten aus dem Jahr 2025 urteilen deutlich kritischer und sprechen klar von Lebertoxizität (Beyzaei et al. 2025; Bora et al. 2024; Popa & Tabaran 2025; Ruiz-Ramos et al. 2025). Die wichtigsten Ergebnisse aus diesen Studien werden im Folgenden kurz zusammengefasst.

Die systematische Übersicht von Beyzaei und Mitarbeitern zu 25 Studien aus den Jahren 2022 bis 2025 bezeichnet Mikroplastik im Titel als »stillen Zerstörer der Lebergesundheit«. Untersuchungen an Leberzellen konnten oxidativen Stress, Entzündung, Zelltod (Apoptose) sowie Störungen der Mitochondrien und im Fettstoffwechsel nachweisen. Die Effekte waren abhängig von der Dosis und der Größe der Plastikpartikel, wobei die kleineren Partikel, also Nanoplastik, die toxischeren Auswirkungen hatten.

Noch besser als an Zellen lassen sich toxische Effekte an Organoiden untersuchen. Das sind kleine dreidimensionale, organähnliche Klümpchen, die aus induzierten pluripotenten Stammzellen (iPSC) gezüchtet werden und als Miniaturausgabe Struktur und Funktion menschlicher Organe nachahmen. Mit diesen »Modellen in der Petrischale« lassen sich toxische Effekte weitaus realitätsnäher untersuchen als an Zellen. Die Autoren berichten über sechs Studien mit Leberorganoiden, welche die an Leberzellen gewonnenen Erkenntnisse bestätigten und erweiterten. Es wurde gezeigt, dass sowohl unverfälschte als auch durch Verwitterung gealterte Mikroplastikpartikel einer Größe von einem bis zehn Mikrometern die Homöostase von Schwefelaminosäuren und Eisen stören.[4] Auch der Energiestoffwechsel in den Mitochondrien war beeinträchtigt, und nach einer Mikroplastikexposition über bis zu fünfhundert Stunden wurde eine deutliche Lipidakkumulation beobachtet.

Bislang wurden nur sehr wenige Daten an Menschen gewonnen. Zirrhotisch verändertes Leberorgangewebe hatte einen höheren Gehalt an Mikroplastik als gesundes. Eine Studie von 1057 Schwangerschaften fand bei Föten erhöhte Werte der Leberenzyme Alkalische Phosphatase (AP), Aspartat-Aminotransferase (AST, früher auch GOT genannt) und gamma-Glutamyltransferase (GGT oder Gamma-GT).

»Diese aktuellen Erkenntnisse deuten darauf hin, dass die Exposition gegenüber Mikroplastik und Nanoplastik das Redoxgleichgewicht, die Stoffwechselfunktion und die strukturelle Integrität der Leber in In-vitro-, Organoid- und Humanmodellen stört«, fassen die Autoren ihre Ergebnisse zusammen (Beyzaei et al. 2025, S. e2).

In der Arbeit von Bora und Mitarbeitern (2024) geht es vor allem um Tiermodelle (Zebrafisch, Maus), mit denen der Pathomechanismus von Mikroplastik aufgeklärt wird. Sie zeigen, dass Mikroplastik eine Dysbiose und eine erhöhte Durchlässigkeit des Darms verursacht, und beschreiben in der Folge (»Downstream-Effekte«) eine systemische Entzündung sowie oxidativen Stress und dessen Auswirkungen auf die Leberfunktion. Über diesen von ihnen als »Darm-Leber-Achse« beschriebenen Weg kommt es zu chronischen Lebererkrankungen wie beispielsweise der nicht-alkoholischen Fettlebererkrankung (*Non-Alcoholic Fatty Liver Disease,* NAFLD), bei der überschüssiges Fett in den Leberzellen gespeichert wird,[5] ohne dass ein übermäßiger Alkoholkonsum besteht. Bei der NAFLD handelt es sich um die häufigste Lebererkrankung in den meisten Industrienationen.

Durch orale Exposition von Mäusen mit fluoreszierenden Mikroplastikpartikeln über zwei Monate wurden ferner DNA-Schäden, die Aktivierung eines zentralen Signalwegs des angeborenen Immunsystems (cGAS-STING-Aktivierung) und als Folge das Entstehen einer Leberfibrose ausgelöst. In weiteren Mausmodellen wurden

Veränderungen von Leber-Funktionsparametern, Immunzellinfiltration (Makrophagen) sowie die Aktivierung von Zelltodmechanismen (Apoptose/Pyroptose/Ferroptose) als wiederkehrende Muster konstatiert – mit der Folge von Fibrose und Steatose (Verfettung).

In ihrem systematischen Überblick zur Aufnahme und Verteilung von Mikroplastik nach oraler Aufnahme fassen Paula Popa und Flaviu Tabaran (2025) insgesamt siebzehn an Säugetieren durchgeführte Studien zusammen. In mehreren davon wird eine Akkumulation von Mikroplastik in der Leber beschrieben, die chronische Inflammation (Entzündung), oxidativen Stress und einen gestörten Energie- und Lipidmetabolismus zur Folge hat und langfristig zu Fibrose und Steatose führt.

Die Übersicht von Ruiz-Ramos und Mitarbeitern (2025) schließlich fasst Daten aus 34 Studien an Nagetieren und Zebrafischen zur Lebertoxizität nach Exposition mit Mikro- und Nanoplastik (über sieben bis neunzig Tage) zusammen. Quer über alle Studien zeigten sich zunächst neben einer Erhöhung der Leberwerte die folgenden lebertoxischen Veränderungen: mitochondriale und lysosomale Dysfunktion, Vakuolenbildung[6] mit Fehlregulation des Fettstoffwechsels (Lipid-Dysregulation) mit Verfettung und Fibrose. Man sieht all dies bei der feingeweblichen Untersuchung (Histologie) unter dem Mikroskop. Und obgleich man in Tierexperimenten nicht von NAFLD spricht, zeigen die beobachteten Störungen ein Muster, das dieser Erkrankung sehr ähnlich ist.

Kanzerogenität

Eine indisch-US-amerikanische Arbeitsgruppe lieferte jüngst eine ausführliche Übersicht zur Rolle von Mikro- und Nanoplastik bei der Entstehung von Krebs (Mishra et al. 2025). Die Autoren führen zunächst Studien an, die zeigten, dass Mikroplastikpartikel im Tumorgewebe bei verschiedenen menschlichen Krebsarten angereichert sind, darunter Lungen-, Darm-, Magen-, Gebärmutterhals-,

Brust-, Bauchspeicheldrüsen-, Prostata- und Peniskrebs. Die Partikel verursachen chronische Entzündungen, oxidativen Stress, Genotoxizität, Störungen des Fettstoffwechsels und Veränderungen der immunologischen Mikroumgebung im Bereich des Tumors. Im Einzelnen wurde gezeigt, wie Mikro- und Nanoplastik verschiedene Signalwege in Zellen stören, insbesondere – für die Spezialisten unter den Lesern – NF-κB, PI3K/Akt/mTOR[7], Wnt/β-Catenin[8] und p53[9]. Dies kann die Entstehung, Entwicklung und Metastasierung von Tumoren begünstigen.

In-vitro- und In-vivo-Studien – das eine meint Laborexperimente an Zellen, das andere Untersuchungen an lebenden Organismen – haben das krebserregende (karzinogene) Potenzial von Mikro- und Nanoplastik bestätigt und aufgezeigt, wie diese Partikel Zelltransformationen verursachen, Metastasen fördern und zur Resistenz von Krebszellen gegenüber Arzneimitteln beitragen können. »Darüber hinaus unterstreicht der Nachweis von Mikroplastik im menschlichen Blut, in der Plazenta und in menschlichem Tumorgewebe die direkte Exposition des Menschen und mögliche systemische Auswirkungen. Diese Übersicht betont die mechanistischen Erkenntnisse mit therapeutischer Bedeutung und befasst sich mit den aktuellen Wissenslücken auf diesem Gebiet«, kommentieren die Autoren (Mishra et al. 2025, S. e1) ihre zusammenfassende Darstellung. Die »aktuellen Wissenslücken« sind in der Tat noch sehr groß.

Fazit

Polymere und die bei ihrer Produktion verwendeten Additive können für Tiere und Menschen giftig (toxisch) sein und zudem mutagene, kanzerogene, reproduktionstoxische und teratogene Eigenschaften haben. Wenn die Toxizität besondere Organe betrifft, spricht man beispielsweise von Leber- oder Neurotoxizität, wenn sich durch Giftstoffe Verhaltensweisen ändern, von Verhaltenstoxizität.

Mikroplastik im Meer ändert das Verhalten von Meerestieren und Mikroplastik an Land in ganz ähnlicher Weise das von landlebenden Tieren. Die Effekte reichen von Beeinträchtigungen der Motorik und Sensorik über Defizite beim Lernen und Erinnern sowie Angstreaktionen (oder deren Ausbleiben) bis hin zu Veränderungen bei komplexen Verhaltensweisen wie beispielsweise der Risikobereitschaft oder dem Sozialverhalten. Die toxischen Auswirkungen sogenannter Ewigkeitschemikalien (in der Chemie spricht man von per- und polyfluorierten Alkylsubstanzen, abgekürzt PFAS) sind tierexperimentell gut untersucht, jene auf den Menschen sind dagegen weniger gut bekannt. Die wenigen vorliegenden Daten zeigen jedoch reproduktionstoxische Auswirkungen im Sinne einer Erhöhung frühzeitiger und untergewichtiger Geburten sowie einer höheren Säuglingssterblichkeit. Über verweiblichende hormonelle Effekte kann es bei Männern zu Beeinträchtigungen der Spermabildung kommen. Bei männlichen Föten kann es durch PFAS-Exposition zu verweiblichenden Effekten, das heißt zu Missbildungen im Urogenitaltrakt, kommen.

Weil Mikroplastik sehr lange in unserem Körper verweilt, sind selbst geringe Konzentrationen, die über lange Zeiträume wirken können, bedeutsam. Hierbei geht es um fragliche krebserzeugende Effekte (Kanzerogenität). Neueste Studien legen eine Verbindung von Mikroplastik und Krebs auch beim Menschen nahe, wenngleich man dazu nur sehr wenige gesicherte Informationen hat. Auch zu den Auswirkungen auf die Fruchtbarkeit (Reproduktionstoxizität) und die Entwicklung des noch ungeborenen Kindes im Mutterleib (Teratogenität) gibt es bislang nur vereinzelt Daten.

11

KREISLAUFWIRTSCHAFT MIT BIOMATERIALIEN UND BIOPLASTIK

Auch in der Natur gibt es Polymere. So ist beispielsweise die in vielen Pflanzen enthaltene, zur Speicherung von Energie dienende Stärke ein Polymer, das aus aneinandergehängten Zuckermolekülen besteht. Auch bei der Erbsubstanz, der DNA und RNA, handelt es sich um Polymere, also um aneinandergehängte Bausteine, die man Nukleotide nennt. Die natürlichen Polymere Zellulose, Lignin und Chitin sind die häufigsten organischen Stoffe überhaupt. Auch sie bestehen aus Zucker (Zellulose) beziehungsweise Zucker und kalziumhaltigen Verbindungen. Im Gegensatz zu künstlich hergestellten Polymeren sind die natürlichen biologisch abbaubar, das heißt, sie werden in der Natur durch Bakterien zersetzt und sind damit prinzipiell für eine nachhaltige Kreislaufwirtschaft geeignet. Warum geschieht das Gleiche nicht auch mit Plastik?

Kreislaufwirtschaft mit Plastik?

Diese Frage ist sehr einfach gestellt, aber im Grunde sehr komplex: In der Natur zersetzen Bakterien diejenigen Stoffe, an die sie sich zuvor in Zeiträumen von Millionen Jahren angepasst haben. Künstliche Polymere gibt es jedoch erst seit einigen Jahrzehnten, weswegen es noch keinen biologischen Abbau geben kann. Evolution braucht viel mehr Zeit! Untätig ist die Natur aber nicht, wie man am folgenden Beispiel sehen kann.

Japanische Wissenschaftler entdeckten im Jahr 2016 unweit einer Recyclinganlage für PET-Flaschen ein Bakterium mit dem Namen *Ideonella sakaiensis,* das dieses Plastik vollkommen verdauen, also biologisch abbauen kann. Sie konnten zeigen, dass bei Anwesenheit von PET in der Nährlösung die beiden an der Verdauung des PET-Plastiks beteiligten Enzyme (eine PETase und eine Hydrolase) im Bakterium hochreguliert sind, was bedeutet, dass sie tatsächlich genau für die PET-Verdauung hergestellt werden (Yoshida et al. 2016). Wie diese offensichtlich sehr bedeutsame und für dieses Bakterium lebenswichtige Mutation überhaupt zustande kam, ist noch nicht erforscht. Von Bedeutung ist in jedem Fall, dass das Bakterium das Polymer PET in seine Ausgangsstoffe spaltet – die Voraussetzung für eine Kreislaufwirtschaft bei der Produktion von PET.

Der Entdeckung von *Ideonella sakaiensis* folgten zwischenzeitlich eine Reihe von Entwicklungsschritten, was bezüglich einer solchen Kreislaufwirtschaft optimistisch stimmt: Im Jahr 2020 beschrieben Tournier und Mitarbeiter im Fachblatt *Nature* eine verbesserte PET-Hydrolase, die PET wesentlich effizienter abbaut als alle bis dahin bekannten PET-Hydrolasen (Tournier et al. 2020). Mithilfe von *Computational Enzyme Redesign,* einer Methode, die modellbasierte und Daten- beziehungsweise KI-getriebene Ansätze verknüpft (Cui et al. 2022), gelang dann 2024 ein weiterer Effizienzsprung mit einer »TurboPETase«, die 98,2 Prozent des PETs deutlich schneller depolymerisieren konnte (Cui et al. 2024). Mittlerweile wird daher ernsthaft über eine Kreislauf-Bioökonomie für Plastik nachgedacht (Kakadellis & Rosetto 2021).

Natürliche organische Materialien

Manche natürliche organische Materialien wie Holz oder Baumwolle werden seit Jahrtausenden verwendet und erleichtern den Menschen das Leben in vielfältiger Hinsicht.

Holz und Baumwolle

Holz ist wahrscheinlich der wichtigste biologische Rohstoff in der Geschichte der Menschheit und aus unserem Alltag nicht wegzudenken: Von Papier und Bleistift über hölzerne Küchenutensilien,

Werkzeuge und Musikinstrumente (Trommel, Flöte, Gitarre) bis hin zum Möbel- und Hausbau – überall kommt Holz zum Einsatz. In chemischer Hinsicht besteht Holz aus den drei Biopolymeren Zellulose, Hemizellulose und Lignin.

Baumwolle ist eine sehr alte Kulturpflanze, die mindestens viermal unabhängig voneinander bereits in vorgeschichtlicher Zeit gezüchtet wurde, zweimal in Amerika, einmal in Afrika und einmal in

Abb. 11.1: Entwicklungsstadien der Baumwolle (oben): Von links beginnend sind die geöffnete und die verblühte Blüte zu sehen, dann ein junges und ein fast reifes Fruchtstadium sowie rechts die vollreife und die geöffnete Kapselfrucht (Ausschnitt aus Wikipedia »Baumwolle«). Unten sind Baumwollsamen mit ihren Samenhaaren zu sehen (Ausschnitt aus Wikipedia »Samenhaar«).

Asien. Nur diese vier Arten der Kulturbaumwolle sind für ihren industriellen Anbau von Bedeutung. Die Baumwollfaser wird aus den Samenhaaren gewonnen, die von den Häutchen der Samen gebildet werden (Abb. 11.1). Die ältesten Belege für die Verwendung von Baumwolle stammen aus Indien und sind etwa achttausend Jahre alt. Nachdem Alexander der Große Indien erreicht und die Baumwolle von dort nach Europa gebracht hatte, wurden Baumwollstoffe zu einem im klassischen Griechenland und Rom begehrten Luxusgut (Encyclopaedia Britannica 17, S. 482 ff.). In Ländern der südamerikanischen Anden – Chile, Ecuador und Peru – findet man Stoffe aus gezüchteter Baumwolle ab dem dritten vorchristlichen Jahrtausend (Encyclopaedia Britannica 21, S. 33/1b). In Nordamerika begann der Baumwollanbau im Südwesten vor etwa dreitausend Jahren.

Im Jahr 2020 wurden weltweit insgesamt mehr als 24 Millionen Tonnen Baumwolle geerntet. Bei ihrer Aufarbeitung werden Wachs-, Eiweiß- und Pflanzenreste entfernt, wobei nur etwa zehn Prozent des Rohgewichts verloren gehen. Im Gegensatz zu anderen Naturfasern wie Jute, Hanf, Flachs und Sisal enthält Baumwolle kein Lignin und auch nur eine sehr geringe Menge an Hemizellulose von etwa 5,7 Prozent (Tabelle 11.1). Jede Baumwollfaser besteht aus zwanzig bis dreißig Lagen Zellulose in einer gedrehten Struktur, was der Baumwolle eine hohe Reißfestigkeit verleiht.

Tabelle 11.1: Prozentualer Gehalt bekannter Naturfasern an Zellulose, Lignin und Hemizellulose, die eine Vorstellung von deren »Holzhaftigkeit« vermitteln (nach Daten aus Mohanty et al. 2000, S. 4).

Faser	Zellulose	Lignin	Hemizellulose
Baumwolle	82,7	0	5,7
Jute	61–71,5	12–13	13,6–20,4
Flachs	71	2,2	18,6–20,6
Hanf	70,2–74,4	3,7–5,7	17,9–22,4
Sisal	67–78	8–11	10–14,2

Jute statt Plastik

Im Vergleich zu Baumwolle sind Hanf, Flachs und Jute von eher untergeordneter Bedeutung, obgleich manche eine ähnlich lange Geschichte haben und noch vielfältiger genutzt werden. So ist *Hanf* schon seit über zehntausend Jahren bekannt, findet man ihn doch bei vielen Ausgrabungen an prähistorischen Stätten in Form von Textilresten und Samen. Hanf ist die stabilste Pflanzenfaser und kann über dreißig Prozent seines Gewichts an Wasser aufnehmen, ohne an Stabilität zu verlieren. Deshalb dichtet Hanf im Baubereich dauerhaft Wasserrohre ab. Seile und Segel aus Hanf behalten auch bei starkem Sturm und Nässe ihre Festigkeit. Und Kleidung aus Hanf ist zwar nicht so weich wie die aus Baumwolle, kommt jedoch mit dem Körperschweiß besser zurecht. Keine andere Pflanze ist so universell nutzbar: Hanfsamen enthalten über zwanzig Prozent Proteine und essenzielle Fettsäuren. Sie waren daher in vielen Regionen der Welt ein Grundnahrungsmittel für Mensch und Tier. Hanföl kann als Lampenöl genutzt (also verbrannt) werden oder zur Herstellung von Arznei dienen. Der Inhaltsstoff Cannabis gehört zu den ältesten Heilmitteln in der Medizin und hat sedierende, krampflösende und schmerzlindernde Wirkung.

Flachs, auch Lein genannt, ist eine alte Kulturpflanze, die wegen ihrer Fasern, ihrer Samen und des darin enthaltenen Öls angebaut wird. Sie liefert damit gleich zwei wichtige Rohstoffe (Dambroth & Seehuber 1988; Holzmann et al. 2012). Die Fasern – Leinen – sind reißfest, atmungsaktiv, nehmen Feuchtigkeit gut auf und trocknen schnell, weswegen bis heute so manche Sommerkleidung, Bettwäsche und Handtücher aus Leinen hergestellt werden. Zudem sind Leinfasern nicht selten auch Bestandteil von technischen Geweben in Verbundwerkstoffen (»Bio-Composites« genannt) und Dämmstoffen.

Leinsamen sind reich an Ballaststoffen und enthalten Alpha-Linolensäure, eine Omega-3-Fettsäure. Weil ganze Samenkörner nahezu unverdaulich sind, ihre Nährstoffe daher nicht in den Körper gelangen, wird Leinsamen zur Verwendung als Nahrungsmittel geschrotet, also sehr grob gemahlen. Dies ist wichtig, denn Alpha-Linolensäure ist eine essenzielle Fettsäure, das heißt, der Körper kann sie nicht selbst herstellen, sondern muss sie über die Nahrung aufnehmen. Alpha-Linolensäure ist wichtig für die Zellstruktur, sorgt für einen normalen Cholesterinspiegel und kann im Körper in Eicosapentaensäure (EPA) und Docosahexaensäure (DHA) umgewandelt werden. Diese beiden Säuren haben eine entzündungshemmende Wirkung und sind damit sehr gesund. Weil Alpha-Linolensäure dreifach ungesättigt ist, also chemisch drei Doppelbindungen enthält, ist sie empfindlich gegenüber Oxidation, weshalb Leinsamen und Leinöl gut verschlossen und am besten auch vor Licht geschützt aufbewahrt werden sollten.

Der *Jute*strauch wird bis zu drei Meter hoch, und genauso lang sind auch die in den Stängeln enthaltenen Fasern. Weil ihre Früchte giftig sind, wird die Pflanze allein wegen dieser Fasern angebaut – mit einer Weltproduktion zwischen 2,3 und 2,8 Millionen Tonnen. Hauptanbauländer sind Indien und Bangladesch. Jute ist mengenmäßig nach Baumwolle die wichtigste Naturfaser. »Jute statt Plastik« war vor vierzig Jahren auf Einkaufstaschen aus der vielfältig verwendbaren Faser zu lesen und machte Jute zum Symbol für ökologische Verantwortung und die bewusste Entscheidung gegen die Wegwerfgesellschaft.

Die Nutzung von Jute begann, nach zunächst spärlicher Verwendung in Asien, erst in der ersten Hälfte des 19. Jahrhunderts in Schottland: Die Stadt Dundee hatte damals eine der weltweit größten Walfangflotten, die Walöl für Lampen lieferte. Man fand heraus, dass aus Indien importierte Jute mit Walöl behandelt und dann zu Stoffen verarbeitet werden konnte, aus denen man Säcke oder auch strapazierfähige Teppiche herstellen konnte. In der Folge erlangte Jute weltweite wirtschaftliche Bedeutung, und Dundee entwickelte sich zu einem Weltzentrum der Juteverarbeitung. Schon um 1900 nahm der Anbau der Pflanze eine Fläche von etwa einer Million Hektar ein (Holzmann et al. 2012, S. 258). Auf dem europäischen Festland wurde im Jahr 1861 die erste Jutespinnerei gegründet, die im Jahr 1866 wöchentlich etwa fünf- bis sechshundert Zentner Jutegarn produzierte.

In der jüngeren Vergangenheit machte Jute nicht nur durch den weiter oben genannten ökologischen Slogan von sich reden, sondern auch durch die Entwicklung neuer Produkte: Verbundwerkstoffe, technische Textilien, Dämmstoffe und vieles mehr wird aus Jute hergestellt. In ihrer Übersicht zu »Biofasern, biologisch abbaubare Polymere und Biokomposite« kommentieren die Autoren vom Institut für Polymerwerkstoffe und -technologien der TU Berlin diese Entwicklung wie folgt: »Jüngste Fortschritte in der Entwicklung von Naturfasern, der Gentechnik und der Verbundwerkstoffwissenschaft bieten bedeutende Möglichkeiten für verbesserte Materialien aus nachwachsenden Rohstoffen, die die globale Nachhaltigkeit besser unterstützen. Das wichtige Merkmal von Verbundwerkstoffen ist, dass sie so konzipiert und angepasst werden können, dass sie unterschiedlichen Anforderungen gerecht werden. Da Naturfasern kostengünstig und biologisch abbaubar sind, werden biologisch abbaubare Verbundwerkstoffe aus Biofasern und biologisch abbaubaren Polymeren aufgrund der gravierenden Umweltproblematik im 21. Jahrhundert einen wichtigen Beitrag leisten« (Monahty et al. 2000, S. 1).

Guttapercha

Das Bedürfnis nach immer mehr Naturstoffen führte einerseits zu Imperialismus und machte ihn andererseits überhaupt erst möglich, wie John Tully in seinem sehr lesenswerten Essay über Guttapercha mit dem Titel »Eine Victorianische Umweltkatastrophe: Imperialismus, der Telegraph und Guttapercha« aus dem Jahr 2009 schreibt. Guttapercha ist heute kaum jemandem bekannt – mit Ausnahme von Zahnärzten, die ihn zur Wurzelfüllung verwenden. Früher dagegen gehörte dieser aus dem eingetrockneten Saft des in Malaysia heimischen Guttaperchabaums gewonnene gummiartige Stoff zu den viel gebrauchten Naturstoffen. Golfbälle, Eimer, Spazierstöcke, Spannstoffe für Tragflächen, die Außenhaut von Flugzeugen sowie das Isoliermaterial elektrischer Kabel wurden aus oder unter Verwendung von Guttapercha hergestellt. In chemischer Hinsicht ist es ein dem Kautschuk sehr ähnliches Polymer aus etwa 100 Einheiten des *trans*-1,4-Isoprens und ein Thermoplast, der sich bei 70 bis 90 Grad formen und verarbeiten lässt.

Der Verbrauch von Guttapercha nahm zwischen den Jahren 1850 und 1900 explosionsartig zu. Und das kam so: Um ein Weltreich zu kontrollieren, braucht man rasche Kommunikation, doch per Schiff benötigten Nachrichten damals mitunter ein halbes Jahr, um um die halbe Welt transportiert zu werden. Die elektrische Telegrafie wurde daher immer wichtiger. Der erste funktionstüchtige elektrische Telegraf wurde im Jahr 1833 von dem Mathematiker Carl Friedrich Gauß (1777–1855) und dem Physiker Wilhelm Weber (1804–1891) in Göttingen konstruiert und zwischen der Sternwarte und dem Physikalischen Kabinett auf einer Strecke von 1460 Metern betrieben. Vier Jahre später erfand Samuel Morse den nach ihm benannten Code. Er verbesserte auch die Hardware mehrfach, sodass im Jahrzehnt nach der Erfindung der Telegrafie auf dem europäischen Kontinent, in England und den USA sehr rasch Telegrafennetze mit den bekannten auf Masten verlegten Kabeln entstanden. In den USA begann die Nutzung des elektrischen Telegrafen am 24. Mai 1844, als Morse über eine vom Kongress finanzierte, vierzig Meilen lange Leitung die berühmte Nachricht »What hath God wrought!« (Was hat Gott geschaffen!) vom Kapitol in der Hauptstadt Washington, D.C., nach Maryland an seinen Assistenten in Baltimore sandte.

Die Telegrafennetze Kontinentaleuropas und Englands wurden im Jahr 1850 mit dem weltweit ersten Seekabel durch den Ärmelkanal zwischen Dover und Calais verbunden. Das Kabel war über seine gesamte Länge von vierzig Kilometern mit dem Naturstoff Guttapercha ummantelt. In den Jahren davor hatte sich gezeigt, dass das Salz im Meer Kautschuk und Gummi angreift und zersetzt. Kein anderer als der Begründer der modernen Elektrotechnik, Ernst Werner von Siemens (1816–1892) gründete im Jahr 1847 die erste

Firma zum Bau von Seekabeln, deren Kupferdrähte mit Guttapercha isoliert waren. Die erste Verbindung zwischen Europa und Amerika gelang dem US-amerikanischen Geschäftsmann Cyrus W. Field mit einem Seekabel zwischen Irland und Neufundland im Jahr 1858. Zusammen mit seinem Bruder William (1823–1883) gründete Siemens 1873 die Direct United States Cable Company, die zusammen mit anderen Firmen bis 1907 etwa 200 000 Seemeilen[1] an Seekabeln in den Meeren der Welt verlegten. So hoch technisiert diese Kabel waren, letztlich verdankten sie ihre Existenz dem Fällen von Bäumen und der sehr kruden Extraktion von Baummilch (etwa 1–1,4 Kilogramm pro gefälltem Baum) in damals technologisch sehr rückständigen Ländern Südostasiens. Zwischen 1844 und 1847 wurden 69 180 Bäume gefällt. Und danach ging es erst richtig los: Im Jahr 1875 wurden in Großbritannien etwa 1000 Tonnen Guttapercha importiert, ein Jahr später etwa 1100 Tonnen und im Jahr danach etwa 1300 Tonnen. Da für 10 000 Seemeilen etwa eine Million Bäume gefällt werden mussten, entsprechen die 200 000 Seemeilen etwa 20 Millionen gefällter Bäume oder anders gesagt: um ein Haar deren Ausrottung.

John Tully (2009, S. 579) schließt seine Darstellung wie folgt ab: »Riesige telegrafische Netzwerke verbanden die weit entfernten Kolonien mit dem imperialen Kernland. Es ist eine Ironie, dass diese damals nur durch die Entdeckung eines einzigartigen pflanzlichen Stoffs möglich wurden, der nur in der kolonialen Welt heimisch war. Eine weitere traurige Ironie ist, dass die Telegrafenindustrie genau die Bäume zerstörte, die ihre Existenz ermöglicht hatten.«

Kautschuk und Gummi

Naturkautschuk ist ein wichtiger Rohstoff für die Herstellung von Gummi, der aus dem milchigen Saft von Gummibäumen *(Hevea brasiliensis)* gewonnen wird (vgl. Kapitel 8).

Rohkautschuk ist zu steif für die meisten Produktionsprozesse und wird daher durch Kneten und Walzen mechanisch bearbeitet. Man nennt diesen Prozess »Mastizieren« (wörtlich: Kauen). In speziellen Maschinen werden dabei die langen Polymerketten des Naturprodukts durch starke mechanische Scherkräfte buchstäblich auseinandergerissen. Dies senkt seine Zähigkeit gegenüber Verformung (Viskosität) und erhöht die Plastizität (Geschmeidigkeit). Dadurch lässt sich der Kautschuk leichter verarbeiten, mischen, formen und strecken. Zugleich werden alle Bestandteile gleichmäßig verteilt, der Kautschuk also homogenisiert, wodurch eine gleichbleibende Qualität – sowohl des Kautschuks selbst als auch der daraus hergestellten Endprodukte – sichergestellt wird. Im Anschluss wird er gewaschen und in Blöcke oder Platten gepresst.

Tabelle 11.2: Biomaterialien aus der Natur und daraus abgeleitete Stoffe.

Stoff	**Eigenschaften**	**Produkt(e)**
Bambus	verholzendes Riesengras, Lebensgrundlage für 1,5 Milliarden Menschen; Anbau und Nutzung lokal und unzureichend statistisch erfasst	Baumaterial; Haushaltswaren, Gebrauchsgegenstände; Lebensmittel; Zellstoff, Textilien
Baumwolle	Wärmeisolator, leicht, zu Fäden spinnbar, kann das 9-fache seines Gewichts an Wasser binden	Textilien für Kleidung
Chitin	biokompatibles stickstoffhaltiges Polysaccharid; in Verbindung mit Protein und Calciumcarbonat ist es das stabile Strukturmaterial von Panzern von Krebsen, Insekten, Spinnen sowie in den Zellwänden der Pilze	Als »Chitosan« industrielle Anwendungen; in der Medizin für Wundauflagen und als Trägersubstanz in Medikamenten, Ballaststoff in Nahrungsmitteln
Ebenholz	sehr hart, poliert glänzend	kleine Gebrauchsgegenstände; Musikinstrumente
Elfenbein	sehr hart, poliert glänzend	kleine Gebrauchsgegenstände (z. B. Fingerhut)
Flachs	Fasern reißfest, atmungsaktiv, schnell trocknend; Samen: Ballaststoffe, Omega-3-Fettsäure	Textilien Nahrungsmittel

Glas	durchsichtig, elektrischer Isolator, beständig, hart aber spröde, gut zu reinigen	Behälter (Medizinprodukte, Nahngsmittel etc.)
Gummi	Elastisch, strapazierfähig	Autoreifen
Gutta-percha	thermoplastischer elektrischer Isolator	Seekabel, Gebrauchsgegenstände Zahnheikunde
Hanf	Faser: stabilste Pflanzenfaser, verträgt Nässe; Frucht enthält 20 % Eiweiß & essenzielle Fettsäuren; Cannabis	Seile, Segel, Verbundstoffe; Grundnahrungsmittel; Lampenöl; medizinische Anwendungen
Holz	Naturmaterial aus Zellulose, Hemizellulose und Lignin; deren Mischungsverhältnis die Eigenschaften bestimmt	Alltagsgegenstände, Baumaterial
Horn	Hautanhangsgebilde aus Keratinozyten (mit Keratin angefüllten, abgestorbenen Hautzellen; mit einer Dichte von 1,25 bis 1,45 g/cm^3 härter und schwerer als Holz, jedoch leichter (Dichte von Knochensubstanz: 1,5 g/cm^3) und elastischer als Knochen; unter Wärme formbar;Hornspäne als Düngemittel	Behälter, Musikinstrumente (Flöten, Blashörner), Mundstücke für Blasinstrumente; kleine Gebrauchsgegenstände wie Knöpfe, Kämme, Löffel (Messer-) Griffe, Schmuck, Brillengestelle, Schuhlöffel und Etuis, Möbelbau
Jute	Nach Baumwolle wichtigste Naturfaser	Säcke, Teppiche; Verbundwerkstoffe, Dämmstoffe
Kautschuk	Elastisch, reißfest, beständig; Grundstoff für Gummi	Autoreifen; Kleidung (Stiefel, Regenmäntel; Matrazen, Dichtungen, Riemen, Schläuche, Schuhsohlen, Kondome; Brücken- und Baulager (Dämpfung), Isoliermaterial
Kork	Wärme- und Schallisolator	Fußböden, Dämmplatten; Versachlussmaterial
Kupfer	bereits vor 10 000 Jahren in der Steinzeit für Werkzeuge verwendet (»Kupferzeit«)	»Özis« Kupferbeil (vor 5500 Jahren)

Lignin	dreidimensionales Biopolymer mit sehr hoher Molekülmasse (tausende Verzweigungen); druckfest, chemisch beständig, wasserabweisend	Papier- und Zellstoffherstellung; nachwachsendes Rohmaterial für Bioplastik; Baumaterialien, Schaumstoffisolierung, Carbonfasern
Perlmutt	hart, durch Interferenz farbig schillernd	Schmuck, Knöpfe, Kunsthandwerk
Rayon (Viskose)	hergestellt aus Sägespänen; Faser mit Baumwolle vergleichbar, biologisch abbaubar	wie Baumwolle
Schellack	Natürliches Harz (Ausscheidung von Schildläusen), hart, schnelltrocknend, hochglänzend; lebensmittelecht	Schallplatten (bis ca. 1950); Möbelpolitur; Überzug (E 904) für Lebensmittel
Schildpatt	Dem Horn ähnlich, besteht vor allem aus Keratin	Der Handel mit Produkten aus Schildpatt ist seit 1976 aus Artenschutzgründen in Deutschland verboten
Zelluloid	Erster Thermoplast aus Naturmaterial; ersetzte teure Naturstoffe in Luxusartikeln (aus Elfenbein, Bernstein, Korallen, Lapislazuli, Ebenholz, Horn, Schildpatt oder Perlmutt).	fotographische Filme; Luxusartikel, Billardkugeln, Puppen, Kämme, Messergriffe, Brillengestelle, Kugelschreibergehäuse
Zellulose	häufigster organischer Naturstoff überhaupt; unverzweigtes Molekül aus hunderten bis zehntausenden Glucose-Einheiten	Papier; Dämmstoff im Baubereich; Ballastoff in der Nahrung
Zinn	Herkunft im Altertum umstritten; Legierung mit Kupfer macht es härter: Bronze	sehr viele Produkte seit 5500 Jahren: Bronzezeit

Durch das Verfahren der Vulkanisierung wird aus Kautschuk *Gummi* hergestellt. Hierzu mischt man dem Kautschuk meist Schwefel und andere Zusätze bei und erhitzt die Mischung. Es gibt mittlerweile sehr viele synthetische Kautschuk- und damit Gummiarten aus »Synthesekautschuk« (Styrol-Butadien, Neopren, Silikon), die zwar den Naturstoff in bestimmten Eigenschaften übertreffen, ihn aber nicht generell ersetzen können.

Rayon

Die halbsynthetische Faser Rayon – oft auch Viskose genannt – wird aus Zellulose hergestellt, dem häufigsten Naturmaterial überhaupt. Dieses natürliche Polymer wird durch chemische Prozesse aus dem natürlichen Rohstoff Holz (oft Bambus) hergestellt; man bezeichnet Rayon als Kunstfaser, weil das Material erst durch chemische Prozesse seine Form und Funktion bekommt. Die Faser ist für ihre Weichheit, ihren guten Fall und ihre Atmungsaktivität bekannt, was sie zum idealen Ersatz für Seide oder Baumwolle in Kleidung macht (Blusen, Kleider). Es gibt spezielle Typen wie das stärkere und widerstandsfähigere »Modal« oder »Bambus-Rayon«.

Nachteilig bei Rayon ist, dass es beim Waschen einlaufen oder sich verformen kann. Auch ist es weniger strapazierfähig als Baumwolle und kann an Nähten reißen. Obwohl umweltfreundlicher als reine Synthetik, kann die chemische Produktion negative Umweltauswirkungen haben (Altman 2021), denn die Herstellung verbraucht sehr viel Holz und Wasser sowie Chemikalien.

Zellulose und Hemizellulose

Zellulose ist ein Polymer aus über dreitausend Zuckermolekülen, das etwa ein Drittel allen pflanzlichen Materials ausmacht. Sie ist der weltweit häufigste Naturstoff. Die Ketten aus immer dem gleichen Zucker, der Glukose[2] (eine Hexose, das heißt, ein Ring aus sechs Kohlenstoffatomen), sind sehr lang und zugleich stabil. Aus demselben Zucker ist auch Stärke aufgebaut, ein anderes Biomolekül. Die beiden Stoffe unterscheiden sich jedoch deutlich aufgrund der unterschiedlichen Art der Verbindung der Moleküle. Bei der Stärke bilden die Glukosemoleküle verzweigte Ketten, bei der Zellulose dagegen sehr lange Ketten ohne Verzweigung.

Holz beispielsweise besteht zu vierzig bis fünfzig Prozent aus Zellulose und Hemizellulose, Baumwolle zu neunzig Prozent aus Zellulose. Hemizellulose ist ein Sammelbegriff für unterschiedlich große, unterschiedlich strukturierte Polymere aus unterschiedlichen Zuckern (neben Glukose auch die Zucker Xylose und Arabinose, bei denen es sich um Pentosen mit einem Ring aus fünf Kohlenstoffatomen) handelt. Hemizellulose ist also keine einheitliche Substanz, sondern ein Gemisch aus sehr vielen unterschiedlichen Einzelstoffen, die je nach Art und Menge verschiedene Eigenschaften haben. Da in natürlichem Holz wiederum die drei wesentlichen Inhaltsstoffe in unterschiedlichem Mischungsverhältnis vorliegen können und die Hemizellulose selbst wiederum ein sehr verschiedenartiges Gemisch darstellt, kann Holz ganz unterschiedliche Eigenschaften haben: Manches ist sehr leicht (Balsa), das meiste schwimmt, sehr hartes (Ebenholz, Palisander) geht unter. Neben der Dichte sind Festigkeit, Biegsamkeit, Bearbeitbarkeit, Witterungsbeständigkeit und Verwendungszweck entscheidend für die Verarbeitung.

Für den Menschen ist Zellulose unverdaulich. Dagegen können Pflanzenfresser wie Kühe, Pferde oder Elefanten aus ihr Energie gewinnen, das heißt Zellulose verdauen (Encyclopaedia Britannica 1989).

Schon im vorletzten Jahrhundert wurde Zelluloid erfunden, das wahrscheinlich die meisten Menschen als Plastik bezeichnen würden, bei dem es sich jedoch um nichts weiter als chemisch modifizierte Zellulose ähnlich der Viskose handelt.

Lignin und Chitin

Weitere natürliche Polymere neben der Zellulose sind das Lignin und das Chitin, die den zweiten und dritten Platz bei den weltweit häufigsten natürlichen Biomaterialien einnehmen.

Das Biopolymer Lignin ist der Hauptbestandteil von Holz. Hartholz besteht etwa zu einem Viertel, Weichholz etwa zu einem Drittel aus Lignin. Lignin ist ein nachwachsender Rohstoff mit einer jährlichen Biosynthese-Produktionsrate von geschätzt etwa zwanzig Milliarden Tonnen (Kaplan 1998, S. 292). Übrigens: Das synthetische

Vanillearoma Vanillin wird aus Lignin hergestellt (Encyclopaedia Britannica 1989).

Oft wird auch Chitin als zweithäufigstes Biomolekül eingestuft, und ich habe vergeblich versucht, Absolutwerte zu finden, die diesen Widerspruch auflösen könnten, denn es kann ja nur *ein* zweithäufigstes organisches Polymer geben. Chitin (abgeleitet vom Griechischen *chitón* = Hülle, Panzer) ist wie Zellulose ein Polysaccharid, das im Exoskelett von Gliederfüßern (Insekten, Spinnen und Krebse) vorkommt sowie in den Zellwänden von Pilzen und sowohl Stabilität als auch Schutz bietet. Die chemische Struktur ähnelt der von Zellulose, der Grundbaustein (das Monomer) enthält jedoch Stickstoff (eine Acetylaminogruppe anstatt wie Zellulose eine Hydroxylgruppe). Dies ermöglicht stärkere Wasserstoffbrückenbindungen zwischen den Polymerketten, was Chitin widerstandsfähiger und fester macht als Zellulose. Daneben ist Chitin sowohl in Wasser als auch in den meisten organischen Lösungsmitteln unlöslich.

Biobasiert und/oder biologisch abbaubar

Natürliche Polymere, auch biologische oder Biopolymere genannt, sind biologisch abbaubar, das heißt, sie werden in der Natur durch Bakterien zersetzt. Die biologische Abbaubarkeit eines Materials hängt jedoch nicht von dessen Rohstoffbasis ab, sondern von seiner chemischen Struktur. Daher gibt es vollständig biobasierte Kunststoffe, die *nicht* biologisch abbaubar sind, während einige fossile Kunststoffe unter bestimmten Umweltbedingungen sehr wohl biologisch abbaubar sein können.

Biologisch *basiertes* und biologisch *abbaubares* Plastik ist also nicht dasselbe. Es muss an dieser Stelle aber auch festgehalten werden, dass sich diese Eigenschaften nicht zwingend widersprechen, wie zuweilen behauptet wird.

Betrachten wir zur Verdeutlichung zwei Beispiele.

Zum einen Polypropylen. Es kann aus Mais, Zuckerrohr oder

Pflanzenölen anstatt aus Erdöl hergestellt werden und heißt dann Bio-Polypropylen. Immer wird der Grundstoff – egal ob nachwachsend oder nicht – zunächst chemisch in Propylen umgesetzt, aus dem dann durch Polymerisation Polypropylen entsteht. Daher ist Bio-Polypropylen chemisch identisch mit Polypropylen. Und dieser Kunststoff – egal, woraus er hergestellt wurde – ist *nicht* biologisch abbaubar. Daher sei noch einmal betont: Biobasierte Herkunft bedeutet nicht automatisch biologische Abbaubarkeit!

Zum anderen Bio-Polyethylenterephthalat (Bio-PET). Da ist das etwas anders: Einer der beiden Ausgangsstoffe, das Monoethylenglycol, wird aus Alkohol gewonnen, der wiederum aus der Vergärung von Zucker aus Zuckerrohr stammt (bio!). Der zweite Ausgangsstoff, die Terephthalsäure, wird meist noch immer aus Erdöl hergestellt (nicht bio!). Da die beiden Ausgangsstoffe im Verhältnis von dreißig zu siebzig eingesetzt werden, ist Bio-PET eigentlich nur zu dreißig Prozent »bio«. Chemisch ist Bio-PET das Gleiche wie PET, das bis 2016 als nicht biologisch abbaubar galt. Wie eingangs dargestellt, hat sich dies mittlerweile geändert, doch noch werden die neuen Erkenntnisse nicht in industriellem Ausmaß eingesetzt und sind damit auch noch nicht ökologisch relevant. Dies könnte sich jedoch in Zukunft ändern.

Übrigens: Sowohl für Polypropylen als auch für PET gilt, dass die Bio- und die Nicht-Bio-Variante zusammen recycelt werden können, denn chemisch handelt es sich ja jeweils um dasselbe Molekül.

Fazit

Stärke, die Moleküle der genetischen Information DNA und RNA, Proteine, Zellulose, Lignin und Chitin sind biologische Polymere. Je besser wir Naturstoffe verstehen, desto eher wird es möglich, Plastik wieder durch Naturstoffe zu ersetzen. Dies ist keineswegs immer möglich oder wünschenswert, weil unsere heutige Lebenswelt keinen nachhaltigen Verbrauch von Ressourcen kennt. Daher ist langfristig eine Kreislaufwirtschaft anzustreben, in der Kunststoffe und natürliche Stoffe verantwortungsvoll und je nach optimalem Verwendungszweck eingesetzt werden.

Man kann heute schon Plastik aus natürlichen Rohstoffen herstellen, und man kann es so herstellen, dass es biologisch abbaubar ist. Das eine bedingt nicht unbedingt das andere, wie am Beispiel von Bio-Polypropylen zu sehen ist, das aus Mais, Zuckerrohr oder Pflanzenölen hergestellt wird, chemisch identisch mit Polypropylen und nicht biologisch abbaubar ist. Aber eine biologische Basis und biologische Abbaubarkeit schließen sich auch nicht gegenseitig aus.

12

WAS TUN?

Betrachtet man die in diesem Buch zitierte Literatur, so fällt auf, dass ein großer Teil aus den Jahren 2024 und 2025 stammt. Dies liegt daran, dass das Interesse am Phänomen Mikroplastik noch exponentieller gewachsen ist als das Phänomen selbst – siehe die Auswertung von Daten aus *PubMed* in Kapitel 5. Wie dort ebenfalls bereits dargelegt, ist es für ein wissenschaftliches Umfeld, das erst wenige Jahre existiert, völlig normal, dass es noch keine einheitlichen Standards bei den Analysemethoden gibt. Messprotokolle müssen vereinheitlicht, Fehlerquellen eliminiert, Referenzwerte etabliert und Vergleiche zwischen verschiedenen Labors zur Routine werden.

Hinzu kommt, dass es nach wie vor schwierig ist, die Ergebnisse von Tierstudien auf den Menschen zu übertragen, weil in diesen Studien keine Gewebekonzentrationen gemessen wurden und über speziesvergleichende Toxizität von Plastik nur sehr wenig bekannt ist. Aus wissenschaftlicher Sicht liegt damit derzeit nur ein Flickenteppich von Daten vor, über den sich vortrefflich fantasieren lässt, der aber kaum rational begründbare Schlüsse erlaubt. Dies gilt auch für Vorschläge, was gegen Mikroplastik zu tun ist, denn dazu müsste man beurteilen können, was eine Umsetzung bringt. Und hierzu wiederum muss man nun einmal genau analysieren und messen.

Angesichts der Bedeutung des Problems – es geht um nichts weniger als mögliche Schäden für die Gesundheit aller Menschen und sehr vieler Tiere – kann man recht sicher sein, dass hier mit größerem Einsatz als bislang weitere Forschung betrieben werden wird. Tatsächlich findet man mittlerweile in der internationalen Presse auch neuere und neueste Publikationen zum Thema Vermeiden von Mikroplastik. Das ist gleichbedeutend damit, dass man Mikroplastik als Problem zunehmend im Blick hat und ernst nimmt. Dem war nicht immer so.

Ökonomie: negative Externalität

Plastik wurde in der Ökonomie lange als »negative Externalität« behandelt und damit gleichsam systematisch aus der Betrachtung ausgeblendet. Mit dem Begriff der negativen Externalität wird in der Volkswirtschaftslehre ein *schädlicher Nebeneffekt* bezeichnet, der durch eine wirtschaftliche Transaktion entsteht und Kosten für Dritte verursacht, die nicht an dieser Transaktion beteiligt sind. Wenn ich beispielsweise ein Auto kaufe, dann habe ich für den Nutzen in Bezug auf meine Mobilität den Preis an den Autohändler und den Autobauer bezahlt. Durch das wirtschaftliche Handeln von mir (dem Käufer) und dem Verkäufer entstehen aber Nachteile – Lärm, Gestank, Verschmutzung, bis hin zur globalen Erderwärmung – für andere Menschen. Diese Nachteile sind in ökonomischer Hinsicht Kosten (Beispiel: Mein Nachbar installiert Doppelfenster oder kauft sich einen Kopfhörer gegen den Lärm), die weder von mir noch vom Autoverkäufer getragen werden, denn sie sind im Preis des Autos nicht enthalten und liegen damit »außerhalb« – *extern* – des Preises. Die »unsichtbare Hand des Marktes«, die nach dem Begründer der Ökonomie, Adam Smith, dafür sorgt, dass es allen gut geht, versagt: Immer dann, wenn es bei einer Transaktion negative Externalitäten gibt, ist der durch Angebot und Nachfrage sich einstellende Preis zwar (zumindest in der Theorie) am günstigsten, aber dieser Marktpreis spiegelt die wahren Kosten für alle Menschen nicht wider.

Will man das verhindern, müssen die negativen Externalitäten »internalisiert« werden, wie Ökonomen sich ausdrücken. Damit ist gemeint, dass – beispielsweise durch eine CO_2-Abgabe oder durch nach Lärm oder Abgasen gestaffelte Kraftfahrzeugsteuern, oder durch einen noch höher besteuerten Benzinpreis – Einnahmen des Staates generiert werden, die *allen* zugutekommen. Gerade *weil* Plastik in der Wirtschaft bisher als Externalität betrachtet wurde, konnte die ganze heutige Misere des Plastikproblems überhaupt erst entstehen, wie im Fachblatt *Science* nachzulesen war. Dort diskutierten im Jahr 2020 Fachleute (unter anderem vom Pew Charitable Trust; vgl. Kapitel 2) verschiedene Möglichkeiten, das Plastikproblem zu lösen. Ihnen zufolge lagen dem rasanten Wachstum der Kunststoffproduktion und -nutzung »lineare Wirtschaftsmodelle [... zugrunde], die die externen Effekte von Abfall ignorierten. Ein starker Anstieg des Verbrauchs von Einwegkunststoffen und eine sich ausbreitende ›Wegwerfkultur‹ haben das Problem noch verschärft« (Lau et al. 2020, S. 1455). Abfallwirtschaftssysteme verfügen weltweit nicht über ausreichende Kapazitäten, um Kunststoffabfälle sicher zu entsorgen oder zu recyceln (Wilson & Velis 2015; Velis et al. 2017), was zu einer unvermeidlichen Zunahme der Kunststoffverschmutzung in der Umwelt führt. Eine konservative (eher zu geringe) Schätzung der wirtschaftlichen Auswirkungen der Kosten der Plastikverschmutzung auf Fischerei, Tourismus und Schifffahrt beläuft sich auf dreizehn Milliarden US-Dollar pro Jahr (UN 2014).

Plastik vermeiden, um Mikroplastik zu vermeiden

Nach § 6 des Kreislaufwirtschaftsgesetzes (KrWG) regelt eine »Abfallhierarchie«, wie bevorzugt mit Abfall zu verfahren ist:

1. Vermeidung,
2. Vorbereitung zur Wiederverwendung (Reparatur, Aufbereitung),
3. Recycling,
4. Sonstige Verwertung (etwa energetische Verbrennung, wobei Strom oder Wärme gewonnen wird),
5. Beseitigung (sprich Deponierung oder Verbrennung ohne Energierückgewinnung).

Die Grundprinzipien der Kreislaufwirtschaft liegen in den drei ersten Verfahren, also im Vermeiden, Wiederverwenden und Recyceln.

Im Hinblick auf Plastik ist der erste Schritt der wichtigste: Der beste Müll ist der, den man erst gar nicht entstehen lässt, indem man beispielsweise auf Einmalplastik verzichtet. Dazu muss man wissen: Ein großer Teil des Kunststoffs – etwa vierzig Prozent[1] – wird als Einmalplastik produziert, in aller Regel zum Zweck der Verpackung. Weil aber nicht jeder darauf verzichten mochte, hat man Einwegplastik in der EU zum 3. Juli 2021 per Gesetz verboten. Seitdem sind Trinkhalme, Wattestäbchen, Besteck und Teller, Rührstäbchen, To-go-Becher und -verpackungen aus Plastik (auch Styropor) europaweit verboten, wie es in einer Pressemitteilung des *Bundesministeriums für Umwelt, Naturschutz und nukleare Sicherheit* veröffentlicht wurde. Zu diesen Produkten, die nach wenigen Minuten des Gebrauchs im Müll oder sogar unachtsam auf der Straße oder im Gebüsch landen und dann die Umwelt verschmutzen, gibt es umweltfreundliche Alternativen.

Die damalige Umweltministerin Svenja Schulze kommentierte diese Initiative in einer Pressemitteilung gut ein Jahr vor Inkrafttreten des Verbots wie folgt: »Mit dem heutigen Kabinettsbeschluss gehen wir einen wichtigen nationalen Umsetzungsschritt im Kampf gegen die Plastikflut. Ich bin mir sicher: Dieses Verbot wird schon bald zu besseren, innovativen und umweltfreundlichen Produkten und Lösungen führen. Vor allem *Mehrweg* ist aus Umweltsicht das Mittel der Wahl. Denn wir müssen wegkommen von der Wegwerfkultur.«

Dies ist in manchen Bereichen gar nicht so einfach, wie das Beispiel der Medizin verdeutlicht: Recycling ist da schwierig, weil der Abfall infektiös sein kann.[2] Daher wird der Müll von Krankenhäusern meist verbrannt. Nachhaltige Medizinprodukte, wie waschbare OP-Abdeckungen oder wiederverwendbares Material sind in der Beschaffung meist teurer als Wegwerfprodukte, oder es gibt sie schlicht gar nicht. Aufgrund der geforderten Wirtschaftlichkeit des Gesundheitswesens muss billiges Wegwerfmaterial verwendet werden (Nakoinz 2022). Injektionsspritzen beispielsweise waren früher aus Glas, aber in meiner über vierzigjährigen Tätigkeit als Arzt habe ich keine einzige gesehen. Bei weltweit jährlich sechzehn Milliarden Injektionen (WHO 2024) wäre das auch kein geringer Aufwand!

Wenn sich an der Wegwerf-Plastik-Medizin etwas ändern soll, müssen alle daran arbeiten und verantwortungsvoller wirtschaften.

Um das Problem mit Plastikmüll an einer seiner bedeutsamsten Wurzeln, dem Einmalplastik, zu packen, findet seit einigen Jahren der Sustainable Packaging Summit statt – eine internationale Konferenz für nachhaltige Verpackung. Hier treffen sich unter anderem Vertreter großer global operierender Unternehmen wie Amazon, Coca-Cola, Nestlé, Procter & Gamble, Toyota und Unilever, von Start-ups oder Kleinunternehmen, von Forschungseinrichtungen und Nichtregierungsorganisationen. Diskutiert wird über die Zukunft der Verpackungen, das heißt vor allem darüber, wie man künftig Verpackungen nachhaltiger gestalten und Plastikmüll reduzieren kann. Das Ganze ist ein Prozess, wie man heute zu sagen pflegt, und die Tatsache, dass der nächste Gipfel im Jahr 2026 schon feststeht (https://www.packagingsummit.earth), zeigt an, dass man damit keineswegs schon fertig ist. Interessant ist, dass die Verpackungsmüll verursachenden Unternehmen ihren Sitz auf der Nordhalbkugel der Erde haben, während die Auswirkungen von Verpackungsabfällen im globalen Süden besonders deutlich spürbar sind.

Recyceln und Reparieren

Neben dem Vermeiden gehört das Wiederverwenden zur Kreislaufwirtschaft. Heute spricht man von Recycling, was den Gedanken des Kreislaufs (Englisch *cycle*) besonders hervorhebt. Auch das Konzept des Life Cycle Assessments (LCA) gehört hierher. Bei diesem Verfahren geht es um die Bewertung der Umweltwirkungen eines Produkts oder einer Dienstleistung über den gesamten Lebenszyklus hinweg – von der Rohstoffgewinnung bis zur Entsorgung. Beim Recyceln sollen Materialien möglichst hochwertig wiederverwertet werden, um neue Produkte herzustellen. Also weniger »downcyceln« (minderwertige Produkte aus Hochwertigem machen), sondern mehr »upcyceln«, was zum Beispiel dadurch erreicht wird, dass bei der Produktion neuer Plastikflaschen ein höherer Anteil an Recyclingmaterial zum Einsatz kommt.

Zur Kreislaufwirtschaft gehört auch das *Reparieren:* Produkte sollten so lange wie möglich genutzt, gegebenenfalls repariert und, wenn möglich, mit anderen Nutzern geteilt werden, was als *Sharing Economy* bezeichnet wird.

Trennen und verwerten

Vor der Beseitigung des Abfalls sollte dessen Trennung stehen. Mit der Aufstellung von Altglas-Containern (und später Altpapier-Containern) hat in Deutschland bereits in den 1970er-Jahren die *Mülltrennung* begonnen. Im Jahr 1991 wurde sie mit der Verpackungsverordnung (Grüner Punkt und Gelber Sack) für Haushalte verbindlich eingeführt. Mit dieser Verordnung wurde zugleich die Industrie verpflichtet, Verpackungen zurückzunehmen. Wenige Jahre später wurde mit dem Kreislaufwirtschaftsgesetz (KrWG) aus dem Jahr 1996 die Mülltrennung für Haushalte bundesweit zur Pflicht, womit der Grundstein für eine umfassende Kreislaufwirtschaft in Deutschland gelegt war.

Vor einigen Jahren hatte ich die Gelegenheit, auf einer Tagung ein paar Worte mit Klaus Töpfer zu wechseln. Er war unter der Regierung von Helmut Kohl von 1987 bis 1994 Umweltminister und zeichnete in dieser Funktion für die Einführung sowohl des Grünen Punkts als auch des Gelben Sacks verantwortlich. Töpfer erzählte mir, wie überrascht er gewesen war, dass die Mülltrennung so gut funktionierte. Nach seiner Auffassung lag das vor allem daran, dass Mülltrennung – und auch Müllvermeidung – in den Schulen besprochen wurde. Dadurch wurde den Schülern klar, dass dies für die Zukunft, also vor allem auch für *ihre* Zukunft von großer Bedeutung sein würde. Aus diesem Wissen heraus brachten sie ihren Eltern nicht nur den Gedanken der Mülltrennung bei, sondern »nervten« ihre Eltern so lange, bis diese ihren – wahrscheinlich trägheitsbedingten – Widerstand aufgaben und ebenfalls Mülltrennung praktizierten.

In Ländern des globalen Nordens sind das Sammeln von Müll und die Leerung von Mülltonnen sowie das Recycling, die Kompostierung und die energetische Verwertung von Müll durch Verbrennung selbstverständlich (Awino und Apitz 2024). Im Gegensatz dazu behindern im globalen Süden das schnelle Wachstum der Städte, begrenzte Ressourcen und zugleich schwache Vorschriften eine effektive Abfallwirtschaft. Öffentliche Dienstleistungen sind oft unzureichend, während informelle Arbeiter zwar einen wesentlichen Beitrag zum Recycling leisten, aber außerhalb der formellen Systeme bleiben (Anshassi und Townsend 2025; Gutberlet 2023). Dies kann zu negativen Auswirkungen führen, darunter Umweltzerstörung und Gesundheitsrisiken.

Der eigene Beitrag, ein verlorener Kampf?

»Ich kämpfte gegen Plastik. Plastik hat gewonnen«, lautete der Titel eines am 7. Juli 2025 in der US-amerikanischen Monatszeitschrift für Kultur und Politik *The Atlantic* erschienenen Essays der Journalistin Annie Lowrey, der einen nicht weniger deprimierenden Untertitel trägt: »Mein gescheiterter Versuch, das Material zu vermeiden, aus dem die ganze Welt gemacht ist« (Lowrey 2025). »Plastik ist nicht Teil unserer konsumorientierten Welt, Plastik ist diese Welt« – so lautet eine der Einsichten der Autorin. Eine weitere: »Alles besteht aus Chemie und wird in China hergestellt, und dort gibt es keine hohen Standards bei der Qualitätskontrolle. Achten Sie auf Anzeichen für Brustkrebs.« Insgesamt hält Lowrey das Vermeiden von Mikroplastik für schwierig bis unmöglich.

Nur etwa zwei Wochen später publizierte Tracy Woodruff, eine Professorin für Gynäkologie und Geburtshilfe an der University of California in San Francisco, in der überregional erscheinenden US-Zeitung *Washington Post* eine Übersicht zum Vermeiden von

Mikroplastik. Woodruff hat sich auf Umweltverschmutzung und deren Gefahren für werdende Mütter und Kinder spezialisiert und forscht über Mikroplastik. Ähnlich wie Lowrey gibt sie zunächst zu bedenken, dass man Plastik schlichtweg nicht völlig vermeiden kann. Aber die Dosis lasse sich durchaus reduzieren. Das ist wichtig, denn »die Dosis macht das Gift«, wie schon vor etwa fünfhundert Jahren Theophrastus von Hohenheim, besser bekannt unter dem Namen Paracelsus, zu sagen pflegte. Woodruff gibt eine Reihe von Empfehlungen zur Verminderung von Mikroplastik, die letztlich auf Änderungen des Lebensstils hinauslaufen (Woodruff 2025).

Etwa ein Jahr zuvor hatte Sarah Engler in ihrer Eigenschaft als eine der Direktorinnen des US-amerikanischen Rates zum Schutz der natürlichen Ressourcen[3] bereits »10 Wege zur Vermeidung von Plastikmüll« publiziert: von selbst kochen über gebrauchte Sachen kaufen (zum Beispiel Kleidung oder Möbel) bis hin zu dem Rat, beim Kauf neuer Kleidung auf Naturfasern zu achten (Engler 2024).

Schließlich publizierte kürzlich eine Autorengruppe, die sich »Vital Experts« nennt, ein kleines Büchlein mit dem Titel *Plastikfrei leben. Zero Waste im Alltag.* Obwohl der Titel übertreibt – man kann weder plastikfrei leben noch gar keinen Plastikmüll produzieren –, enthält das keine hundert Seiten umfassende Buch eine ganze Reihe von Tipps, die ich dem Leser ebenfalls nicht vorenthalten möchte. Die im nächsten Kapitel zusammengefassten Empfehlungen entstammen zur Hauptsache den gerade genannten Quellen, ergänzt durch Informationen, die ich während der Abfassung dieses Buchs der vielfältigen Literatur entnehmen konnte.

Aus meiner Sicht sollte man diese Tipps von Experten und Expertinnen ernst nehmen. Manche Menschen sehen das jedoch kritisch und meinen, solche Ratschläge verschleiern das Problem beziehungsweise lenken davon ab, dass nur große politische Änderungen das Problem Mikroplastik werden lösen können. Die Autoren eines in der Zeitschrift *Environmental Health Perspectives* im April 2025 erschienenen Artikels mit dem Titel »Sollten Sie Ihr Plastikschneidebrett auf den Müll werfen?« fragen beispielsweise sehr ernsthaft und kritisch: »Befähigen solche Ratschläge Einzelpersonen dazu, gesundheitsschützende Maßnahmen zu ergreifen, oder lenken sie die Aufmerksamkeit von den Systemänderungen ab, die zum Schutz der Gesundheit aller erforderlich sind?« (Castillo et al. 2025, S. e2). Die Autoren haben diese Frage zwar eher rhetorisch gemeint, sie hat aber eine empirische Antwort: Eine experimentelle Studie hierzu ergab sehr klar: Nein! (Gan et al. 2025).

Ich persönlich halte die Auffassung, nichts zu tun, weil jegliches Handeln zur Vermeidung von Mikroplastik nur Aktivismus darstelle und das wirkliche Problem dabei eher aus dem Blick gerate, für falsch und gefährlich: Sollen wir wirklich warten, bis die Politik das Problem Mikroplastik löst?

Sollten Sie Ihr Plastikschneidebrett wegwerfen?

Betrachten wir das Beispiel des Plastikschneidebretts doch einfach mal genauer – diesseits aller Ideologie. Früher waren Schneidebretter aus Holz, seit den 1970er-Jahren dagegen sind sie zunehmend aus Plastik, vor allem aus Polyethylen (PE) oder Polypropylen (PP). Schneidebretter aus Holz sind porös, nehmen Gerüche leichter an (Fisch, Zwiebeln) und sind schwer bis gar nicht zu desinfizieren. Dies ist vor allem nach dem Arbeiten mit rohem Fleisch oder Fisch ein Problem: Einer der größten Salmonellenausbrüche in Großbritannien war darauf zurückzuführen, dass Rindfleisch auf demselben Schneidebrett wie zuvor Hühnerfleisch verarbeitet worden war. Zudem leiden hölzerne Schneidebretter unter den sehr harschen chemischen Bedingungen in Geschirrspülmaschinen, weshalb man sie nicht im Geschirrspüler reinigen soll.

Britische Wissenschaftler untersuchten, wie leicht sich Salmonellen *(Salmonella typhimurium)* durch Abspülen von neuen und gebrauchten Schneidebrettern aus Holz und aus Plastik entfernen lassen. Es zeigte sich, dass Kunststoff besser zu reinigen ist (Gough & Dodd 1998). Aus hygienischen Gründen sind daher in der Gastronomie Schneidebretter aus Plastik der Standard. Es zeigte sich aber auch ganz allgemein, dass gebrauchte Bretter wegen Kratzern und Rillen schlechter zu reinigen sind als neue.

Wie eine australische Arbeitsgruppe mittels Rasterelektronenmikroskopie nachweisen konnte, hinterlässt ein einziger Schnitt auf einem neuen Schneidebrett aus Polypropylen eine etwa 0,1 Millimeter tiefe und 0,2 Millimeter breite Rille und kann pro Millimeter

Abb. 12.1: Rasterelektronenmikroskopische Aufnahmen von Mikro- und Nanoplastik, das beim Schneiden mit einem ganz normalen Messer auf einem ganz normalen Schneidebrett aus Polypropylen entsteht (aus Luo et al. 2022, S. e8). Man beachte, dass die Vergrößerung in jeder der drei Zeilen von links nach rechts zunimmt, sodass man die Rillen oder Kratzer links mit bloßem Auge gerade noch sehen könnte. Ganz rechts hingegen ist oben (d) und unten (l) sogar Nanoplastik (also Partikel einer Größe von unter 1 µm) zu sehen. In (a) ist in der Mitte eine vom Messer geschnittene Rille zu sehen. An einem Ende der Rille sind in Abb. (b-d) beim Schnitt entstandene Verformungen und Partikel unter zunehmender Vergrößerung zu sehen. In (e-h) ist die Mitte der Rille mit den beim Schnitt entstandenen feinen Schnipseln zu sehen. Die Abb. (i-l) zeigen einen Kratzer durch Schieben des Schnittguts mit dem Messer auf dem Schneidebrett. Hierbei entstehen zahlreiche sehr kleine Partikel, bis nanometergroß in (l). Die am Messer haftenden Partikel wurden nicht untersucht.

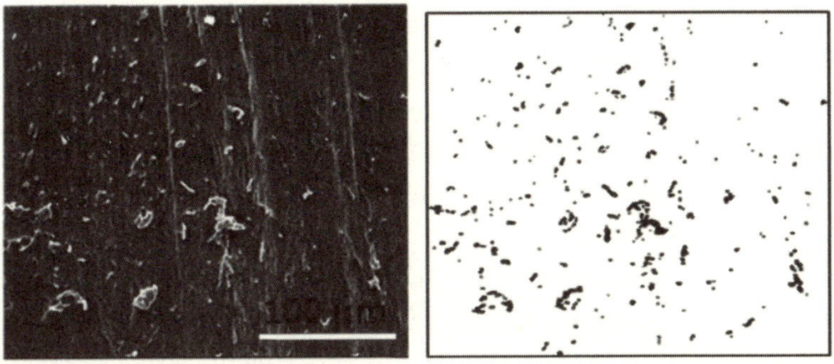

Abb. 12.2: (links) Kontrastreichere Darstellung der Abb. (j) aus Abb. 12.2 und (rechts) Darstellung der einzelnen Partikel, welche die Bildanalyse liefert (leicht modifiziert nach Abb. S9 aus dem Supplement zur Arbeit von Luo et al. 2022). Die Bildanalyse rechts zeigt mehr als hundert Partikel. Am weißen Balken im Bild links, dessen Länge 100 µm beträgt, lässt sich abschätzen, dass auch die kleinsten hier sichtbaren Partikel noch einen Durchmesser von mehreren Mikrometern haben und dass hier insgesamt eine Fläche von 0,1 Quadratmillimetern zu sehen ist. Weil also kleines Mikroplastik und sämtliches Nanoplastik hier nicht zu sehen sind, passen diese Bilder durchaus zu den im Text genannten Zahlen.

Schnittlänge hundert bis dreihundert Partikel Mikroplastik freisetzen, die sich in der Rille und um sie herum verteilen (Abb. 12.1, a-h). Auch beim Schaben des Messers über das Brett (wenn man zum Beispiel das Geschnittene vom Brett in eine Pfanne schiebt) entsteht Mikroplastik als ungewollter und unsichtbarer Abrieb – etwa dreitausend Partikel pro Quadratmillimeter (Abb. 12.1, i-l; Abb. 12.2).

Etwa hundert bis dreihundert Mikroplastik- beziehungsweise Nanoplastikpartikel pro Millimeter Schnittlänge – bei *jedem* Schnitt – und etwa dreitausend pro Quadratmillimeter Fläche! Das macht nachdenklich. Zumal die Autoren noch hervorheben, dass sie im Vergleich zum wirklichen Schneiden in der Küche nur einen »Trockenlauf« ohne Schneidgut durchgeführt haben – ganz einfach aus Gründen der (nicht nur methodischen) Sauberkeit.

Die Autoren folgern aus ihren Ergebnissen: »Wenn wir uns Sorgen über die Kontamination unserer Lebensmittel mit Mikroplastik und Nanoplastik machen, sind Holzschneidebretter vorzuziehen« (Luo et al. 2022, S. e9).

Weil die bisherigen Untersuchungen mit neuen Brettern und einem *neuen* Messer durchgeführt worden waren und dadurch die Anzahl der beim Schneiden entstehenden Mikroplastikpartikel wahrscheinlich unterschätzt wird, hat sich eine im April 2025 im Fachblatt *Environmental Health Perspectives* publizierte Studie australischer und chinesischer Autoren damit beschäftigt, wie es sich bei längerer Nutzung verhält (Gan et al. 2025). Hierzu wurde ein recht kompliziertes experimentelles Design gewählt. Auf sechs Schneidebrettern (jeweils zwei aus Polypropylen, Polyester und Weidenholz) wurde ein eigens angerührter Nahrungsbrei[4], der wie ein Pfannkuchen mit sechzehn Zentimetern Durchmesser auf dem Schneidebrett ausgebreitet war, mit normalem Schneidedruck 350-mal mit einem Messer »durchgeschnitten«. Dann erfolgten senkrecht zur Schnittrichtung weitere 350 Schnitte, das heißt pro Brett und Durchgang bekam jedes Schneidebrett 700 Schnitte ab, was nach den oben dargestellten Untersuchungen zu einer größeren Anzahl von Mikroplastikpartikeln (beziehungsweise Holzpartikeln) führen sollte. Danach wurden aus dem Nahrungsbrei und den darin enthaltenen Partikeln Pellets geformt und gefriergetrocknet. Auf diese Weise wurden nacheinander zwölf Chargen dieser Nahrung produziert, die auf ihren Partikelgehalt analysiert wurden. Die 2 × 160 Gramm (von jeweils zwei Schneidebrettern) wurden dann in der ersten Untersuchungswoche an zwölf Mäuse verfüttert. Dies geschah zunächst für vier Wochen (in drei Gruppen von je zwölf Mäusen), wonach die Hälfte der Tiere analysiert wurde. Die andere Hälfte durchlief diese Prozedur für weitere acht Wochen (vgl. Abb. 12.3).

Das Ziel dieser Studie war es, die Auswirkungen einer langfristigen Exposition gegenüber Partikeln, die aus verschiedenen Schneidebrettern freigesetzt werden, auf Darmentzündungen und die Besiedelung des Darms der Tiere mit Bakterien (Darmmikrobiom) zu untersuchen. Die Schneidebretter lagen dabei auf einem Kraftmessgerät, sodass der Schneidedruck gemessen und sichergestellt werden

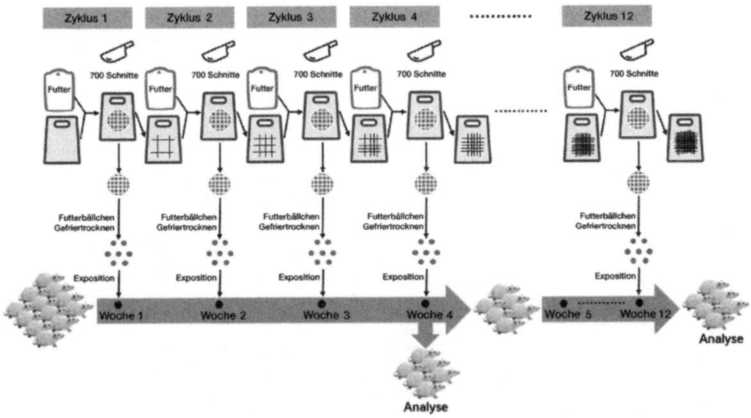

Abb. 12.3: Flussdiagramm der Studie von Gan et al. 2025 (übersetzt und modifiziert nach Gan et al. 2025, Figure 1, S. e3). Im ersten Schneidezyklus wurden 160 Gramm AIN93G-Diät zu zwanzig Milliliter ultrareinem Wasser hinzugefügt, um eine Paste herzustellen, die auf einem intakten Schneidebrett verteilt und 700-mal geschnitten wurde. Für jedes Brettmaterial wurden die Diäten doppelt auf zwei Schneidebrettern zubereitet (2 × 160 g), danach gemischt, zu Futterbällchen gerollt, gefriergetrocknet und zwölf Mäusen in der ersten Woche verabreicht. Das jeweilige Schneidebrett wurde in der zweiten Woche dem nächsten Zyklus der Futterzubereitung unterzogen. Diese Zubereitung von Mäusefutter wurde für zwölf Zyklen wiederholt, was eine kontinuierliche Exposition der Mäuse über zwölf Wochen ermöglichte. Am Ende der vierten Woche wurden sechs von zwölf Mäusen nach dem Zufallsprinzip für die Analyse ausgewählt, während die Exposition der übrigen Mäuse bis zum Ende der zwölften Woche fortgesetzt wurde.

konnte, dass die aufgewendete Kraft zwischen zwei- und sechshundert Newton lag (was der beim Schneiden von Fleisch normalerweise verwendeten Kraft entspricht).

Die Analyse des Mäusefutters ergab eine deutliche Zunahme von dessen Mikroplastikgehalt über die zwölf Herstellungszyklen hinweg: bei Polyethylen von 340 ± 237 µg/g auf 1211 ± 322 µg/g und bei Polypropylen von 467 ± 209 µg/g auf 1,088 ± 95 µg/g. Beide Plastikschneidebretter gaben also kontinuierlich umso mehr Plastikpartikel an die Nahrung ab, je länger sie in Gebrauch waren (Abb. 12.4).

Als die Nahrung an die Mäuse verfüttert wurde, zeigte sich Fol-

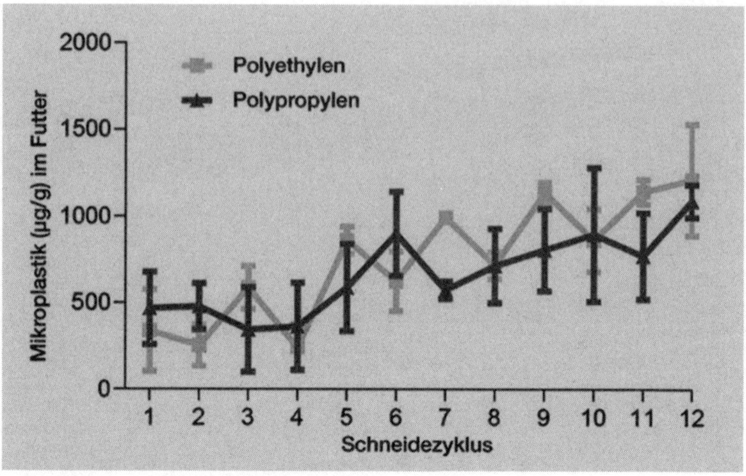

Abb. 12.4: Mikroplastikpartikel (Menge in Mikrogramm, µg) pro Gramm Futterbrei über zwölf Schneidezyklen hinweg, verursacht durch jeweils 700 Schnitte pro Zyklus auf den Schneidebrettern aus Polyethylen und Polypropylen (übersetzt und modifiziert nach Gan et al. 2025, Figure 2G, S. e6). Die akkumulierte Gesamtmasse von freigesetztem Plastik über die 12 Schneidezyklen betrug 1,42 g Polyethylen beziehungsweise 1,28 g Polypropylen, wobei die Partikel eine durchschnittliche Größe von 27 µm (Polyethylen) beziehungsweise 10 µm (Polypropylen) hatten.

gendes: Im Vergleich zu Mäusen, die mit auf Holzschneidebrettern zubereiteten Mahlzeiten gefüttert wurden, wurden bei Mäusen, deren Futter auf Polypropylen-Schneidebrettern zubereitet worden war, signifikante ($p<0,05$) Anstiege der Entzündungsmarker CRP (C-reaktives Protein), TNF-alpha (Tumor-Nekrose-Faktor alpha) und Interkeukin-10 (IL-10) im Serum sowohl nach vier als auch nach zwölf Wochen gefunden. Nach zwölfwöchiger Exposition waren die Effekte deutlicher, und es kam eine signifikante Erhöhung des Tumormarkers Carcinoembryonales Antigen (CEA) im Serum hinzu ($p=0,0112$). Das gleiche Muster eines (gegenüber Holzschneidebrett) Anstiegs der genannten Biomarker wurde auch im Dünndarm (Ileum) gefunden, das heißt, die Verwendung von Schneidebrettern aus PP führt langfristig zu Darmentzündungen.

Mahlzeiten, die auf Schneidebrettern aus Polyethylen (PE) zubereitet wurden, führten in diesen Versuchen dagegen zu Veränderungen des Mikrobioms, der Fäkalien sowie zu Veränderungen im Stoffwechsel der Leber. Man kann daher festhalten, dass Schneidebretter aus unterschiedlichen Plastiksorten bei längerem Gebrauch auch unterschiedliche negative Effekte auf die Gesundheit haben.

Um das Risiko besser zu verstehen, das mit Mikroplastikpartikeln verbunden ist, die bei der Zubereitung von Lebensmitteln aus Schneidebrettern freigesetzt werden, sind weitere Studien und vor allem eine umfassende Risikobewertung erforderlich.

Fazit

Ein Leben ganz ohne Plastik ist heute nicht möglich. Dies betonen alle, die sich mit der Problematik beschäftigen. Aber man kann versuchen, die Vermeidung von Plastik in einen achtsamen Lebensstil einzubeziehen. Wenn die Dosis das Gift macht, ist dies das Einzige, was derzeit praktikabel und sinnvoll erscheint. Alles andere braucht gesellschaftlichen Willen und Wandel. Der wird kommen, und dieses Buch wird vielleicht ein kleines Stück dazu beitragen. Aber bis dahin kann jeder sich und andere schützen.

13
33 TIPPS ZU MIKROPLASTIK

Wenn Sie Plastik vermeiden, dann führt dies langfristig auch zu weniger Mikroplastik. Weil es aber auch primäres – also eigens produziertes – Mikroplastik gibt, sind Hinweise zu dessen Vermeidung hier mit aufgenommen.

1. Vermeiden Sie abgepackte Nahrungsmittel und Fertiggerichte, denn bei der industriellen Herstellung und Verpackung von Nahrung entsteht Mikroplastik. Bereitet man dagegen sein Essen selbst zu, kann man das Entstehen von Mikroplastik weitgehend verhindern, sofern man in der Küche Stahl, Gusseisen, Keramik, Holz oder Glas verwendet und die Zutaten am besten auf dem Markt und unverpackt einkauft.
2. Verwenden Sie kein Plastik im Mikrowellenherd und keine Wasserflaschen aus Plastik.
3. Verwenden Sie kein schwarzes Plastik und werfen Sie Töpfe und Pfannen mit Antihaftbeschichtung aus Kunststoff in den Müll. Von Teflon-Pfannen sollten Sie sich sowieso längst getrennt haben – hinter dem Markennamen Teflon verbirgt sich Polytetrafluorethylen (PTFE).
4. Essen Sie mehr vegetarische Kost, da sich Pflanzen ganz grundsätzlich weiter unten in der Nahrungskette befinden. Daher ist bei ihnen der Grad der Kontamination mit Plastik geringer. Gelegentlich Fisch ist in Ordnung, aber achten Sie darauf, möglichst kleine Fische zu essen, weil sich größere von den kleineren ernähren und die Gifte beziehungsweise die Plastikpartikel sich in ihnen anreichern.
5. Weil Mikroplastik oft am Hausstaub klebt oder diesen teilweise ausmacht, achten Sie auf eine möglichst staubfreie Umgebung. Hier hilft ein Staubsauger mit Hochleistungsfilter, auch HEPA-

Filter genannt. HEPA steht für »high-efficiency particulate air«, was bedeutet, dass diese Filter auch sehr feinen Staub und damit auch Mikroplastik effektiver auffangen.

6. Abrasive Hautpflegemittel (Peelings) können Mikroplastik enthalten, ebenso Lippenstifte, Cremes, Lotionen, Seifen, Lidschatten, Wimperntusche (Mascara) und andere Kosmetikartikel. Achten Sie darauf, nur solche zu kaufen, die kein Plastik enthalten. Außerdem können Geruchsstoffe in Kosmetika zur besseren Haltbarkeit in Mikroplastik verkapselt sein, weswegen möglichst geruchsneutrale Mittel zur Haut- und Körperpflege zur Anwendung kommen sollten.
7. Kaufen Sie keine Möbel aus Kunststoff, denn Sie atmen Ihre Möbel ansonsten langfristig ein und essen sie auf. Am besten ist es, wenn Sie gebrauchte Möbel kaufen. Wenn diese über hundert Jahre alt sind, können sie sowohl wesentlich schöner als auch funktionaler sein als neue. Viel wichtiger aber ist, dass sie aus Holz sind, schon lange CO_2 in sich gespeichert haben, und Sie können dafür sorgen, dass das auch so bleibt. Bei Antiquitäten ist man auf der sicheren Seite: Sie enthalten kein Plastik, bei Schellackpolitur nicht einmal in der Lackierung. Alte Möbel sind keine toten Dinge, sondern haben eine Geschichte und können stille Lebensbegleiter sein. Man ist im Grunde immer nur der letzte lebende Kurator in einer langen Reihe von Vorbesitzern – und hat die Aufgabe übernommen, sich für ein paar Jahrzehnte um sie zu kümmern.
8. Mode wurde erfunden, damit die Menschen viel mehr Kleidung kaufen, als sie eigentlich brauchen. Im Durchschnitt wird ein neu gekauftes Kleidungsstück weniger als fünfmal getragen. Kaufen Sie weniger Kleidung und achten Sie beim Kauf auf Naturfasern. Selbst wenn Kunstfasern nur beigemischt sind, produzieren die Kunstfasern beim Tragen und Waschen weniger Mikroplastik. Wenn Sie gern viel Geld für Kleidung ausgeben, dann kaufen Sie sehr teure, exklusive Stücke – aber eben nur wenige. Sie sind langfristig dann viel besser gekleidet und brau-

chen kein schlechtes Gewissen gegenüber der Umwelt und künftigen Generationen zu haben.

9. Geben Sie Plastikgeschirr oder -besteck nicht in den Geschirrspüler. Denn dieser produziert ansonsten unglaubliche Mengen an Mikro- und Nanoplastik.
10. Legen Sie sich einen (am besten aus einem Naturmaterial) Coffee-to-go-Becher zu und nehmen Sie ihn auch tatsächlich mit, wenn die Wahrscheinlichkeit, dass Sie Lust auf einen Kaffee bekommen, größer null ist. Das gilt sinngemäß natürlich auch für andere Heißgetränke.
11. Wenn Sie diese Lektion – sicherlich erst nach einiger Übung – gelernt haben, dann wenden Sie dieses Wissen auch auf Kaltgetränke an. Besorgen Sie sich ein bruchsicheres Glasgefäß, das eine Form hat, die (1) Ihnen zusagt und vor allem (2) für Wasser, Säfte, Limonade, Bier und Wein tauglich ist. Zugegeben: Das ist keine leichte Aufgabe! Wenn die Wahrscheinlichkeit, dass es etwas zu essen gibt, größer null ist, nehmen Sie ein Campingbesteck mit. Die besten sind aus Titan – leicht und megacool!
12. Vermeiden Sie Kleidungsstücke aus Fleece, denn sie werden von Ihnen nicht nur eingeatmet, sondern produzieren beim Waschen auch sehr viel Mikroplastik.
13. Kassenbons, Fahrkarten, Kontoauszüge und andere bedruckte Papierchen bestehen aus Thermopapier, das Mikroplastik enthält. Vermeiden Sie solche Ausdrucke nach Möglichkeit.
14. Kunstrasen ist zukünftiges Mikroplastik. Kaufen Sie kein giftiges totes Grün, sondern lebendiges.
15. Die meisten Produkte, die mittels Plastik verpackt sind, gibt es auch in anderen Verpackungen. Milch, Joghurt, Marmelade, Rollmöpse, Bratheringe, Suppen, Pesto, Senf und Ketchup gibt es auch in Gläsern und Glasflaschen, Süßigkeiten und salzige Snacks auch in Papierverpackungen, die weder innen noch außen eine Plastikbeschichtung haben sollten.
16. Kaufen Sie Brot beim Bäcker und nehmen Sie eine leichte Baumwolltasche als Verpackung mit.

17. Eine meiner Töchter hat drei Kinder mit Stoffwindeln und praktisch ohne Plastikmüll gewickelt – und es sogar ihren Freundinnen nach deren Niederkunft beigebracht. Machen Sie es ebenso! Sie tun es für die plastikärmere Zukunft Ihres Kindes.
18. Reparieren Sie kaputte Gegenstände beziehungsweise lassen Sie sie reparieren. Jede Reparatur ersetzt den Kauf von etwas Neuem. Die EU hat eine Richtlinie erlassen, die darauf abzielt, dass Produkte reparabel sind. Gehen Sie mit diesem Trend.
19. Vermeiden Sie Plastikberge im Kinderzimmer! Kinder sind ohnehin stärker mit Mikroplastik belastet als Erwachsene, sind mehr Plastik ausgesetzt als alle Menschen vor ihnen und werden dieses Plastik mitsamt den darin enthaltenen Giften am längsten in sich tragen – mit allen Risiken und Nebenwirkungen. Weil dies so ist, halte ich es für unsere Pflicht, ihnen nicht noch mehr Plastik in Form von Spielzeug zuzumuten. Die schönsten Spielzeuge sind ohnehin aus Holz oder Metall. Und noch ein Tipp: Wenn Spielzeug ohne Strom auskommt, sind Sie schon eher auf der sicheren Seite.
20. Nehmen Sie Mehrwegnetze zum nächsten Einkauf im Supermarkt mit und verwenden Sie sie statt der kleinen Plastiktüten, die dort für Obst, Gemüse oder andere lose Artikel zur Verfügung gestellt werden. Außerdem gibt es Unverpackt-Läden, Zero-Waste-Läden und sogar plastikfreie Online-Shops.
21. Essen Sie Eis aus der Eisdiele lieber aus der Waffel als aus einem Pappbecher, denn die Becher sind in der Regel beschichtet und das Löffelchen sowieso ganz aus Plastik.
22. Kaugummi ist Gummi und klebt nicht nur lange ganz hässlich irgendwo, sondern landet auch in Ihrem Körper, mitsamt Mikroplastik im Gummi und dessen Verpackung.
23. Öle und Fette gehören grundsätzlich nicht in Plastikflaschen oder -behälter. Verwenden Sie Glas, Keramik oder Stahl.
24. Bereiten Sie Ihren Kaffee mit losem Kaffee zu, nicht mit plastikverpackten Pads oder Kapseln, die zu Plastikmüll und Mikroplastik werden.

25. Konserven kann man für Notfälle zu Hause haben. Aber nicht zu viele, denn sie sind innen lackiert, und Lack ist eine Quelle von Mikroplastik.
26. Achten Sie beim Renovieren Ihrer Wohnung auf plastikfreie Wandfarbe.
27. Feiern Sie Feste – vor allem Kindergeburtstage – plastikfrei. Das ist zugegebenermaßen sehr schwierig!
28. Backpapier hat seine Antihaft-Eigenschaft entweder aufgrund von Silikon (»Backmatte«) oder von Kohlenstoff-Fluor-Verbindungen (PFAS). Lange hielt man Silikon für völlig unbedenklich, aber neueste Studien zeigen, dass es im Backofen zur Freisetzung von cyclischen Siloxanen in die Luft und die Backwaren kommen kann (vgl. Zhu et al. 2025). PFAS nennt man auch »Ewigkeitschemikalien«, denn sie sind nahezu unzerstörbar. Sie machen Probleme, weil sie sich nicht nur in der Umwelt, sondern auch in uns anreichern und zu gesundheitlichen Schäden führen können.
29. Verbringen Sie viel Zeit im Freien.
30. Trinken Sie Leitungswasser, sofern Ihre Kommune Sie mit geschmacklich und qualitativ ordentlichem Wasser versorgt.
31. Eine erhöhte Nahrungsaufnahme (Übergewicht) verstärkt die negativen Auswirkungen von Mikroplastik. Ein Grund mehr, auf Normalgewicht zu achten.
32. Achten Sie bei Ihrer Ernährung auf genügend Ballaststoffe und eine ausreichende Zufuhr von Vitaminen und Spurenelementen und wirken Sie so den gesundheitsschädlichen Auswirkungen von Mikroplastik entgegen.
33. Verwenden Sie nach Möglichkeit ein Schneidebrett aus Holz. Für rohes Fleisch und rohen Fisch kann es die Hygiene erfordern, auf Glas oder Metall auszuweichen – und nur wenn es nicht anders geht, auf Plastik, aber schaben Sie dann nicht mit dem Messer über das Brett, sondern verwenden Sie hierzu einen Holzschaber, und tauschen Sie ein altes Plastikschneidebrett gegen ein neues, das verursacht weniger Mikroplastik.

NACHWORT

Am Nachmittag des 13. Januar 2026 um 15:20 Uhr ließ die britische Tageszeitung *The Guardian* die Bombe platzen: Wissenschaftler hätten große Zweifel am ganzen Gerede von Mikroplastik im Körper des Menschen und den dadurch entstehenden Schäden für die Gesundheit (Carrington 2026). Es habe schwere methodische Fehler gegeben, und die Ergebnisse gingen vielleicht auf das Konto von Verunreinigungen oder schlicht von Irrtümern. Die in *Nature Medicine* erschienene und hier in Kapitel 6 ausführlich diskutierte Studie von Nihart und Mitarbeitern (2024) wurde von einem Wissenschaftler am Helmholtz Zentrum für Umweltforschung als »Witz« bezeichnet. Der *Guardian* zitiert ihn mit den Worten »Diese Arbeit ist wirklich schlecht. Und es ist sehr gut erklärbar, warum sie falsch ist« (Dušan Materić, zit. nach Carrington 2026). Für eine Tageszeitung ist die Diskussion der Problematik erstaunlich detail- und kenntnisreich.

Unter den im *Guardian* angeführten Arbeiten ist eine im Herbst publizierte Kritik an der Nihart-Studie, die im Dezember 2025 von Fazel Monikh, einer Wissenschaftlerin der Universität Padua, zusammen mit Materić und weiteren Wissenschaftlern – ebenfalls in *Nature Medicine* – veröffentlicht wurde. Die Autoren geben darin zu bedenken, dass die von Nihart und Mitarbeitern berichteten Konzentrationen durch methodische Schwächen verzerrt und damit unzutreffend sein könnten. Sie bemängeln vor allem unzureichende Kontaminationskontrollen, fehlende oder schwache Validierung und falsch positive Ergebnisse: Anstatt Plastik sei Fett gemessen worden (Monikh et al. 2025), und weil die Menschen über die Jahrzehnte immer dicker geworden seien, sei bei der Messung eben ein erhöhter Wert bei später Verstorbenen herausgekommen. »Diese Möglichkeit wird durch den hohen Lipidgehalt des Hirngewebes (~ 60 Prozent Lipide, bezogen auf das Trockengewicht) im Vergleich zu Leber und Nieren (< 5 Prozent) noch verstärkt«, schreiben die

Autoren (Monikh et al. 2025, S. 4035). Die erhöhten Werte im Gehirn im Vergleich zu den Nieren wären also durch die Messung von Fett vollkommen erklärbar und trivial.

Der *Guardian* bezieht sich weiterhin auf eine bereits am 10. März 2025 im Fachblatt *Nature* publizierte Arbeit (Xu et al. 2025). Die Autoren führten ebenfalls Kontamination, methodische Probleme der Detektion und die Möglichkeit falsch positiver Ergebnisse an, wobei ihre Formulierungen durchaus geeignet scheinen, die Bemühungen aller auf dem Forschungsfeld Mikroplastik ernsthaft arbeitenden Wissenschaftler ins Lächerliche zu ziehen: »Moderne Labore sind selbst Hotspots für die Verschmutzung durch Nanokunststoffe und Mikroplastik, und die zur Erkennung von Kunststoffen verwendeten Methoden machen es schwierig, die Möglichkeit einer Kontamination auszuschließen [...]. Außerdem sind viele Ergebnisse auf der Grundlage des aktuellen Wissensstands – hauptsächlich aus der Nanomedizin – über die Bewegung winziger Partikel im menschlichen Körper biologisch nicht plausibel« (Xu et al. 2025). Diese Kritik erklärt die verschiedenen Unterschiede zwischen den Organen und Patientengruppen nicht sachlich. Die Autoren fordern »strengere Standards, Transparenz und Zusammenarbeit zwischen Forschern«, um einen »Kreislauf aus Fehlinformationen und ineffektiven Vorschriften« zu verhindern. Dabei sind es meines Erachtens die Autoren selbst, die Fehlinformationen liefern und so auftreten, dass eine »Zusammenarbeit« schwer wird. Und wenn sie schreiben: »Ein Verständnis der Zusammenhänge zwischen der Exposition von Menschen gegenüber Nano- und Mikroplastik und ihrer Gesundheit kann nur durch fundierte wissenschaftliche Untersuchungen gewonnen werden«, dann klingt das in meinen Ohren so, als gäbe es davon bislang keine. Da wundert es nicht, dass manche Wissenschaftler den Tonfall der Diskussion kritisieren: »Ich bin wirklich der Meinung, dass wir viel netter zusammenarbeiten sollten, einschließlich einer viel offeneren Kommunikation – und nicht versuchen sollten, die Ergebnisse anderer zu zerstören. Wir sollten alle gemeinsam vorankommen, anstatt uns gegenseitig zu bekämpfen«, hält die niederländische Wissenschaftlerin Marja Lamoree ihren Kritikern entgegen (zit. nach Carrington 2026).

Schließlich beruft sich der *Guardian* sogar auf das *Deutsche Ärzteblatt*, in dem die Autoren – allesamt keine Spezialisten auf dem Forschungsfeld Mikroplastik – am 21. Juli 2025 Entwarnung geben: »Bislang wurden keine kausalen Zusammenhänge zwischen der Aufnahme von Mikroplastik und gesundheitlichen Auswirkungen nachgewiesen. [...] Obwohl Auswirkungen auf Entzündungsprozesse und die Immunantwort denkbar sind, wurde bislang keiner dieser Wirkmechanismen für Mikroplastikpartikel bestätigt« (Janzik et al. 2025).

Der Titel des Aufmachers im *Guardian* lautete: »›Eine Bombe‹: Zweifel an der Entdeckung von Mikroplastik im gesamten menschlichen Körper«. Allgemein gilt *The Guardian* als seriöse Zeitung, so wie hierzulande der *Spiegel*. Letzterer zitiert den *Guardian* am 15. Januar 2026 in dem Artikel »Forscher bezweifeln Gefahr durch Mikroplastik im Körper«, unterschlägt aber die im *Guardian* ausführlich beschriebenen Gegendarstellungen der kritisierten Autoren (Anon 2026) – ein enttäuschender Fall von lückenhaftem Journalismus. Die Gegendarstellungen sind – im Gegensatz zur Kritik – nüchtern und sachlich.

Matthew Campen, der Senior-Autor der Nihart-Arbeit, verdeutlicht mit klaren Argumenten, dass die Kritik von Monikh und Mitarbeitern unberechtigt ist: Messfehler und damit zufällig verteilte Messwerte könnten Ergebnisse nur dann erklären, wenn nichts herauskommt. Man fand jedoch ein sehr klares Muster, das zudem mit Daten aus anderen Studien übereinstimmte. Dies allein spricht schon gegen den Einwand der mangelnden Methodik. Dass sich die Spektren von Polyethylen und Fett ähneln, sei korrekt. Wenn aber alle untersuchten Plastiktypen (und nicht nur Polyethylen) gleichermaßen erhöht waren, fällt dieses Argument in sich zusammen (denn die Spektren der anderen untersuchten Plastiktypen ähneln dem von Fett nicht). Zur Erklärbarkeit seiner Befunde durch Fett bemerkt Campen weiter: »Die Aussage, dass das Gehirn zu 60 Prozent aus Lipiden besteht, während Nieren und Leber zu 5 Prozent aus Lipiden bestehen, ist ein Vergleich der Trocken- und Nassgewichtsanteile. Das Gehirn besteht zu weniger als 17 Prozent aus Lipiden (und zu 73 Prozent aus Wasser). Nieren und Leber bestehen zu etwa 5 Prozent aus Lipiden. […] Darüber hinaus erklärt der Anstieg des Body-Mass-Index um etwa 15 Prozent in den letzten 50 Jahren […] nicht den Anstieg der […] gemessenen summierten Polymere um 42 Prozent in den acht Jahren von 2016 bis 2024« (Campen 2025, S. 4036). Die Kritik von Monikh, Materić und anderen erweist sich damit als gegenstandslos.

Das Bundesinstitut für Risikobewertung (BfR) ist in seiner Stellungnahme zu »Mikroplastik und Gehirn« vom 3. Dezember 2025 ebenso klar wie die Arbeitsgruppe um Nihart und Campen, deren Originalarbeit wie folgt kommentiert wird: »Der toxikologische Part ist methodisch gut beschrieben, und die Ergebnisse sind nachvollziehbar und übersichtlich dargestellt. Wissenslücken werden adäquat adressiert und keine kausalen Zusammenhänge hergestellt, die nicht von den Daten gedeckt wären. In der Schlussfolgerung wird nur die Korrelation der Plastikmengen beschrieben, und aufgrund steigender Expositionshöhe in der Umwelt ein erhöhter Forschungsbedarf auch in Hinblick auf gesundheitliche Effekte, insbesondere auf neurologische Erkrankungen, postuliert« (BfR 2025, S. 7).

Nicht selten ist man als Wissenschaftler und Arzt mit einer Datenlage konfrontiert, die einen statistischen Zusammenhang beim Menschen und einen kausalen Zusammenhang im Tierexperiment zeigt. Dies schreit geradezu nach der Überprüfung der Kausalität beim Menschen durch sehr aufwendige (teure und über Jahre andauernde) klinische prospektive, randomisierte, kontrollierte Studien.[1] Aber was macht man in der Zwischenzeit? Es ist immer leicht, endgültige Klarheit zu fordern, aber im wirklichen Leben gibt es die oft nicht. Dann gilt es, verantwortungsvoll zu handeln – auch wenn das unbequem ist oder anderen Interessen zuwiderläuft.

Ich selbst habe erlebt, was es bedeutet, wenn man aus wissenschaftlicher Einsicht zur Neuroplastizität heraus über digitale Demenz (Spitzer 2012) spricht und dadurch persönliche Anfeindungen bis hin zu Drohungen – und einen wochenlangen Shitstorm – lostritt. Wie könne ich so etwas behaupten, wo es doch keine Langzeitstudien gebe (mit tausend Babys, fünfhundert davon ohne und fünfhundert mit Smartphone, randomisiert, und dann achtzig Jahre abwarten, beobachten und die Demenzkranken in beiden Gruppen zählen).[2] Zwar wurden bald die gesundheitlichen Probleme (Spitzer 2015) und das epidemieartige Ausmaß des Problems (Spitzer 2018) überdeutlich, aber dennoch zeigte sich mir der lange Arm der Digitallobby überdeutlich. So wurde noch im Jahr 2019 im Fachblatt *Nature Human Behaviour* – mit vergleichbarer Ignoranz gegenüber gegenteiligen Evidenzen – von britischen Autoren publiziert, dass Smartphones etwa so ungefährlich seien wie Kartoffeln (Orben & Przybylski 2019), was dann nicht nur in *Nature* (Anon 2019), sondern einen Tag danach in allen europäischen Zeitungen nachzulesen war (Zusammenfassung in Spitzer 2019). Dass Smartphones wegen ihrer Schäden in den Bereichen Gesundheit, Bildung, Gehirnentwicklung und Sozialverhalten einmal kritisch diskutiert würden oder gar über Verbote nachgedacht würde – von tatsächlichen Verboten gar nicht zu reden –, war vor gerade einmal sieben Jahren in unserer Gesellschaft noch nicht gegenwärtig.

Wie gut, dass im Hinblick auf die Gefahren von Mikroplastik für den Menschen am 26. Januar 2026 die Bombe der Entwarnung entschärft wurde – mit einer größeren und glaubwürdigeren Bombe in Form einer im Fachblatt *Lancet Planetary Health* publizierten Arbeit mit dem Inhalt, dass Plastik nachweislich bis zum Jahr 2040 über achtzig Millionen verlorene Lebensjahre für die Menschheit verursacht (Deeney et al. 2026). Obwohl die Autoren das, worum es in diesem Buch ging – die gesundheitlichen Auswirkungen von Mikro- und Nanoplastik sowie der darin enthaltenen chemischen Stoffe –, nicht spezifisch untersucht haben, ist die Studie an dieser Stelle von Bedeutung. Denn hier wird erstmals über Plastik und Gesundheit aus globaler Perspektive gesprochen.

Die insgesamt komplexen und schwer nachvollziehbaren Analysen basieren auf dem Konzept des Life Cycle Assessments (LCA; vgl. Kapitel 12), bei dem es um die Bewertung der Umweltwirkungen eines Produkts oder einer Dienstleistung über den gesamten Lebenszyklus hinweg geht – von der Rohstoffgewinnung bis zur Entsorgung. In einem nahezu hundert Seiten starken Anhang werden die einzelnen Datenquellen statistisch ausgewertet und in verlorene »behinderungsbereinigte Lebensjahre« (disability-adjusted life years, DALYs[3]) umgerechnet – eine Mammutaufgabe! An mehreren Stellen wird in der Arbeit Mikro- und Nanoplastik erwähnt, und es wird in Aussicht gestellt, dass es künftig hierzu mehr quantitative Daten geben könnte. Genau genommen steckt ein bisschen Mikro- und Nanoplastik durchaus schon in der Arbeit drin, denn es geht ja um Feinstaub (enthält Plastik) und um das Treibhausgas Kohlendioxid (entsteht bei der Verbrennung von Plastik). Die in diesem Buch vorgelegten Erkenntnisse legen jedoch nahe, dass diese Studie die gesundheitlichen Auswirkungen von Kunststoffen unterschätzt – wahrscheinlich sehr deutlich.

ANMERKUNGEN

1 Verstummter Frühling

1 Das Gesetz wurde seither mehrfach überarbeitet und verschärft (USLegal 2025).
2 Auch dieses Gesetz wurde mehrfach überarbeitet (US EPA 2025).
3 Meta-Analysen sind umfassende große Studien, die auf der Basis bereits vorhandener Studien Fragestellungen mit einer Sicherheit und Zuverlässigkeit beantworten können, wie es auf der Basis einzelner Studien oft nicht möglich ist.
4 Der WWF ist eine der größten Umweltschutzorganisationen der Welt, die sich vor allem aus Spenden finanziert und in fast 100 Ländern aktiv ist (WWF 2025). Bei der Gründung 1961 stand WWF als Abkürzung für World Wildlife Fund, was etwa mit »Stiftung zur Unterstützung wild lebender Tiere« zu übersetzen wäre. Im Jahr 1986 wurde die Stiftung in World Wide Fund for Nature umbenannt – unter Beibehaltung der Abkürzung (!). Ziel ist nun also der Erhalt der gesamten Natur sowie der biologischen Vielfalt (Schwarzenbach 2011, S. 318).

2 Immer mehr Müll im Meer

1 Die *Pew Charitable Trusts* wurden im Jahr 1948 von den Kindern von *Joseph Newton Pew,* dem Gründer des großen US-Mineralölunternehmens *Sunoco,* durch Zusammenschluss von sieben bereits bestehenden Stiftungen gegründet.
2 Die Autoren meinen wahrscheinlich das 5-Prozent-Konfidenzintervall, geben dies jedoch nirgends im Bericht an.

3 Mikro bis Nano: immer kleiner

1 Zum Vergleich: 50 µm (Mikrometer) entsprechen etwas weniger als der Breite eines typischen menschlichen Haares.
2 Chemische Namen sind häufig unglaubliche Wortungetüme und daher unaussprechlich, die einzelnen Bestandteile für Nicht-Chemiker zudem bedeutungslos. Auch im weiteren Verlauf verwende ich solche Namen sparsam.
3 Es handelte sich um Coho-Lachse. Sie sind aber nicht die einzige von 6PPD bedrohte Art. Auch für die Küstenforelle wurde eine entsprechende Toxizität nachgewiesen (Shanker et al. 2025).

4 Wie Plastik in unseren Körper gerät

1 Bei diesem Argument geht es nicht darum, dass diese Stoffe auch Bestandteil von Mikroplastik sein können (wie in Kapitel 8 dargestellt), sondern darum, dass sie sich – wie Mikroplastik auch – nach denselben Prinzipien in Organismen anreichern.

2 Obst, Gemüse, Salat, Olivenöl, Brot und etwas Käse, dazu ein Glas Wasser, ab und an Rotwein. Manchmal dazu Fisch oder (eher seltener) Hühnchen, gelegentlich mal ein Ei. Schweine- oder Rindfleisch gehört nicht dazu, Wurst ebenfalls nicht. Hülsenfrüchte (Linsen, Erbsen, Bohnen sowie Kichererbsen, Erdnüsse, Sojabohnen) sind dagegen feste Bestandteile der Mittelmeerdiät, Joghurt, Quark und Kartoffeln ebenfalls (Spitzer 2017). *Warum* diese Diät so gesund ist, weiß man nicht. *Dass* sie es aber ist und dass sie für eine hohe Lebensqualität sorgt, steht außer Frage (Veronese et al. 2016; Godos et al. 2025). Weil die Insel Kreta mitten im Mittelmeer liegt, spricht man auch von Kreta-Diät, denn dort bestimmt sie den Speiseplan der Menschen besonders stark. Schon vor mehr als einem halben Jahrhundert hatte eine große Studie ergeben, dass Kreter länger leben als beispielsweise US-Amerikaner. Insbesondere traten bei ihnen Herzinfarkte und Schlaganfälle bis zu vierzigmal seltener auf (Wright 2011). Da auch im restlichen Griechenland und in Süditalien Ähnliches gefunden wurde (Trichopoulou et al. 2003), wird der Name Kreta-Diät heute eher selten verwendet.

3 Man spricht von hydrophilen (aus dem Lateinischen wörtlich: »wasserfreundlichen«) oder hydrophoben (»wasserverabscheuenden«) Eigenschaften, die sich umgekehrt gegenüber Fett verhalten: »hydrophil« ist gleichbedeutend mit »lipophob« (»fettverabscheuend«) und »lipophil« mit »hydrophob«.

4 Dies alles geschieht in den Epithelzellen des Darms, deren Aufgabe genau darin besteht, bei Nahrungsaufnahme die Barriere für bestimmte Stoffe durchlässig zu machen. Die meisten Nährstoffe werden fast ausschließlich transzellulär aufgenommen, Zucker (Monosaccharide) und Aminosäuren (aus im Darm zerlegten Eiweißen) werden in nur geringem Ausmaß zwischen den Zellen hindurch aufgenommen, Fette (Lipide) gar nicht.

5 Diese Lymphfollikel kann man unter dem Lichtmikroskop als kugelige Kolonien von B-Lymphozyten sehen. In ihnen findet die Vermehrung und Differenzierung der B-Lymphozyten zu Plasmazellen oder B-Gedächtniszellen statt.

6 Als Makrophagen bezeichnet man spezialisierte Fresszellen des Immunsystems, die Krankheitserreger wie Bakterien oder Viren, abgestorbenes Zellmaterial oder auch Fremdkörper wie Mikroplastik aufnehmen und entweder zerstören oder daran zugrunde gehen. Sie sind ein wichtiger Teil des angeborenen Immunsystems und an der Entstehung von Entzündungen (als erwünschte Reaktion des Körpers) beteiligt.

7 Weil die Teilchen – man denke an ein Sandkorn – meist eine unregelmäßige Form haben, ist hier genau genommen nicht ihr Durchmesser gemeint, sondern ihr aerodynamischer Äquivalentdurchmesser. Dieser ist der Durchmesser einer

Kugel, die dieselbe Sinkgeschwindigkeit in Luft hat wie das unregelmäßig geformte Teilchen.

8 Unter einer allergischen Alveolitis versteht man eine Entzündung der Lungenbläschen; Bronchiektasen sind dauerhafte, sackartige Erweiterungen der Bronchien; eine Pneumokoniose ist eine Staublunge, entsteht also durch Ablagerungen in der Lunge.

9 Der Schirmer-Test misst die Tränenproduktion, indem ein spezieller Filterpapierstreifen in den Bindehautsack gelegt wird, um zu sehen, wie weit die Tränenflüssigkeit den Streifen benetzt. Der Patient muss hierzu die Augen für ein bis fünf Minuten schließen, dann wird der Streifen entfernt und die Länge des feuchten Teils gemessen. Die Fluorescein-Tränenfilmaufreißzeit misst (in Sekunden), wie lange der Tränenfilm auf der Augenoberfläche stabil bleibt, bevor er aufreißt, indem ein fluoreszierender Farbstoff ins Auge getropft und die Zeit bis zum Auftreten von trockenen Flecken unter blauem Licht beobachtet wird – normalerweise über zehn Sekunden. Eine kürzere Aufreißzeit weist auf eine gestörte Tränenfilmqualität hin, was zu Schäden an der Hornhaut führen kann.

5 Aufholjagd in der medizinischen Forschung

1 Interessanterweise geht es in dieser von einem deutschen Autorenteam (Kauffmann et al. 1976) in deutscher Sprache publizierten Arbeit um die Verwendung von Mikroplastikkügelchen zur experimentellen Herbeiführung von Arterienverschlüssen (Thrombosen).

2 Ich danke meiner Kollegin Dr. Bärbel Herrnberger für ihre Unterstützung.

6 Plastik bringt unseren Darm aus dem Gleichgewicht

1 Mitochondrien sind kleine Körperchen (»Organellen«), die in lebendigen Zellen als »Kraftwerke« fungieren, indem sie Nährstoffe in Energie umwandeln.

2 Neben den Kraftwerken gibt es in allen Zellen Fabriken und Transportsysteme, die als das endoplasmatische Retikulum (Lateinisch *reticulum* = Netz) bezeichnet werden. Dabei handelt es sich um ein verzweigtes Membrannetzwerk aus Röhren, Bläschen und sackartigen Strukturen.

3 Der Name NLRP3 steht für »Nucleotide-binding domain, Leucine-rich Repeat, Pyrin domain-containing 3« und beschreibt zwei Bauteile dieses Sensors: eine Region zum Binden (nucleotide-binding) und eine zum Erkennen (leucine-rich repeats). Zwei weitere Bauteile sind ein Adapterprotein (das auf das Kürzel ASC hört), das wiederum an ein Enzym gebunden ist, die Caspase-1. Wird dieses Enzym aktiviert, spaltet es aus Vorläuferproteinen wie pro-Interleukin 1ß (pro-IL-1ß) oder pro-Interleukin-18 die Moleküle IL-1ß und IL-18 ab. Diese Stoffe bezeichnet man als *proinflammatorische Cytokine.*

4 *NF-κB* (sprich: »NF-kappa-B«) ist ein spezifischer Transkriptionsfaktor, der in praktisch allen tierischen Zelltypen und Geweben vorkommt. Transkriptionsfaktoren regulieren das Ablesen und Umsetzen genetischer Information, was für das Immunsystem, aber auch das Wachstum von Krebszellen von Bedeutung ist.

7 Im Gehirn: Entzündung, Zellstress und Demenz

1 Noch sind diese Zusammenhänge insgesamt leider nur unzureichend erforscht. Bereits bekannt ist jedoch, dass Mikroplastik eine Hemmung der Acetylcholinesterase-Aktivität verursacht und damit den Abbau des Neurotransmitters Acetylcholin hemmt und dessen Konzentration steigert.

2 Der pH-Wert einer wässrigen Flüssigkeit gibt an, ob diese sauer (pH-Wert kleiner als 7) oder basisch (pH-Wert größer als 7) ist. Bei einem pH-Wert von 7 ist die Flüssigkeit neutral. Chemisch handelt es sich beim pH-Wert um den negativen Logarithmus der Wasserstoffionenkonzentration. In neutralem Wasser liegt eines von 10 Millionen (10^{-7}) Wassermolekülen als Ionen (H^+ und OH^-) vor, der pH-Wert beträgt also 7.

3 Weil solche Studien für das genauere Verständnis der Auswirkungen von Mikroplastik im Gehirn sehr wichtig sind, werden sie in Kapitel 10 genauer dargestellt.

4 Mit p ist die Wahrscheinlichkeit gemeint, mit der diese Erhöhung per Zufall entstanden sein könnte, also die »Irrtumswahrscheinlichkeit«. Wenn p kleiner ist als 0,05, liegt die Irrtumswahrscheinlichkeit bei unter fünf Prozent. »$p<0{,}0001$« bedeutet, dass die Wahrscheinlichkeit, dass die gemessenen Mikroplastikkonzentrationen im Frontalhirn zufällig zustande kamen, unter 0,1 Promille liegt.

5 Endosomen sind kleine membranumschlossene Bläschen (Vesikel) in Zellen, die aufgenommenes Material transportieren und zu Lysosomen heranreifen, in denen der Abbau des Materials geschieht.

6 Ähnlich, wie es in unserem Körper Organe gibt, die verschiedene Funktionen (Atmung, Verdauung, Kreislauf etc.) haben, gibt es in jeder Zelle von Tieren und Pflanzen *Organellen* (also kleinste »Orgänchen«), die ebenfalls unterschiedliche Funktionen ausführen. Die *Mitochondrien* produzieren Energie, in den *Lysosomen* wird verdaut, das *endoplasmatische Retikulum* produziert und transportiert Proteine und Lipide, der *Golgi-Apparat* verpackt und versendet Proteine, und der *Zellkern* (Nukleolus; also wie »Organell«, eigentlich »Kernchen«) enthält die Erbinformation (DNA), die alles ermöglicht und steuert.

7 α-Synuclein (SNCA) ist ein kleines, lösliches Protein im Gehirn von Wirbeltieren, das unter anderem die Dopamin-Ausschüttung reguliert.

8 Plastik ist nicht gleich Plastik

1 Wer als Kind einmal das gelbe Vorstadium einer »Pusteblume« gepflückt hat, der weiß, dass am Stiel eine milchige Flüssigkeit heraustropfte. Diese enthält tatsächlich etwa sieben Prozent Naturkautschuk, weswegen man in Zeiten der Knappheit (Zweiter Weltkrieg) und nun wieder diesen Kautschuk und seine technische/kommerzielle Nutzung näher untersucht (Erdmann & Königsreuther 2016).

2 Dies zumindest lässt sich der Antwort des Niedersächsischen Ministeriums für Umwelt, Energie und Klimaschutz auf die mündliche Anfrage »Wie entsorgt man ein Windrad« aus dem Jahr 2017 entnehmen.

3 Das Wort Gummi meint umgangssprachlich sowohl den Stoff als auch daraus gefertigte Dinge wie Radiergummi, Gummiring oder Gummidichtung. Fruchtgummi enthält zwar keinen Kautschuk, jedoch einen Saft aus dem Akazienbaum, der als Gummiarabikum bezeichnet wird (Pitron 2011). Diese Bäume wachsen im afrikanischen »Gummiarabikum-Gürtel«, der sich zwischen Sahara und tropischem Regenwald von Senegal über den Sudan bis Somalia erstreckt. Der Sudan liefert die Hälfte des weltweit produzierten Gummiarabikums (60 000 t), das sich als Verdickungsmittel, Stabilisator und Emulgator (Bezeichnung E414) in sehr vielen Lebensmitteln (Joghurt, Wein, Säfte), Genussmitteln (Coca-Cola, Limonade, Gummibärchen), Arzneimitteln (Säfte, Überzug von Dragees) und Kosmetika befindet, wo es als »acacia senegal gum« bezeichnet wird. Druckerschwärze klebt mittels Gummiarabikum am Papier, Leder wird damit poliert, Briefmarken, Etiketten, Verschlüsse von Briefumschlägen oder Zigarettenpapier werden damit gummiert, damit sie durch Anfeuchten selbstklebend werden. Lebkuchen erhalten ihren charakteristischen Glanz, indem sie noch heiß mit Gummiarabikum bepinselt werden. Man verwendet es auch als Bindemittel für Aquarellfarben. Im Gegensatz zu den Naturharzen Schellack oder Kolophonium ist Gummiarabikum wasserlöslich. Es ist die älteste Art von Gummi, wurde schon vor 4000 gehandelt und von den Ägyptern zur Einbalsamierung von Mumien verwendet (Anonymus 2020).

4 So wurde beispielsweise der Abrieb von Autoreifen in Oberflächengewässern mit 0,03 bis 56 mg/l gemessen (Wik & Dave 2009), wobei es sich hierbei jeweils um Maximalwerte aus mehrfach durchgeführten Einzelmessungen in verschiedenen Gewässern handelte. Der größte Wert betrug damit nahezu das Zweitausendfache des kleinsten.

9 Additive – Was so alles in Plastik steckt

1 Die Abkürzung ppm steht für »parts per million« und ist ein Maß für sehr geringe Konzentrationen von Stoffen. Sie wird ähnlich wie Prozent (%) für den Faktor 10^{-2} oder wie Promille (‰) für den Faktor 10^{-3} verwendet: ppm steht für 10^{-6}. Im Englischen gibt es zudem ppb, das für »parts per billion« steht (»Milliarde« wird

ins Englische mit »billion« übersetzt), also für den Faktor 10^{-9}. International sind diese Maße mittlerweile kaum noch gebräuchlich – im Gegensatz zu (früheren) englischsprachigen Arbeiten, deren Ergebnisse hier vorgestellt werden.

2 Der Apgar-Score (von 0 bis 10) ist ein Schnelltest für Neugeborene, der eine, fünf und zehn Minuten nach der Geburt ihre Vitalität anhand von fünf Kriterien (Atmung, Puls, Muskeltonus, Reflexe, Hautfarbe) bewertet, wobei jedes Kriterium 0 bis 2 Punkte erhält; ein Score von 7 oder mehr gilt als normal.

3 Die Maskulinisierung oder Feminisierung eines Fötusses findet ab der siebten Schwangerschaftswoche statt und wurde mit dem Längenverhältnis des Zeigefingers zum Ringfinger festgestellt.

10 Plastik kann auf verschiedene Weise toxisch sein

1 Der Anbau von Salat und Gemüse direkt neben der Autobahn erscheint vor diesem Hintergrund nicht unbedenklich, denn »einfach abwaschen« kann man den Straßenstaub und Reifenabrieb, der sich in den Blättern befindet, nicht. Studien zur Menge von Mikroplastik in Nutzpflanzen in Abhängigkeit von deren Entfernung zu Straßenverkehrswegen wären aus dieser Sicht wünschenswert.

2 Mit »Ästuar« (vom Lateinischen *aestuarium*) wird eine »der Flut ausgesetzte Flussmündung« bezeichnet. In Deutschland sind die wichtigsten Ästuare die Mündungen von Elbe, Weser und Ems in die Nordsee.

3 Die Autoren hatten zwei Dosierungen verwendet, die sich um den Faktor 1000 unterschieden (6,5 ng/kg und 6500 ng/kg Körpergewicht), wobei die niedrige Dosis im Bereich der üblichen Exposition lag und die hohe Dosis die Aufnahme hoch kontaminierter Nahrung implizieren würde.

4 Dies zeigte sich in einer erhöhten Serumcysteinkonzentration, einer verringerten Lebercysteinkonzentration und einem gestörten Homocysteinstoffwechsel.

5 Eine übermäßige Fettspeicherung in der Leber kann auch durch übermäßigen Alkoholkonsum verursacht sein. Weil dieser in den westlichen Industrienationen ebenfalls sehr häufig ist, man aber niemanden mit Fettleber gleich zum Alkoholiker stempeln möchte, hebt man die Nichtverursachung durch Alkohol eigens hervor. Nach der heute üblichen Definition besteht eine NAFLD dann, wenn mehr als fünf Prozent der Leberzellen verfettet sind, ohne dass täglich mehr als zwanzig Gramm Alkohol konsumiert werden.

6 Mit »Vakuolen« sind hier membranumschlossene Hohlräume in den Leberzellen gemeint, die als Reaktion auf zelluläre Schäden oder metabolischen Stress entstehen.

7 *PI3K/AKT/mTOR* ist der Name eines intrazellulären Signalwegs, der das Wachstum, den Stoffwechsel, das Überleben und die Teilung von Zellen reguliert. Auch bei Krebs kann er das Wachstum fördern und dadurch ungünstig wirken.

8 Auch *Wnt/β-Catenin* ist der Name eines biochemischen Signalwegs, der zelluläre Prozesse wie die Embryonalentwicklung, die Zelldifferenzierung, Zellteilung und

die Bildung von Organen beim sich entwickelnden Lebewesen steuert. Fehlsteuerung wiederum kann Krebs bedeuten.

9 Das Protein *P53* dient der Qualitätskontrolle und stoppt die Zellteilung, wenn Schäden am Erbgut (der DNA) auftreten. Man nennt es daher auch Tumorsuppressor-Protein, das beschädigte Zellen entweder repariert oder in den programmierten Zelltod (Apoptose) schickt, um Krebs zu verhindern. Mutationen im Gen, das dieses Protein codiert, findet man in etwa der Hälfte aller menschlichen Tumore.

11 Kreislaufwirtschaft mit Biomaterialien und Bioplastik

1 Eine Seemeile entspricht etwa 1,852 Kilometern, 200 000 Seemeilen somit etwa 370 000 Kilometern.

2 Glukose wird umgangssprachlich als Traubenzucker bezeichnet oder auch als Dextrose. Es ist der mit Abstand häufigste Einfachzucker (Monosaccharid), wie man einzelne Zuckermoleküle auch nennt, um sie von Molekülen zu unterscheiden, die aus zwei Zuckermolekülen bestehen, den sogenannten Zweifachzuckern wie Milchzucker (Lactose) oder Rohr- und Rübenzucker (Saccharose). Glukose entsteht in grünen Pflanzen unter Einwirkung von Sonnenlicht (also durch Fotosynthese) aus Wasser und Kohlendioxid. Die hierfür aufgewendete Energie ist im Molekül gespeichert, weswegen Glukose in allen lebenden Organismen die Hauptenergiequelle ist. Aus Glukosemolekülen synthetisieren Pflanzen Stärke und Tiere (auch Menschen) Glycogen als Energiespeicherstoff.

12 Was tun?

1 In den USA sind es 37 %, in Europa 38 % und in China 45 % (OECD 2022).

2 Von der Gesamtmenge der durch Tätigkeiten im Gesundheitswesen anfallenden Abfälle sind nach Angaben der WHO aus dem Jahr 2024 etwa 85 Prozent allgemeine, nicht gefährliche Abfälle, also vergleichbar und entsorgbar wie Hausmüll. Die restlichen 15 Prozent gelten als gefährliche Stoffe, die infektiös, toxisch, karzinogen, entzündlich, ätzend, explosiv oder radioaktiv sein können.

3 Der Natural Resources Defense Council (NRDC) existiert seit 1970 und ist eine international tätige gemeinnützige Umwelt-Interessenvertretung, deren etwa drei Millionen Mitglieder sich weltweit auf wissenschaftlicher Grundlage politisch für den Schutz der Umwelt, der öffentlichen Gesundheit und der natürlichen Ressourcen (saubere Luft, sauberes Wasser, Artenvielfalt, ungestörte Wildnis) einsetzen.

4 Es handelte sich um die AIN-93-Nagetiernahrung, die im Jahr 1993 eingeführt wurde und pro Kilogramm Futter zweihundert Gramm Kasein und siebzig Gramm Sojaöl enthält, zudem Maisstärke, essenzielle Fettsäuren, die Aminosäure

L-Cystin, Vitamine und die Spurenelemente Phosphor, Mangan, Chrom, Selen, Molybdän, Silizium, Fluorid, Nickel, Bor, Lithium und Vanadium (Reeves 1997).

Nachwort

1 In der Literatur spricht man von RCTs (randomized, controlled trials), also Studien mit einer Zufallszuordnung von Patienten in eine Behandlungs- und eine Kontrollgruppe (randomization, control), die geplant und in der Zukunft (»prospektiv«) ausgeführt werden.

2 Nie im Traum hätte ich gedacht, dass die geforderten Studien zu meinen Lebzeiten publiziert werden würden, was geschehen ist (Zusammenfassung in Spitzer 2022).

3 Die Weltgesundheitsorganisation (WHO) muss über ein Maß für »Belastung durch Krankheit« verfügen. Wie könnte sie sonst vernünftig begründet entscheiden, ob sie für einen bestimmten – immer begrenzten – Geldbetrag, den sie für ein Land zur Verfügung hat, eher zwanzig Dialysegeräte oder zwei Millionen Impfdosen einkaufen soll. Genau hierzu wurde Anfang der 1990er-Jahre die Idee der disability-adjusted life years (DALYs) entwickelt. Ein DALY entspricht dem Verlust eines gesunden Lebensjahres.

LITERATUR

Abbott NJ, Patabendige AAK, Dolman DEM, Yusof, SR, Begley DJ (2010) Structure and function of the blood–brain barrier. *Neurobiology of Disease* 37:13–25.

Adhipandito CF, Cheung SH, Lin YH, Wu SH (2021) Atypical Renal Clearance of Nanoparticles Larger Than the Kidney Filtration Threshold. *Int J Mol Sci* 22:11182 (doi: 10.3390/ijms222011182).

Ahmad M, Ahmad J, Usama M, Al-Swadi HA, Mousa MA, Rafique MI, Al-Wabel MI, Al-Farraj ASF (2025) Microplastic contamination in commercial food and drink products and associated risk of potential human intake in Riyadh, Saudi Arabia. *Environ Monit Assess* 197:246 (https://doi.org/10.1007/s10661-025-13680-9; abgerufen am 9.6.2025).

Allen JG, Gale S, Zoeller RT, Spengler JD, Birnbaum L, McNeely E (2016) PBDE flame retardants, thyroid disease, and menopausal status in U.S. women. *Environ Health* 15:60 (doi: 10.1186/s12940-016-0141-0).

Altman R (2021) The myth of historical bio-based plastics. *Science* 373:47–49.

Amato-Lourenço LF, Carvalho-Oliveira R, Júnior GR, Dos Santos Galvão L, Ando RA, Mauad T (2021) Presence of airborne microplastics in human lung tissue. *J Hazard Materv* 416:126124 (doi: 10.1016/j.jhazmat.2021.126124).

Amato-Lourenço LF, Dantas KC, Júnior GR, Paes VR, Ando RA, de Oliveira Freitas R, da Costa OMMM, Rabelo RS, Soares Bispo KC, Carvalho-Oliveira R, Mauad T (2024) Microplastics in the Olfactory Bulb of the Human Brain. *JAMA Netw Open* 7: e2440018 (doi: 10.1001/jamanetworkopen.2024.40018).

Amran NH, Zaid SSM, Mokhtar MH, Manaf LA, Othman S. Exposure to Microplastics during Early Developmental Stage: Review of Current Evidence. *Toxics* 2022 Oct 10;10(10):597. (doi: 10.3390/toxics10100597. PMID: 36287877; PMCID: PMC9611505).

Anderson HA, Lilis R, Selikoffl J, Rosenman KD, Valciukas JA, Freedman S (1978) Unanticipated prevalence of symptoms among dairy farmers in Michigan and Wisconsin. *Environ Health Perspect* 23:217–226.

Anonymus (2008/2023) Measuring biodegradability. *Science Learning Hub*, 19.6.2008; updated 27.3.2023 (https://www.sciencelearn.org.nz/resources/1543-measuring-biodegradability; abgerufen am 11.1.2026).

Anonymus (2019) Screen time. How much is too much? *Nature* 565:265–266 (https://www.nature.com/articles/d41586-019-00137-6).

Anonymus (2020) Gummi arabicum. *Material Archiv*, 2020 (https://materialarchiv.ch/de/ma:material_2063?type=all; abgerufen am 24.7.2025).

Anonymus (2023) Michigan's PBB contamination: 50 years later. *University of Michigan School of Public Health*, 10.5.2023 (https://sph.umich.edu/news/2023posts/michigans-pbb-contamination-50-years-later.html; abgerufen am 10.11.2025).

Anonymus (2024) Weniger Plastikmüll produzieren. *Energiezukunft*, 2.12.2024 (https://www.energiezukunft.eu/umweltschutz/weniger-plastikmuell-produzieren; abgerufen am 5.6.2025).

Anonymus (2025a) Plastikabkommen: Besser gar nicht als so. *WWF*, 19.8.2025 (https://www.wwf.de/themen-projekte/plastik/un-plastikabkommen; abgerufen am 27.11.2025).

Anonymus (2025b) Silikone. *CHEMIE.DE* (https://www.chemie.de/lexikon/Silikone.html#:~:text=Die%20Weltproduktion%20an%20Silikonen%20ist,10%20%25%20auf%20Silikonharze%20und%20Spezialprodukte.; abgerufen am 24.7.2025).

Anonymus (2026) Forscher bezweifeln Gefahr durch Mikroplastik im Körper, *DER SPIEGEL*, 15.1.2026 (https://www.spiegel.de/wissenschaft/medizin/mikroplastik-forscher-bezweifeln-gefahr-durch-partikel-im-koerper-a-9d93778f-5621–4f64-a99c-d4fdfe80546f; abgerufen am 15.1.2026).

Anshassi M, Townsend TG (2025) Improving waste systems in the global south to tackle international environmental impacts. *Nature Sustainability* 8:936–946.

AOK (2024) Wie gesundheitsschädigend sind Weichmacher in Plastik? *AOK Gesundheitsmagazin*, 29.1.2024 (https://www.aok.de/pk/magazin/nachhaltigkeit/muell-vermeiden/weichmacher-in-plastik-so-gesundheitsschaedlich-sind-phthalate/; abgerufen am 8.12.2025).

Arslan B, Islamoğlu Y, Berçin AS, Akbulut S, Melikoğlu M (2025) Detection and quantification of microplastics in cerumen. *Turkish Journal of Medical Sciences* 55:904–911.

Arumugam P, Saha K, Nighot P (2025) Intestinal Epithelial Tight Junction Barrier Regulation by Novel Pathways. *Inflamm Bowel Dis* 31:259–271.

Astute Analytica (2025) Global Polyamide Market to Surpass Valuation of US$ 69. 52 Billion By 2033 | *Astute Analytica*, 12.2.2025 (https://www.globenewswire.com/news-release/2025/02/12/3024942/0/en/Global-Polyamide-Market-to-Surpass-Valuation-of-US-69–52-Billion-By-2033-Astute-Analytica.html; abgerufen am 15.1.2026).

Australian Competition and Consumer Commission (2010) DEHP in children's plastic items ban. (https://www.productsafety.gov.au/business/find-banned-products/dehp-in-childrens-plastic-items-ban; abgerufen am 25.1.2026).

Awino FB, Apitz SE (2024): Solid waste management in the context of the waste hierarchy and circular economy frameworks: An international critical review. *Integrated environmental assessment and management* 20:9–35.

Bai C-L, Liu L-Y, Hu Y-B, Zeng EY, Guo Y (2022) Microplastics: A review of analytical methods, occurrence and characteristics in food, and potential toxicities to biota. *Science of the Total Environment* 806:150263 (https://doi.org/10.1016/j.scitotenv.2021.150263; abgerufen am 11.11.2025).

Bai H, Gu H, Zhou W, Shi G, Yan J, Su Y, Li W, Li Y, Zhong C, Zhao N, Huang X (2025) PD-like pathogenesis induced by intestinal exposure to microplastics: An in vivo study of animal models to a public health survey. *Journal of Hazardous Materials* 486:136974 (doi: 10.1016/j.jhazmat.2024.136974).

Ball P (2020) The plastic legacy. *Nature Materials* 19:938.

Baluja R, Guo B, Howden W, Langer A, Lemoine D (2025) PFAS-contaminated drinking water harms infants, *PNAS* 122: e2509801122.

Bauske B (2019) Plastikmüll in den Weltmeeren. *WWF Deutschland*, März 2019 (https://www.wwf.de/fileadmin/fm-wwf/Publikationen-PDF/WWF-Faktenblatt-Plastikmuell.pdf; abgerufen am 5.6.2025).

Bekki K, Eguchi A, Takaguchi K, Inaba Y, Yukawa K, Yoshida S, Azuma K (2024) Comprehensive survey on the use of plastic additives in toy products used in Japan. *Environmental Health and Preventive Medicine* 29:43 (doi: 10.1265/ehpm.24–00054).

Bell KLC, Johannes KN, Kennedy BRC, Poulton SE (2025) How little we've seen: A visual coverage estimate of the deep seafloor. *Science Advances* 11 (19): eadp8602 (doi: 10.1126/sciadv.adp8602; abgerufen am 6.6.2025).

Bergmann M, Gutow L, Klages M, Editors (2015) Marine Anthropogenic Litter. Springer Open, Heidelberg, New York.

Bergmann M, Tekman MB, Gutow L (2017) Marine litter: Sea change for plastic pollution. *Nature* 544:297. doi: 10.1038/544297a. PMID: 28425989.

Bertling J, Bertling R, Hamann L (2018) Kunststoffe in der Umwelt: Mikro- und Makroplastik. Ursachen, Mengen, Umweltschicksale, Wirkungen, Lösungsansätze, Empfehlungen. Kurzfassung der Konsortialstudie. Fraunhofer-Institut für Umwelt-, Sicherheits- und Energietechnik UMSICHT (Hrsg.), Oberhausen.

Beyzaei Z, Geramizadeh B, Bagheri Z, Karimzadeh S, Weiskirchen R (2025) Microplastics in focus: a silent disruptor of liver health- a systematic review. *Front Pharmacol* 16:1721644 (doi: 10.3389/fphar.2025.1721644).

BfR; Bundesinstitut für Risikobewertung (2024) Mikroplastik: Fakten, Forschung und offene Fragen. Berlin, 19.6.2024 (https://www.bfr.bund.de/fragen-und-antworten/thema/mikroplastik-fakten-forschung-und-offene-fragen/; abgerufen am 12.8.2025).

BfR; Bundesinstitut für Risikobewertung (2025) Mikroplastik im Gehirn. Berlin, 3.12.2025 (https://www.bfr.bund.de/mitteilung/mikroplastik-im-gehirn/; abgerufen am 28.1.2026).

Bhatia SK, Kumar G, Yang YH (2024) Understanding microplastic pollution: Tracing the footprints and eco-friendly solutions. *Science of the Total Environment* 914:169926 (doi: 10.1016/j.scitotenv.2024.169926).

Bhattacharyya S, Greer ML, Salehi M (2025) Impact of micro- and nanoplastics exposure on human health: focus on neurological effects from ingestion. *Front Public Health* 13:1681776 (doi: 10.3389/fpubh.2025.1681776).

Birnbaum LS, Staskal DF (2004) Brominated Flame Retardants: Cause for Concern? *Environmental Health Perspectives* 112:9–17.

Boelee E, Geerling G, van der Zaan B, Blauw A, Vethaak AD (2019) Water and health: From environmental pressures to integrated responses. *Acta Tropica* 193:217–226.

Boers N (2018) Early-warning signals for Dansgaard–Oeschger events in a high-resolution ice core record. *Nature Communications* 9:2556 (doi: 10.1038/s41467-018-04881-7).

Boers N (2021) Observation-based early-warning signals for a collapse of the Atlantic Meridional Overturning Circulation. *Nature Climate Change* 11:680–688.

Bonanomi M, Salmistraro N, Porro D, Pinsino A, Colangelo AM, Gaglio D (2022) Polystyrene micro and nano-particles induce metabolic rewiring in normal human colon cells: A risk factor for human health. *Chemosphere* 303:134947 (doi: 10.1016/j.chemosphere.2022.134947; abgerufen am 28.12.2025).

Bornscheuer UT (2016) Feeding on plastic. *Science* 351:1154–1155.

Bornstein SRB, Timo Gruber T, Katsere D, El Attaoui A, Wohlsperger L, Yaman M, Kanczkowski W , Piwernetz G, Straube R, Voit-Bak K, Licinio J, Steenblock C (2025) Therapeutic apheresis: A promising method to remove microplastics? *Brain Medicine* 1:52–53 (doi: https://doi.org/10.61373/bm025l.0056).

Braak H, Del Tredici K (2012) Alzheimer's disease: pathogenesis and prevention. *Alzheimer's & Dementia* 8:227–233.

Brahney J, Hallerud M, Heim E, Hahnenberger M, Sukumaran S (2020) Plastic rain in protected areas of the United States. *Science* 368:1257–1260.

Brandsma SH, Leonards PEG, Koekkoek JC, Samsonek J, Puype F (2022) Migration of hazardous contaminants from WEEE contaminated polymeric toy material by mouthing. *Chemosphere* 294:133774 (doi: 10.1016/j.chemosphere.2022.133774).

Brilliant LB, Wilcox K, Van Amburg G, Eyster J, Isbister J, Bloomer AW, Humphrey H, Price H (1978) Breast-milk monitoring to measure Michigan's contamination with polybrominated biphenyls. Lancet, 1978 Sep 23; 2 (8091): 643–646.

Bucci K, Tulio M, Rochman CM (2020) What is known and unknown about the effects of plastic pollution: A meta-analysis and systematic review. *Ecological Application* 30: e02044.

Bundesministerium für Umwelt, Naturschutz und nukleare Sicherheit (2020) Bundeskabinett beschließt Verbot von Wegwerfprodukten aus Plastik. Veröffentlichung Nr. 101/20 vom 24.06.2020.

Cai H, Xu EG, Du F, Li R, Liu J, Shi H (2021) Analysis of environmental nanoplastics: Progress and challenges. *Chemical Engineering Journal* 410:128208 (https://doi.org/10.1016/j.cej.2020.128208).

Campen MJ, West AB, Garcia M, Gullapalli R, El Hayek E (2025) Reply to: Challenges in studying microplastics in human brain. *Nature Medicine* 31:4036–4037.

Cao G, Wang W, Zhang J, Wu P, Zhao X, Yang Z, Hu D, Cai Z (2022) New Evidence of Rubber-Derived Quinones in Water, Air, and Soil. *Environmental Science & Technology* 56:4142–4150.

Carpenter EJ, Anderson SJ, Harvey GR, Miklas HP, Peck BB (1972) Polystyrene spherules in coastal waters. *Science* 178:749–750.

Carpenter EJ, Smith KL Jr (1972) Plastics on the Sargasso sea surface. *Science* 175:1240–1241.

Carrington D (2026) ›A bombshell‹: doubt cast on discovery of microplastics throughout human body. *The Guardian*, 13.1.2026 (https://www.theguardian.com/environment/2026/jan/13/microplastics-human-body-doubt; abgerufen am 13.1.2026).

Carson R (1962/2024) Der stumme Frühling (Silent Spring). C.H. Beck, München.

Cary C, Stapleton P (2023) Determinants and mechanisms of inorganic nanoparticle translocation across mammalian biological barriers. *Archives of Toxicology* 97:2111–2131.

Cetin M, Demirkaya Miloglu F, Kilic Baygutalp N, Ceylan O, Yildirim S, Eser G, Gul HI (2023). Higher number of microplastics in tumoral colon tissues from patients with colorectal adenocarcinoma. *Environmental Chemistry Letters* 21:639–646.

Cha AE, Valiño A, Keating D (2025) What researchers suspect may be fueling cancer among millennials. *Washington Post* 23.9.2025 (https://www.washingtonpost.com/health/interactive/2025/toxins-tech-tumors-is-modern-life-fueling-rise-cancer-millennials/; abgerufen am 20.02.2025).

Chang CJ, Terrell ML, Marcus M, Marder ME, Panuwet P, Ryan PB, Pearson M, Barton H, Barr DB (2020) Serum concentrations of polybrominated biphenyls (PBBs), polychlorinated biphenyls (PCBs) and polybrominated diphenyl ethers (PBDEs) in the Michigan PBB Registry 40 years after the PBB contamination incident. *Environment International* 137:105526 (doi: 10.1016/j.envint.2020.105526).

Chen E (1979) Michigan's PBB Disaster: An Update. *The Atlantic*; October 1979, 16–26.

Clark JS, Dyer KA, Davis CR, Shivappa N, Hébert JR, Woodman R, Hodgson JM, Murphy KJ (2023) Adherence to a Mediterranean Diet for 6 Months Improves the Dietary Inflammatory Index in a Western Population: Results from the MedLey Study. *Nutrients* 15:366 (doi: 10.3390/nu15020366).

Covello C, Di Vincenzo F, Cammarota G, Pizzoferrato M (2024) Micro(nano)plastics and Their Potential Impact on Human Gut Health: A Narrative Review. *Current Issues in Molecular Biology* 46:2658–2677.

Cox KD, Covernton GA, Davies HL, Dower JF, Juanes F, Dudas SE (2019) Human Consumption of Microplastics. *Environmental Science & Technology* 53:7068–7074. (doi: 10.1021/acs.est.9b01517). Epub 2019 Jun 5. Erratum in: Environmental Science & Technology. 2020 Sep 1;54(17):10974. (doi: 10.1021/acs.est.0c04032). PMID: 31184127.

CPSC (2017) US Consumer Product Safety Commission. CPSC Prohibits Certain Phthalates in Children's Toys and Child Care Products, 20.10.2017 (https://www.cpsc.gov/Newsroom/News-Releases/2018/CPSC-Prohibits-Certain-Phthalates-in-Childrens-Toys-and-Child-Care-Products; abgerufen am 25.1.2026).

Crump A, Aiken C, Cunningham EM, Arnott G (2023) Short-Term Microplastic Exposure Impairs Cognition in Hermit Crabs. *Animals* 13:1055 (doi.org/10.3390/ani13061055).

Crump A, Mullens C, Bethell EJ, Cunningham EM, Arnott G (2020) Microplastics disrupt hermit crab shell selection. *Biology Letters* 16:20200030 (doi.org/10.1098/rsbl.2020.0030).

Cui Y, Chen Y, Sun J, Zhu T, Pang H, Li C, Geng WC, Wu B (2024) Computational redesign of a hydrolase for nearly complete PET depolymerization at industrially relevant high-solids loading. *Nature Communications* 15:1417 (doi: 10.1038/s41467-024-45662-9).

Cui Y, Sun J, Wu B (2022) Computational enzyme redesign: large jumps in function. *Trends in Chemistry* 4:409–419.

Cusworth DH, Duren RM, Ayasse AK, Jiorle R, Howell K, Aubrey A, Green RO, Eastwood ML, Chapman JW, Thorpe AK, Heckler J, Asner GP, Smith ML, Thoma E, Krause MJ, Heins D, Thorneloe S (2024) Quantifying methane emissions from United States landfills. *Science* 383:1499–1504.

Dambroth M, Seehuber R (1988) Flachs: Züchtung, Anbau und Verarbeitung. Verlag Eugen Ulmer, Stuttgart.

Das A, P N, Chowdhury D, Das A, Manna R, Bodakhe SH (2026) Chronic stress, gut dysbiosis, and cholesterol metabolism: Implications for Alzheimer's disease. *Journal of Neuroimmunology* 413:578853 (doi: 10.1016/j.jneuroim.2026.578853).

Deeney M, Hamelin L, Vialle C, Yan X, Green R, Yates J, Kadiyala S (2026) Global health burdens of plastics: a lifecycle assessment model from 2016 to 2040. *The Lancet Planetary Health*, 26.1.2026 (101406).

Denk W, Strickler JH, Webb WW (1990) Two-photon laser scanning fluorescence microscopy. *Science* 248:73–76.

Dileepan AGB, Jeyaram S, Arumugam N, Almansour AI, Santhamoorthy M (2025) Identification and occurrence of microplastics in drinking water bottles and milk packaging consumed by humans daily. *Environ Monit Assess* 197(3): 261 (doi: 10.1007/s10661-025-13721-3; abgerufen am 9.6.2025).

Ding J, Jiang F, Li J, Wang Z, Sun C, Wang Z, Fu L, Ding NX, He C (2019) Microplastics in the Coral Reef Systems from Xisha Islands of South China Sea. *Environmental Science & Technology* 53:8036–8046.

Dittmar S, Weyrauch S, Reemtsma T, Eisentraut P, Altmann K, Ruhl AS, Jekel M (2025) Settling Velocities of Tire and Road Wear Particles: Analyzing Finely Graded Density Fractions of Samples from a Road Simulator and a Highway Tunnel. *Environ Sci Technol* 59:13434–13446.

Domininghaus H (2012): Kunststoffe. Eigenschaften und Anwendungen. Springer, Berlin.

Du B, Liang B, Li Y, Shen M, Liu L-Y, Zeng L (2022) First Report on the Occurrence of N-(1,3- Dimethylbutyl)-N′-phenyl-p-phenylenediamine (6PPD) and 6PPD-Quinone as Pervasive Pollutants in Human Urine from South China. *Environmental Science & Technology Letters* 9:1056–1062.

Duda A, Petka K (2025) The Presence of Micro- and Nanoplastics in Food and the Estimation of the Amount Consumed Depending on Dietary Patterns. *Molecules* 30:3666 (doi: 10.3390/molecules30183666).

Duffney PF, Stanek LW, Brown JS (2024) Air pollution: Sources, regulation, and health effects. *Encyclopedia of Toxicology* (4. Aufl.) 1:215–228.

Dutta P, Rabeeah S, Vargas A, Oldfield EC 4th, Johnson DA (2025) A Comprehensive Narrative Review of Potential Gastrointestinal Adverse Effects from Micro(nano) Plastic Exposure. *Clin Gastroenterol Hepatol*, 20.11.2025 (doi: 10.1016/j.cgh.2025.11.002. Epub ahead of print; abgerufen am 24.11.2025).

Egger M, Schilt B, Wolter H, Mani T, de Vries R, Zettler E, Niemann H (2022) Pelagic distribution of plastic debris (> 500 µm) and marine organisms in the upper layer of the North Atlantic Ocean. *Sci Rep* 12:13465 (doi: 10.1038/s41598-022-17742-7).

Elvira R, Tan EK, Zhou ZD (2025) Astrocytes: The Unsung Architects of Synaptic Integration and Their Role in Brain Health and Disease. *Biomolecules* 15:1744 (doi: 10.3390/biom15121744).

Encyclopaedia Britannica, Inc. (1989) The New Encyclopaedia Britannica. Chicago.

Erdmann P Königsreuther P (2016) Löwenzahnkautschuk-Forschung in Anklam. *Maschinenmarkt,* Vogel Communications Group, 1.9.2016 (https://www.maschinenmarkt.vogel.de/loewenzahnkautschuk-forschung-in-anklam-a-548661/; abgerufen am 25.7.2025).

Eriksen M, Lebreton LC, Carson HS, Thiel M, Moore CJ, Borerro JC, Galgani F, Ryan PG, Reisser J (2014) Plastic pollution in the world's oceans: More than 5 trillion plastic pieces weighing over 250,000 tons afloat at sea. *PLoS ONE* 9: (e111913).

Eschenbacher WL, Kreiss K, Lougheed MD, Pransky GS, Day B, Castellan RM (1999) Nylon flock–associated interstitial lung disease. *Am J Respir Crit Care Med* 159:2003–2008.

EU (2019) Richtlinie 2019/904 des Europäischen Parlaments und des Rates vom 5.6.2019 über die Verringerung der Auswirkungen bestimmter Kunststoffprodukte auf die Umwelt, 12.6.2019 (https://eur-lex.europa.eu/legal-content/DE/TXT/PDF/?uri=CELEX%3A32019L0904; abgerufen am 15.1.2026).

Europäische Kommission; Gruppe leitender wissenschaftlicher Berater (2019) Umweltverschmutzung durch Mikroplastik – Risiken für Umwelt und Gesundheit. Wissenschaftliche Stellungnahme Nr. 6/2019; Brüssel, April 2019 (https://op.europa.eu/en/publication-detail/-/publication/f235d1e3-7c4d-11e9-9f05-01aa75ed71a1/language-en; abgerufen am 15.12.2025).

European Chemical Agency (undatiert) Phthalates (https://echa.europa.eu/hot-topics/phthalates; abgerufen am 25.1.2026).

European Commission; Directorate-General for Research and Innovation; Groupe des conseillers scientifiques principaux (2019) Environmental and health risks of microplastic pollution, Publications Office of the European Union, 2019 (https://data.europa.eu/doi/10.2777/65378; https://data.europa.eu/doi/10.2777/65378; abgerufen am 15.12.2025).

Fang SJ, Yin ZD, Li LF, Cai Q, Zheng PF, Chen LZ (2025) Overall effects of microplastics on brain. *Front Toxicol* 7:1619096 (doi: 10.3389/ftox.2025.1619096).

Felismino MEL, Rufigny SC, Gonzalez-Fleurant SE, Brown GE (2025) Ingestion of polyethylene microplastics impacts cichlid behaviour despite having low retention time. *Aquatic Toxicology* 279:107248 (https://doi.org/10.1016/j.aquatox.2025.107248).

Feng Y, Tu C, Li R, Wu D, Yang J, Xia Y, Peijnenburg WJGM, Luo Y (2023) A systematic review of the impacts of exposure to micro- and nano-plastics on human tissue accumulation and health. *Eco Environ Health* 2:195–207. Erratum in: Eco Environ Health. 2025 Feb 18;4(1):100137.

Ferrante F, Pasquini E, Cappa F, Bellocchio L, Baracchi D (2024). Unravelling the microplastics menace: Different polymers additively increase bee vulnerability. *Environmental Pollution* 352:124087.

Fobil JN, Hogarh JN (2006) The Dilemmas of Plastic Wastes in a Developing Economy: Proposals for a Sustainable Management Approach for Ghana. *West African Journal of Applied Ecology* 10 (10.4314/wajae.v10i1.45716).

Fokken S, Reichwald F (2016) Säurefänger. In: Maier R-D, Schiller M (Hrsg.) Kunststoff Additive Handbuch, 4. Auflage, 549–582. Carl Hanser Verlag, München.

Ford A, Obanya H (2024) Car tyres shed a quarter of all microplastics in the environment – urgent action is needed. *University of Portsmouth*, 27.11.2024 (https://www.port.ac.uk/news-events-and-blogs/blogs/protecting-our-environment/car-tyres-shed-a-quarter-of-all-microplastics-in-the-environment-urgent-action-is-needed; abgerufen am 16.12.2025).

Freinkel S (2022) Liebe im Zeitalter von Plastik. In: Kries M, Eisenbrand J, Hoffmann M (Hrsg.) Plastik. Die Welt neu denken, 22–31. Vitra Design Museum, Weil am Rhein.

Fries GF (1985) The PBB episode in Michigan: an overall appraisal. *Crit Rev Toxicol* 16:105–56.

Fussell JC, Franklin M, Green DC, Gustafsson M, Harrison RM, Hicks W, Kelly FJ, Kishta F, Miller MR, Mudway IS, Oroumiyeh F, Selley L,Wang M, Zhu Y (2022) A Review of Road Traffic-Derived Non-Exhaust Particles: Emissions, Physicochemical Characteristics, Health Risks, and Mitigation Measures. *Environmental Science & Technology* 56:6813–6835.

Gan H-J, Shan Chen S, Yao K, Lin X-Y, Juhasz AL, Donmei Zhou D, Li H-B (2025) Simulated Microplastic Release from Cutting Boards and Evaluation of Intestinal Inflammation and Gut Microbiota in Mice. *Environmental Health Perspectives* 133:047004 (https://doi.org/10.1289/EHP15472).

Gao B, Chen L, Wu L, Zhang S, Zhao S, Mo Z, Chen Z, Tu P (2025) Ecotoxicology and Environmental Safety Association between microplastics and the functionalities of human gut microbiome. *Ecotoxicology and Environmental Safety* 290:117497 (https://doi.org/10.1016/j.ecoenv.2024.117497).

Garcia MA, Liu R, Nihart A, El Hayek E, Castillo E, Barrozo ER, Suter MA, Bleske B, Scott J, Forsythe K, Gonzalez-Estrella J, Aagaard KM, Campen MJ (2024) Quantitation and identification of microplastics accumulation in human placental specimens using pyrolysis gas chromatography mass spectrometry. *Toxicol Sci* 199:81–88.

Gaspar L, Bartman S, Tobias-Wallingford H, Coppotelli G, Ross JM (2025) Short-term exposure to polystyrene microplastics alters cognition, immune, and metabolic markers in an apolipoprotein E (APOE) genotype and sex-dependent manner. *Environ Res Commun* 7:10.1088/2515–7620/adf8ae (doi: 10.1088/2515–7620/adf8ae).

Gasperi J, Wright SL, Dris R, Collard F, Mandin C, Guerrouache M, Langlois V, Kelly FJ, Tassin B (2018) Microplastics in air: Are we breathing it in? Current Opinion in *Environmental Science & Health* 1:1–5.

Gertli AG (2016) Optische Aufheller. In Maier R-D, Schiller M (Hrsg.) Kunststoff Additive Handbuch, 4. Auflage, S. 813–832. Carl Hanser Verlag, München.

Geyer R, Jambeck JR, Law KL (2017) Production, use, and fate of all plastics ever made. *Sci Adv* 3: e1700782.

Gigault J, El Hadri H, Nguyen B, Grassl B, Rowenczyk L, Tufenkji N, Feng S, Wiesner M (2021) Nanoplastics are neither microplastics nor engineered nanoparticles. *Nat Nanotechnol* 16:501–507.

Gigault J, Halle AT, Baudrimont M, Pascal PY, Gauffre F, Phi TL, El Hadri H, Grassl B, Reynaud S (2018) Current opinion: What is a nanoplastic? *Environmental Pollution* 235:1030e1034.

Godos J, Guglielmetti M, Ferraris C, Frias-Toral E, Domínguez Azpíroz I, Lipari V, Di Mauro A, Furnari F, Castellano S, Galvano F, Iacoviello L, Bonaccio M, Grosso G (2025) Mediterranean Diet and Quality of Life in Adults: A Systematic Review. *Nutrients* 17:577 (doi: 10.3390/nu17030577).

Godoy V, Martín-Lara M, Calero M, Blazquez G (2019) Physical-chemical characterization of microplastics present in some exfoliating products from Spain. *Mar Pollut Bull* 139:91–99.

Goldstein M, Rosenberg M, Cheng L (2012) Increased oceanic microplastic debris enhances oviposition in an endemic pelagic insect. *Biol Lett* 8:817–820.

Gopinath PM, Parvathi VD, Yoghalakshmi N, Kumar SM, Athulya PA, Mukherjee A, Chandrasekaran N (2022) Plastic particles in medicine: A systematic review of exposure and effects to human health. *Chemosphere* 303:135227.

Gopinath PM, Twayana KS, Ravanan P, John Thomas, Mukherjee A, Jenkins DF, Chandrasekaran N (2021) Prospects on the nano-plastic particles internalization and induction of cellular response in human keratinocytes. *Part Fibre Toxicol* 18:35 (doi: 10.1186/s12989–021–00428–9).

Gough NL, Dodd CER (1998) The survival and disinfection of Salmonella typhimurium on chopping board surfaces of wood and plastic. *Food Control* 9:363–368.

Green A, Hallett O, Krause S, Soward M (2025) Plastik und One Health. Ein Evidenzbasierter Aufruf für globale Regeln; Juli 2025. *WWF Deutschland*, Berlin (https://www.wwf.de/fileadmin/fm-wwf/Publikationen-PDF/Plastik/WWF-Plastik-und-One-Health.pdf; abgerufen am 24.11.2025).

Greene C, Connolly R, Brennan D, Laffan A, O'Keeffe E, Zaporojan L, O'Callaghan J, Thomson B, Connolly E, Argue R, Meaney JFM, Martin-Loeches I, Long A, Cheallaigh CN, Conlon N, Doherty CP, Campbell M (2024) Blood-brain barrier disruption and sustained systemic inflammation in individuals with long COVID-associated cognitive impairment. *Nat Neurosci* 27:421–432.

Grob M, Huber G, Herbst H (2016) Lichtschutzmittel. In Maier R-D, Schiller M (Hrsg.) Kunststoff Additive Handbuch, 4. Auflage, S. 155–468. Carl Hanser Verlag, München.

Grube AE (1850) Die Familien der Anneliden. *Archiv für Naturgeschichte Berlin* 16: Abschnitt Appendiculata polychaeta, S. 274 f.

Guimarães ATB, Freitas IN, Mubarak NM, Rahman M, de Lima Rodrigues AS, Barceló D, Malafaia G (2023) Exposure to polystyrene nanoplastics induces an anxiolytic-like effect, changes in antipredator defensive response, and DNA damage in Swiss mice. *Journal of Hazardous Materials* 442:130004 (https://ssrn.com/abstract=4126812 or http://dx.doi.org/10.2139/ssrn.4126812).

Guo Z, Cheng Z, Zhang S, Zhu H, Zhao L, Baqar M, Wang L, Sun H (2024) Unexpected Exposure Risks to Emerging Aromatic Amine Antioxidants and p-Phenylenediamine Quinones to Residents: Evidence from External and Internal Exposure as Well as Hepatotoxicity Evaluation. *Environ Health (Wash)* 2:278–289.

Hale RC, Seeley ME, La Guardia MJ, Mai L, Zeng EY (2020) A Global Perspective on Microplastics. *Journal of Geophysical Research: Oceans* 125: e2018JC014719 (https://doi.org/10.1029/2018JC014719).

Halfar J, Čabanová K, Vávra K, Delongová P, Motyka O, Špaček R, Kukutschová J, Šimetka O, Heviánková S (2023) Microplastics and additives in patients with preterm birth: the first evidence of their presence in both human amniotic fluid and placenta. *Chemosphere* 343:140301 (doi:10.1016/j.chemosphere.2023.140301).

Hall S (2024) Fire loss in the United States. National Fire Protection Association (NFPA); 1.11.2024. NFPA Research: U.S. Fire Problem (https://www.nfpa.org/education-and-research/research/nfpa-research/fire-statistical-reports/fire-loss-in-the-united-states; abgerufen am 10.11.2024).

Hankins C, Lasseigne D, Davis SM, Edwards K, Paul JS (2025) Coral reef attributes associated with microplastic exposure. *Coral Reefs* 44:193–207.

Hartmann C, Lomako I, Schachner C, El Said E, Abert J, Satrapa V, Kaiser AM, Walch H, Köppel S (2024) Assessment of microplastics in human stool: A pilot study investigating the potential impact of diet-associated scenarios on oral microplastics exposure. *Sci Total Environ* 951:175825 (doi: 10.1016/j.scitotenv.2024.175825).

Hauglund NL, Andersen M, Tokarska K, Radovanovic T, Kjaerby C, Sørensen FL, Bojarowska Z, Untiet V, Ballestero SB, Kolmos MG, Weikop P, Hirase H, Nedergaard M (2025) Norepinephrine-mediated slow vasomotion drives glymphatic clearance during sleep. *Cell* 188:606–622.

He C, Cao X, Tu Z, Lyuc Y, Tanga K, Lin J, Su H, Hu S, Zhang X, Liu Z, Zhou Z (2026) Microplastic-mediated enrichment of polycyclic aromatic hydrocarbons (PAHs) and their toxic effects on coral symbionts: Evidence from oxidative stress and energy metabolic disturbance. *Environmental Chemistry and Ecotoxicology* 8:497–510.

He J, Chen K, Xu J, Sun Y, Xu J, Sun Y (2024) Urban Air Pollution and Control. In: Abraham MA (Hrsg.) Encyclopedia of Sustainable Technologies 2 (2. Aufl.), Elsevier, Amsterdam, S. 143–159.

Heidrich V, Valles-Colomer M, Segata N (2025) Human microbiome acquisition and transmission. *Nat Rev Microbiol* 23:568–584.

Hoffman SS, Kaufman JA, Hood RB, Wainstock T, Hartnett K, Barton H, Pearson MA, Terrell ML, Marcus M (2025) A State of the Science Review of Human Health Effects of the Michigan Polybrominated Biphenyl Contamination after Five Decades. *Environ Health Perspect* 133:66002 (doi: 10.1289/EHP15012).

Holzmann G, Wangelin M, Bruns R (2012) Natürliche und pflanzliche Baustoffe. Rohstoffe – Bauphysik – Konstruktion, 2. Auflage. Springer Vieweg, Wiesbaden.

Hopfmann T, Kuhn K-J, Kaufhold J, Schiller M (2016) PVC-Stabilisatoren. In: Maier R-D, Schiller M (Hrsg.) Kunststoff Additive Handbuch, 4. Auflage, Carl Hanser Verlag, München, S. 469–548.

Horvatits T, Tamminga M, Liu B, Sebode M, Carambia A, Fischer L, Püschel K, Huber S, Fischer EK (2022) Microplastics detected in cirrhotic liver tissue. *EBioMedicine* 82:104147 (doi:10.1016/j.ebiom.2022.104147).

Hosler D, Burkett SL, Tarkanian MJ (1999) Prehistoric Polymers: Rubber Processing in Ancient Mesoamerica. *Science* 284:1988–1991.

Houssini K, Li J, Tan Q (2025) Complexities of the global plastics supply chain revealed in a trade-linked material flow analysis. *Commun Earth Environ* 6:257 (https://doi.org/10.1038/s43247-025-02169-5).

Hu CJ, Garcia MA, Nihart A, Liu R, Yin L, Adolphi N, Gallego DF, Kang H, Campen MJ, Yu X (2024) Microplastic presence in dog and human testis and its potential association with sperm count. *Toxicol Sci* 200:235–240.

Hu N, Pan D, Yang Y, Pu L, He X, Wang H, Zhang X, Du Y, Yu Z, He S, Li J (2023) Effects of common plastic products heat exposure on cognition: Mediated by gut microbiota. *Ecotoxicol Environ Saf* 254:114758 (doi: 10.1016/j.ecoenv.2023.114758).

Hu T, Zhang C, Zhu Y, Duan J, Liu S, Jin N, Song Y, Wu F, Li J, Zhang T, Niu H, Li X, Huang H, Casuccio GS, Huang Y, Ho KF, Cao J, Zhang D (2026) Abundance of microplastics and nanoplastics in urban atmosphere. *Sci Adv* 12: eadz7779 (doi: 10.1126/sciadv.adz7779).

Huang H, Hou J, Li M, Wei F, Liao Y, Xi B (2025) Microplastics in the bloodstream can induce cerebral thrombosis by causing cell obstruction and lead to neurobehavioral abnormalities. *Sci Adv* 11: eadr8243 (doi: 10.1126/sciadv.adr8243).

Hurnik H (2016) Chemische Treibmittel. In: Maier R-D, Schiller M (Hrsg.) Kunststoff Additive Handbuch, 4. Auflage, S. 979–1014. Carl Hanser Verlag, München.

Hussain N, Jaitley V, Florence AT (2001) Recent advances in the understanding of uptake of microparticulates across the gastrointestinal lymphatics. *Adv Drug Deliv Rev* 50:107–142.

HZ-Containers.com (2024) Wie viele Schiffscontainer fallen jedes Jahr ins Meer? 5.10.2024 (https://hz-containers.com/de/Neuigkeiten/wie-viele-schiffscontainer-fallen-jedes-jahr-ins-meer/; abgerufen am 13.12.2025).

Ibrahim YS, Tuan Anuar S, Azmi AA, Wan Mohd Khalik WMA, Lehata S, Hamzah SR, Ismail D, Ma ZF, Dzulkarnaen A, Zakaria Z, Mustaffa N, Tuan Sharif SE, Lee YY (2020) Detection of microplastics in human colectomy specimens. *JGH Open* 5:116–121.

Iliff JJ, Wang M, Liao Y, Plogg BA, Peng W, Gundersen GA, Benveniste H, Vates GE, Deane R, Goldman SA, Nagelhus EA, Nedergaard M (2012) A paravascular pathway facilitates CSF flow through the brain parenchyma and the clearance of interstitial solutes, including amyloid β. *Sci Transl Med* 4:147ra111 (doi: 10.1126/scitranslmed.3003748).

Ivanovic N, Milenkovic M, Protic A, Jovanovic V, Djordjevic B, Dodevska M (2024) Phthalate content in toy samples available on the market of the Republic of Serbia. *Analytical Methods* 16:5835–5844.

Jackson ME, Harper B, Garcia-Jaramillo M, Harper SL (2025) Comparative Toxicity of Micro, Nano, and Leachate Fractions of Three Rubber Materials to Freshwater Species: Zebrafish and Daphnia. *Microplast nanoplast* 4:10.3390/microplastics 4010008 (doi: 10.3390/microplastics4010008).

Jahl LG, Miller JM, Shalin A, Soehl A, Spentzos AZ, Diamond ML, Blum A (2025) High Potential Harm, Questionable Fire-Safety Benefit: Why Are Flame Retardants in Lithium-Ion Battery Enclosures? *Environ Sci Technol* 59:2344–2347.

Jambeck JR, Geyer R, Wilcox C, Siegler TR, Perryman M, Andrady A, Narayan R, Law KL (2015) Marine pollution. Plastic waste inputs from land into the ocean. *Science* 347:768–771.

Janzik R, Sieg H, Braeuning A, Böl G-F (2025) Mikroplastik: Evidenzlage zu gesundheitlichen Auswirkungen und öffentlicher Wahrnehmung, 21. Juli 2025. *Dtsch Arztebl Int* 122:546–551.

Jessen NA, Munk AS, Lundgaard I, Nedergaard M (2015) The Glymphatic System: A Beginner's Guide. *Neurochem Res* 40:2583–2599.

Ji S, Wang W, Wang Y, Bai H, Li Z, Huo Z, Luo K (2025) Quantitative Detection of Micro- and Nanoplastics (≥300 nm) in Human Urine Using Double-Shot

Py-GC/MS with Internal Standard Calibration. *Toxics* 13:452 (doi: 10.3390/toxics13060452).

Jiang-Xie LF, Drieu A, Bhasiin K, Quintero D, Smirnov I, Kipnis J (2024) Neuronal dynamics direct cerebrospinal fluid perfusion and brain clearance. *Nature* 627:157–164.

Jiang-Xie LF, Drieu A, Kipnis J (2025) Waste clearance shapes aging brain health. *Neuron* 113:71–81.

Jiao F, Zhao Y, Yue Q, Wang Q, Li Z, Lin W, Han L, Wei L (2025) Chronic toxicity mechanisms of 6PPD and 6PPD-Quinone in zebrafish. *Environ Sci Ecotechnol* 25:100567 (doi: 10.1016/j.ese.2025.100567).

Jin M, Wang X, Ren T, Wang J, Shan J (2021). Microplastics contamination in food and beverages: Direct exposure to humans. *Journal of Food Science* 86:2816–2837.

Johnson S, Saikia N, Sahu R (2011) Phthalates in toys available in Indian market. *Bull Environ Contam Toxicol* 86:621–626.

Jovanović A, Bugarčić M, Simić M, Pejić J, Dimitrijević J (2024) The global market of PET production: from origins to recycling. *Metallurgical and Materials Data* 2:113–118.

Jurkschat L, Gill AJ, Milner R, Holzinger R, Evangeliou N, Eckhardt S, Materić D (2025) Using a citizen science approach to assess nanoplastics pollution in remote high-altitude glaciers. *Sci Rep* 15:1864 (doi: 10.1038/s41598–024–84210–9).

Kadac-Czapska K, Knez E, Grembecka M (2024). Food and human safety: The impact of Microplastics. *Critical Reviews in Food Science and Nutrition* 64:3502–3521.

Kadry H, Noorani B, Cucullo LA (2020) blood-brain barrier overview on structure, function, impairment, and biomarkers of integrity. *Fluids Barriers CNS* 17:69 (doi: 10.1186/s12987–020–00230–3).

Kakadellis S, Rosetto G (2021) Achieving a circular bioeconomy for plastics. *Science* 373:49–50.

Kane IA, Clare MA, Miramontes E, Wogelius R, Rothwell JJ, Garreau P, Pohl F (2020) Seafloor microplastic hotspots controlled by deep-sea circulation. *Science* 368:1140–1145.

Kanhai DK, Gardfeldt K, Krumpen T, Thompson RC, O'Connor I (2020) Microplastics in sea ice and seawater beneath ice floes from the Arctic Ocean. *Sci Rep* 10:5004 (doi: 10.1038/s41598–020–61948–6).

Kannan K, Vimalkumar K (2021) A Review of Human Exposure to Microplastics and Insights Into Microplastics as Obesogens. *Front Endocrinol (Lausanne)* 12:724989 (doi: 10.3389/fendo.2021.724989).

Kaplan, DL (1998) Biopolymers from Renewable Resources. Springer, Berlin.

Kauffmann G, Bischoff W, Wimmer B, Roth F-J (1976) Die Wertigkeit experimenteller Arterienverschlüsse unter besonderer Berücksichtigung ihrer Komplikationen. *Rofo* 125:445–452.

Kay K (1977) Polybrominated Biphenyls (PBB) Environmental Contamination in Michigan, 1973–1976. *Environmental Research* 13:74–93.

Kibria G (2023) Impacts of microplastic on fisheries and seafood security — Global analysis and synthesis. *Science of the Total Environment* 904:166652 (https://doi.org/10.1016/j.scitotenv.2023.166652).

Kiessling T, Gutow L, Thiel M (2015) Marine Litter as Habitat and Dispersal Vector. In: Bergmann M, Gutow L, Klages M, (Hrsg.) (2015) Marine Anthropogenic Litter, Springer Open, Heidelberg, New York, S. 141–184.

Kipnis J (2024) The anatomy of brainwashing. *Science* 385:368–370.

Kirstein IV, Kirmizi S, Wichels A, Garin-Fernandez A, Erler R, Löder M, Gerdts G (2016) Dangerous hitchhikers? Evidence for potentially pathogenic Vibrio spp. on microplastic particles. *Mar Environ Res* 120:1–8.

Knerr M, Hersche E (2016) Füllstoffe und Verstärkungsmittel. In: Maier R-D, Schiller M (Hrsg.) Kunststoff Additive Handbuch, 4. Auflage, Carl Hanser Verlag, München, S. 1069–1138.

Kopatz V, Wen K, Kovacs T, Keimowitz AS, VPichler V, Widder J, Vethaak AD, Holloczki O, Kenner L (2023) Micro-and nanoplastics breach the blood–brain barrier (BBB): Biomolecular corona's role revealed. *Nanomaterials* 13:1404 (https://doi.org/10.3390/nano13081404).

Kozlov M (2025) Your brain is full of microplastics: are they harming you? *Nature* 638:311–313.

Kramm J, Steinhoff S, Werschmöller S, Völker B, Völker C (2022) Explaining risk perception of microplastics: Results from a representative survey in Germany. *Global Environ Change* 73:102485.

Kries M, Eisenbrand J, Hoffmann M (Hrsg.) (2022) Plastik. Die Welt neu denken (Ausstellungsband der gleichnamigen Ausstellung). Vitra Design Museum, Weil am Rhein.

Krug SM, Schulzke JD, Fromm M (2014) Tight junction, selective permeability, and related diseases. *Semin Cell Dev Biol* 36:166–176.

Krzyzanowski B, Mullan AF, Dorsey ER, Chirag SS, Turcano P, Camerucci E, Bower JH, Savica R (2025) Proximity to Golf Courses and Risk of Parkinson Disease. *JAMA Netw Open* 8: e259198 (doi: 10.1001/jamanetworkopen.2025.9198; abgerufen am 23.12.2025).

Kuang J, Abdallah MA, Harrad S (2018) Brominated flame retardants in black plastic kitchen utensils: Concentrations and human exposure implications. *Sci Total Environ* 610–611:1138–1146.

Kuhn TS (1996) Die Struktur wissenschaftlicher Revolutionen. Suhrkamp, Frankfurt.

Kumari S, Begum MY, Chinglenthoiba C, Aran KR, Panda SP, Abomughaid MM, Lakhanpal S, Avinash D, Jha NK, Gupta R (2025) Deciphering the Neurotoxic Burden of Micro- and Nanoplastics: From Multi-model Experimental Evidence to Therapeutic Innovation. *Mol Neurobiol* 62: (doi: 10.1007/s12035-025-05174-z).

Kuo WT, Odenwald MA, Turner JR, Zuo L (2022) Tight junction proteins occludin and ZO-1 as regulators of epithelial proliferation and survival. *Ann N Y Acad Sci* 1514:21–33 (doi: 10.1111/nyas.14798).

Kuttykattil A, Raju S, Vanka KS, Bhagwat G, Carbery M, Vincent SGT, Raja S, Palanisami T (2023) Consuming microplastics? Investigation of commercial salts as a source of microplastics (MPs) in diet. *Environ Sci Pollut Res Int* 30:930–942.

Lakshmayya NS, Panday A, Yadavalli R, Reddy CN, Mandal SK, Agrawal DC, Mishra B (2024). Food contamination with micro-plastics: Occurrences, bioavailability, human vulnerability, and prevention. Current Nutrition & Food Science 20:797–810.

Lamb JB, Willis BL, Fiorenza EA, Couch CS, Howard R, Rader DN, True JD, Kelly LA, Ahmad A, Jompa J, Harvell CD (2018) Plastic waste associated with disease on coral reefs. *Science* 359:460–462.

Lamoree MH, van Boxel J, Nardella F, Houthuijs KJ, Brandsma SH, Béen F, van Duursen MBM (2025) Health impacts of microplastic and nanoplastic exposure. *Nat Med* 31:2873–2887.

Landrigan PJ, Raps H, Cropper M, Bald C, Brunner M, Canonizado EM, Charles D, Chiles TC, Donohue MJ, Enck J, Fenichel P, Fleming LE, Ferrier-Pages C, Fordham R, Gozt A, Griffin C, Hahn ME, Haryanto B, Hixson R, Ianelli H, James BD, Kumar P, Laborde A, Law KL, Martin K, Mu J, Mulders Y, Mustapha A, Niu J, Pahl S, Park Y, Pedrotti ML, Pitt JA, Ruchirawat M, Seewoo BJ, Spring M, Stegeman JJ, Suk W, Symeonides C, Takada H, Thompson RC, Vicini A, Wang Z, Whitman E, Wirth D, Wolff M, Yousuf AK, Dunlop S (2023) The Minderoo-Monaco Commission on Plastics and Human Health. *Ann Glob Health* 89:23:1–215 (doi: 10.5334/aogh.4056). Erratum in: *Ann Glob Health*. 2023 Oct 11;89(1):71 (doi: 10.5334/aogh.4331).

Lau WWY, Shiran Y, Bailey RM, Cook E, Stuchtey MR, Koskella J, Velis CA, Godfrey L, Boucher J, Murphy MB, Thompson RC, Jankowska E, Castillo Castillo A, Pilditch TD, Dixon B, Koerselman L, Kosior E, Favoino E, Gutberlet J, Baulch S, Atreya ME, Fischer D, He KK, Petit MM, Sumaila UR, Neil E, Bernhofen MV, Lawrence K, Palardy JE (2020) Evaluating scenarios toward zero plastic pollution. *Science* 369:1455–1461.

Laursen MF, Zachariassen G, Bahl MI, Bergström A, Høst A, Michaelsen KF, Licht TR (2015) Having older siblings is associated with gut microbiota development during early childhood. *BMC Microbiol* 15:154 (doi: 10.1186/s12866-015-0477-6).

Laville S (2019) Dumped fishing gear is biggest plastic polluter in ocean, finds report. *The Guardian*, 6.11.2019 (https://www.theguardian.com/environment/2019/nov/06/dumped-fishing-gear-is-biggest-plastic-polluter-in-ocean-finds-report; abgerufen am 11.12.2025).

Law KL, Thompson RC (2014) Microplastics in the seas. *Science* 345:144–145.

LeBlanc R (2015) How long does it take garbage to compose? About.com, 4.4.2015 (https://www.richlandcenterwi.gov/sites/default/files/fileattachments/parks_amp_recreation/page/2534/howlonggarbagedecomposes.pdf; abgerufen am 11.1.2026).

Lebreton L, Slat B, Ferrari F, Sainte-Rose B, Aitken J, Marthouse R, Hajbane S, Cunsolo S, Schwarz A, Levivier A, Noble K, Debeljak P, Maral H, Schoeneich-Argent R, Brambini R, Reisser J (2018) Evidence that the Great Pacific Garbage Patch is rapidly accumulating plastic. *Sci Rep* 22:4666 (doi: 10.1038/s41598-018-22939-w).

Lee CW, Hsu LF, Wu IL, Wang YL, Chen WC, Liu YJ, Yang LT, Tan CL, Luo YH, Wang CC, Chiu HW, Yang TC, Lin YY, Chang HA, Chiang YC, Chen CH, Lee MH, Peng KT, Huang CC (2022) Exposure to polystyrene microplastics impairs hippocampus-dependent learning and memory in mice. *Journal of Hazardous Materials* 430:128431 (doi.org/10.1016/j.jhazmat.2022.128431).

Lee DW, Jung J, Park Sa, Lee Y, Kim J, Han C, Kim H-C, Lee JH, Hong Y-C (2024) Microplastic particles in human blood and their association with coagulation markers. *Sci Rep* 14:30419 (https://doi.org/10.1038/s41598-024-81931-9).

Lepore J (2024) Der Watvogel. Das Vermächtnis von Rachel Carson (Vorwort zu Silent Spring, übersetzt von Sigrid Schmid). In: Carson R (1962/2024) Der stumme Frühling (Silent Spring), C. H. Beck Paperback, München, S. 7–26.

Leslie HA, van Velzen MJM, Brandsma SH, Vethaak AD, Garcia-Vallejo JJ, Lamoree MH (2022) Discovery and quantification of plastic particle pollution in human blood. *Environ Int* 163:107199 (doi:10.1016/j.envint.2022.107199).

Li D, Bolikava V, Shi Y, Jin S, Unitt R, Sheerin ED, Kang P, Xiao L, Pan X, Hill C, Ruether M, Zhao L, Yin Q, Zhao B, Zhu Q, Qin H, Cheng M, Sader JE, Wang JJ, Boland JJ (2025) Microbubble-induced erosion releases micro- and nanoplastics into water. *Sci Adv* 11: eaea4729 (doi: 10.1126/sciadv.aea4729).

Li Y, Tao L, Wang Q, Wang F, Li G, Song M. Potential Health Impact of Microplastics: A Review of Environmental Distribution, Human Exposure, and Toxic Effects. *Environ Health (Wash)* 1:249–257 (doi: 10.1021/envhealth.3c00052).

Li Y, Zhang J, Xu L, Li R, Zhang R, Li M, Ran C, Rao Z, Wei X, Chen M, Wang L, Li Z, Xue Y, Peng C, Liu C, Sun H, Xing B, Wang L (2025) Leaf absorption contributes to accumulation of microplastics in plants. *Nature* 641:666–673.

Liang B, Deng Y, Huang Y, Zhong Y, Li Z, Du J, Ye R, Feng Y, Bai R, Fan B, Chen X, Huang X, Yang X, Xian H, Yang X, Huang Z (2024) Fragile Guts Make Fragile Brains: Intestinal Epithelial Nrf2 Deficiency Exacerbates Neurotoxicity Induced by Polystyrene Nanoplastics. *ACS Nano* 18:24044–24059.

Liang B, Zhong Y, Huang Y, Lin X, Liu J, Lin L, Hu M, Jiang J, Dai M, Wang B, Zhang B, Meng H, Lelaka JJJ, Sui H, Yang X, Huang Z (2021) Underestimated health risks: polystyrene micro- and nanoplastics jointly induce intestinal barrier dysfunction by ROS-mediated epithelial cell apoptosis. *Part Fibre Toxicol* 18:20 (doi: 10.1186/s12989-021-00414-1).

Liang X, Huang G, Wang Y, Andrikopoulos N, Tang H, Ding F, Li Y, Ke PC (2025)

Polystyrene Nanoplastics Hitch-Hike the Gut-Brain Axis to Exacerbate Parkinson's Pathology. *ACS Nano* 19:5475–5492 (doi: 10.1021/acsnano. 4c13914).

Liang X, Zeng Y, Zhang P, Zhu B, Feng J, Deng T, Fu Z, Liu C, Chen C, Zhang Y (2025) Polystyrene nanoplastics trigger pyroptosis in dopaminergic neurons through TSC2/TFEB-mediated disruption of autophagosome-lysosome fusion in Parkinson's disease. *J Transl Med* 23:631 (doi: 10.1186/s12967–025–06634–9).

Liao Z, Ji X, Ma Y, Lv B, Huang W, Zhu X, Fang M, Wang Q, Wang X, Dahlgren R, Shang X (2021) Airborne microplastics in indoor and outdoor environments of a coastal city in Eastern China. *J Hazard Mater* 417:126007 (doi: 10.1016/j. jhazmat.2021.126007).

Lichtenstein D, Ebmeyer J, Knappe P, Juling S, Böhmert L, Selve S, Niemann B, Braeuning A, Thünemann AF, Lampen A (2015) Impact of food components during in vitro digestion of silver nanoparticles on cellular uptake and cytotoxicity in intestinal cells. *Biol Chem* 396:1255–1264.

Limmer S, Weiler A, Volkenhoff A, Babatz F, Klämbt C (2014) The Drosophila blood-brain barrier: development and function of a glial endothelium. *Front Neurosci* 8:365 (doi: 10.3389/fnins.2014.00365).

Lin CD, Kou YY, Liao CY, Li CH, Huang SP, Cheng YW, Liao WC, Chen HX, Wu PL, Kang JJ, Lee CC, Lai CH (2014) Zinc oxide nanoparticles impair bacterial clearance by macrophages. *Nanomedicine* 9:1327–1339.

Lin TA, Pan J, Nguyen M, Ma Q, Sun L, Tang S, Campen MJ, Chen H, Zhou C (2025) Microplastic exposure elicits sex-specific atherosclerosis development in lean low-density lipoprotein receptor-deficient mice. *Environ Int* 206:109938 (doi: 10.1016/j.envint.2025.109938).

Lindeque PK, Cole M, Coppocka RL, Ceri N. Lewis CN, Miller RZ, Watts AJR, Wilson-McNeal A, Wright SL, Galloway TS (2020) Are we underestimating microplastic abundance in the marine environment? A comparison of microplastic capture with nets of different mesh-size. *Environmental Pollution* 265:114721 (https://doi.org/10.1016/j.envpol.2020.114721).

Liu B, Lehmler HJ, Ye Z, Yuan X, Yan Y, Ruan Y, Wang Y, Yang Y, Chen S, Bao W (2024) Exposure to Polybrominated Diphenyl Ethers and Risk of All-Cause and Cause-Specific Mortality. *JAMA Netw Open* 7: e243127 (doi:10.1001/jamanetworkopen.2024.3127).

Liu H, Sun H, Liu Y (2025) Further exploration of the principles and mechanisms of brainwashing. *PNAS* 122: e2426192122 (doi: 10.1073/pnas.2426192122).

Liu M, Brandsma SH, Schreder E (2024) From e-waste to living space: Flame retardants contaminating household items add to concern about plastic recycling. *Chemosphere* 365 (2024) 143319.

Liu Q, Li L, Zhang X, Saini A, Li W, Hung H, Hao C, Li K, Lee P, Wentzell JJB, Huo C, Li SM, Harner T, Liggio J (2021) Uncovering global-scale risks from commercial chemicals in air. *Nature* 600:456–461.

Liu Z, Sokratian A, Duda AM, Xu E, Stanhope C, Fu A, Strader S, Li H, Yuan Y, Bobay BG, Sipe J, Bai K, Lundgaard I, Liu N, Hernandez B, Bowes Rickman C, Miller SE, West AB (2023) Anionic nanoplastic contaminants promote Parkinson's disease-associated α-synuclein aggregation. *Sci Adv* 9: eadi8716 (doi: 10.1126/sciadv.adi8716).

Lochhead JJ, Yang J, Ronaldson PT and Davis TP (2020) Structure, Function, and Regulation of the Blood-Brain Barrier Tight Junction in Central Nervous System Disorders. *Front Physiol* 11914 (doi: 10.3389/fphys.2020.00914).

Loretz LJ, Api AM, Babcock L, Barraj LM, Burdick J, Cater KC, Jarrett G, Mann S, Pan YH, Re TA, Renskers KJ, Scrafford CG (2008) Exposure data for cosmetic products: facial cleanser, hair conditioner, and eye shadow. *Food Chem Toxicol* 46:1516–1524.

Loukas M, Bellary SS, Kuklinski M, Ferrauiola J, Yadav A, Shoja MM, Shaffer K, Tubbs RS (2011) The lymphatic system: a historical perspective. *Clin Anat* 24:807–816.

Lowrey A (2025) I fought Plastic. Plastic won. *The Atlantic*, 7.7.2025 (https://www.theatlantic.com/magazine/archive/2025/08/microplastics-exposure-health-risks/683249/; abgerufen am 15.7.2025).

Luettig J, Rosenthal R, Barmeyer C, Schulzke JD (2015) Claudin-2 as a mediator of leaky gut barrier during intestinal inflammation. *Tissue Barriers* 3: e977176 (doi: 10.4161/21688370.2014.977176).

Lunder S, Sharp R (2008) Mother's Milk. Record levels of fire retardants found in American mothers‹ breast milk. Environmental Working Group, Washington, DC & Oakland, CA (https://static.ewg.org/reports/2008/MothersMilk.pdf; abgerufen am 9.11.2025).

Luo Y, Chuah C, Amin A, Khoshyan A, Gibson CT, Tang Y, Naidu R, Fang C (2022) Assessment of microplastics and nanoplastics released from a chopping board using Raman imaging in combination with three algorithms. *Journal of Hazardous Materials* 431:128636 (https://doi.org/10.1016/j.jhazmat.2022.128636; abgerufen am 19.10.2025).

Lusher AL, Tirelli V, O'Connor I, Officer R (2015) Microplastics in Arctic polar waters: the first reported values of particles in surface and sub-surface samples. *Sci Rep* 5:14947 (https://doi.org/10.1038/srep14947).

Ma JY, Zhao H, Mercer RR, Barger M, Rao M, Meighan T, Schwegler-Berry D, Castranova V, Ma JK (2011) Cerium oxide nanoparticle-induced pulmonary inflammation and alveolar macrophage functional change in rats. *Nanotoxicology* 5:312–325.

MacLeod M, Arp H-P H, Tekman MB, Jahnke A (2021) The global threat from plastic pollution. *Science* 373:61–65.

Madhumitha CT, Karmegam N, Biruntha M, Arun A, Al Kheraif AA, Kim W, Kumar P (2022) Extraction, identification, and environmental risk assessment of microplastics in commercial toothpaste. *Chemosphere* 296:133976 (doi: 10.1016/j.chemosphere.2022.133976).

Maier R-D, Schiller M (2016) Handbuch Kunststoff Additive, 4. Auflage, Carl Hanser Verlag, München.

Mansfield I, Reynolds SJ, Lynch I, Matthews TJ, Sadler JP (2024) Birds as bioindicators of plastic pollution in terrestrial and freshwater environments: A 30-year review. *Environ Pollut* 348:123790 (doi: 10.1016/j.envpol.2024.123790).

Marfella R, Prattichizzo F, Sardu C, Fulgenzi G, Graciotti L, Spadoni T, D'Onofrio N, Scisciola L, La Grotta R, Frigé C, Pellegrini V, Municinò M, Siniscalchi M, Spinetti F, Vigliotti G, Vecchione C, Carrizzo A, Accarino G, Squillante A, Spaziano G, Mirra D, Esposito R, Altieri S, Falco G, Fenti A, Galoppo S, Canzano S, Sasso FC, Matacchione G, Olivieri F, Ferraraccio F, Panarese I, Paolisso P, Barbato E, Lubritto C, Balestrieri ML, Mauro C, Caballero AE, Rajagopalan S, Ceriello A, D'Agostino B, Iovino P, Paolisso G (2024) Microplastics and nanoplastics in atheromas and cardiovascular events. *N Engl J Med* 390:900–910.

Mariano N (2021) How Long Will It Take For Fabrics to Decompose? *Cottonique*; 22.12.2021 (https://cottonique.com/de-de/blogs/articles/how-long-will-it-take-for-fabrics-to-decompose?; abgerufen am 11.1.2026).

Market Growth Reports (2025) Polyethylene Terephthalate (PET) Market Size, Share, Growth, and Industry Analysis, By Type (Bottles, Films and Sheets, Other Product Types), By Application (Food and Beverage, Automotive, Electrical and Electronics, Healthcare, Consumer Goods, Other End-user Industries), Regional Insights and Forecast to 2034, 29.12.2025 (https://www.marketgrowthreports.com/market-reports/polyethylene-terephthalate-pet-market-118314; abgerufen am 15.1.2026).

Materić D (2024) Nanoplastics measurements must have appropriate blanks. *PNAS* 121: e2411099121 (doi: 10.1073/pnas.2411099121).

Materić D, Ludewig E, Brunner D, Röckmann T, Holzinger R (2021) Nanoplastics transport to the remote, high-altitude alps, *Environmental Pollution 288*:117697 (doi: 10.1016/j.envpol.2021.117697).

Mestre H, Du T, Sweeney AM, Liu G, Samson AJ, Peng W, Mortensen KN, Stæger FF, Bork PAR, Bashford L, Toro ER, Tithof J, Kelley DH, Thomas JH, Hjorth PG, Martens EA, Mehta RI, Solis O, Blinder P, Kleinfeld D, Hirase H, Mori Y, Nedergaard M (2020) Cerebrospinal fluid influx drives acute ischemic tissue swelling. *Science* 367: eaax7171 (doi: 10.1126/science.aax7171).

Mestre H, Verma N, Greene TD, Lin LA, Ladron-de-Guevara A, Sweeney AM, Liu G, Thomas VK, Galloway CA, de Mesy Bentley KL, Nedergaard M, Mehta RI (2022) Periarteriolar spaces modulate cerebrospinal fluid transport into brain and demonstrate altered morphology in aging and Alzheimer's disease. *Nat Commun* 13:3897 (doi: 10.1038/s41467–022–31257–9).

Miller A, Teirstein AS, Chuang M, Selikoff IJ, Warshaw R (1975) Changes in pulmonary function in workers exposed to vinyl chloride and polyvinyl chloride. *Ann N Y Acad Sci* 246:42–52.

Miller I (2018) The gut-brain axis: historical reflections. *Microb Ecol Health Dis* 29:1542921 (doi: 10.1080/16512235.2018).

Miodownik M (2022) Vom Naturmaterial zum Kunststoff. In: Kries M, Eisenbrand J, Hoffmann M (Hrsg.) Plastik. Die Welt neu denken, Vitra Design Museum, Weil am Rhein, S. 16–21.

Mishra SK, Sanyal T, Kundu P, Kumar R, Ghosh D, Chakrabarti G, Sikdar N, Bhattacharya S, Paul S, Das A (2025) Microplastics as emerging carcinogens: from environmental pollutants to oncogenic drivers. *Mol Cancer* 24:248 (doi: 10.1186/s12943-025-02409-4).

Moeck H-G, Ruthe C (2016) Plastikmüll im Meer – Zahlen und Fakten. Wissenschaftsjahr 2016 (https://www.wissenschaftsjahr.de/2016-17/fileadmin/meere_ozeane/Downloads/160913_Dossier_Plastikmuell_im_Meer.pdf; abgerufen am 5.6.2025).

Mohamed Nor NH, Kooi M, Diepens NJ, Koelmans AA (2021) Lifetime Accumulation of Microplastic in Children and Adults. *Environ Sci Technol* 55:5084–5096.

Mohanty AK, Misra M, Hinrichsen G (2000) Biofibres, biodegradable polymers and biocomposites: An overview. *Macromolecular Materials and Engineering* 276/277:1–24.

Monikh FA, Materić D, Valsami-Jones E, Grossart HP, Altmann K, Holzinger R, Lynch I, Stubenrauch J, Peijnenburg W (2025) Challenges in studying microplastics in human brain. *Nat Med* 31:4034–4035.

Montano L, Giorgini E, Notarstefano V, Notari T, Ricciardi M, Piscopo M, Motta O (2023) Raman Microspectroscopy evidence of microplastics in human semen. *Sci Total Environ* 901:165922 (doi: 10.1016/j.scitotenv.2023.165922).

Moon S, Martin LMA, Kim S, Zhang Q, Zhang R, Xu W, Luo T (2024) Direct observation and identification of nanoplastics in ocean water. *Sci Adv* 10: eadh1675 (doi: 10.1126/sciadv.adh1675).

Moore S (2023) Tire Wear a Major Source of Microplastics, Say Researchers. *Plastics Today*, Community for Plastics Professionals, 28.2.2023 (https://www.plasticstoday.com/medical/tire-wear-a-major-source-of-microplastics-say-researchers; abgerufen am 16.12.2025).

Moreira C, Lloyd R, Hill G, Huynh F, Trufasila A, Ly F, Sawal H, Wallis C (2023) Temperate UV-Accelerated Weathering Cycle Combined with HT-GPC Analysis and Drop Point Testing for Determining the Environmental Instability of Polyethylene Films. *Polymers* 13:2373 (https://doi.org/10.3390/polym13142373).

Morét-Ferguson S, Law KL, Proskurowski G, Murphy EK, Peacock EE, Reddy CM (2010) The size, mass, and composition of plastic debris in the western North Atlantic Ocean. *Mar Pollut Bull* 60:1873–1878.

Moss J, Williams A (2020) Opening the floodgates to the brain. *Science* 367:1995–1996.

Muir DCG, Getzinger GJ, McBride M, Ferguson PL (2023) How Many Chemicals in Commerce Have Been Analyzed in Environmental Media? A 50 Year Bibliometric Analysis. *Environ Sci Technol* 57:9119–9129.

Mulcair M (2025) Exposure to microplastic makes animals want to eat it more. *New Scientist*, 18.7.2025 (https://www.newscientist.com/article/2488923-exposureto-microplastic-makes-animals-want-to-eat-it-more/#:~:text=Predators%20can%20learn%20to%20prefer,of%20entire%20ecosystems%2C%20including%20humans).

Munari C, Infantini V, Scoponi M, Rastelli E, Corinaldesi C, Mistri M (2017) Microplastics in the sediments of Terra Nova Bay (Ross Sea, Antarctica). *Marine Pollution Bulletin* 122:161–165.

Nakoinz A (2022) Abfälle im Klinikalltag reduzieren. *Deutsches Ärzteblatt* 119/42: A1818–1819.

Napper IE, Bakir A, Rowland SJ, Thompson RC (2015) Characterisation, quantity and sorptive properties of microplastics extracted from cosmetics. *Mar Pollut Bull* 99:178–185.

Napper IE, Thompson RC (2016) Release of synthetic microplastic plastic fibres from domestic washing machines: Effects of fabric type and washing conditions. *Marine Pollution Bulletin* 112:39–45.

Napper IE, Thompson RC (2019) Environmental Deterioration of Biodegradable, Oxo-biodegradable, Compostable, and Conventional Plastic Carrier Bags in the Sea, Soil, and Open-Air Over a 3-Year Period. *Environmental Science & Technology* 53:4775–4783.

Nava V, Chandra S, Aherne J, Alfonso MB, Antão-Geraldes AM, Attermeyer K, Bao R, Bartrons M, Berger SA, Biernaczyk M, Bissen R, Brookes JD, Brown D, Cañedo-Argüelles M, Canle M, Capelli C, Carballeira R, Cereijo JL, Chawchai S, Christensen ST, Christoffersen KS, de Eyto E, Delgado J, Dornan TN, Doubek JP, Dusaucy J, Erina O, Ersoy Z, Feuchtmayr H, Frezzotti ML, Galafassi S, Gateuille D, Gonçalves V, Grossart HP, Hamilton DP, Harris TD, Kangur K, Kankılıç GB, Kessler R, Kiel C, Krynak EM, Leiva-Presa À, Lepori F, Matias MG, Matsuzaki SS, McElarney Y, Messyasz B, Mitchell M, Mlambo MC, Motitsoe SN, Nandini S, Orlandi V, Owens C, Özkundakci D, Pinnow S, Pociecha A, Raposeiro PM, Rõõm EI, Rotta F, Salmaso N, Sarma SSS, Sartirana D, Scordo F, Sibomana C, Siewert D, Stepanowska K, Tavşanoğlu ÜN, Tereshina M, Thompson J, Tolotti M, Valois A, Verburg P, Welsh B, Wesolek B, Weyhenmeyer GA, Wu N, Zawisza E, Zink L, Leoni B (2023) Plastic debris in lakes and reservoirs. *Nature* 619:317–322.

Nedergaard M (2013) Neuroscience. Garbage truck of the brain. *Science* 340:1529–1530.

Nedergaard M, Goldman SA (2020) Glymphatic failure as a final common pathway to dementia. *Science* 370:50–56.

Neergaard J, Nielsen B, Faurby V, Christensen DH, Nielsen OF (1971) Plasticizers in PVC and the occurrence of hepatitis in a haemodialysis unit. A preliminary communication. *Scand J Urol Nephrol* 5:141–145.

Nemmar A, Hoet PH, Vanquickenborne B, Dinsdale D, Thomeer M, Hoylaerts MF, Vanbilloen H, Mortelmans L, Nemery B (2002) Passage of inhaled particles into the blood circulation in humans. *Circulation* 105:411–4 (doi: 10.1161/hc0402.104118).

Niedersächsisches Ministerium für Umwelt, Energie und Klimaschutz (2017) Antwort auf die mündliche Anfrage: Wie entsorgt man ein Windrad? STK Niedersachsen, 15.6.2017 (https://www.umwelt.niedersachsen.de/startseite/aktuelles/pressemitteilungen/antwort-auf-die-muendliche-anfrage-wie-entsorgt-man-ein-windrad-154746.html; abgerufen am 23.7.2025).

Nihart AJ, Garcia MA, Eliane El Hayek E […] Campen MJ (2025) Bioaccumulation of microplastics in decedent human brains. *Nature Medicine* 31:1114–1119 (https://doi.org/10.1038/s41591–024–03453–1; abgerufen am 6.2.2025).

NOAA Marine Debris Program (2025) Garbage Patches, last updated 27.8.2025 (https://marinedebris.noaa.gov/discover-marine-debris/garbage-patches; abgerufen am 11.12.2025).

Nougadère A, Sirot V, Cravedi JP, Vasseur P, Feidt C, Fussell RJ, Hu R, Leblanc JC, Jean J, Rivière G, Sarda X, Merlo M, Hulin M (2020) Dietary exposure to pesticide residues and associated health risks in infants and young children – Results of the French infant total diet study. *Environ Int* 137:105529 (doi: 10.1016/j.envint.2020.105529).

Obanya H (2024) Car tyres shed a quarter of all microplastics in the environment – urgent action is needed. *The Conversation*, 27.11.2024 (https://theconversation.com/car-tyres-shed-a-quarter-of-all-microplastics-in-the-environment-urgent-action-is-needed-244132; abgerufen am 16.12.2025).

Obbard RW, Sadri S, Wong YQ, Khitun AA, Baker I, Thompson RC (2014), Global warming releases microplastic legacy frozen in Arctic Sea ice. *Earth's Future* 2:315–320.

OECD (2022) Global Plastics Outlook: Policy Scenarios to 2060, OECD Publishing, Paris, (https://doi.org/10.1787/aa1edf33-en; abgerufen am 5.12.2025).

Okoffo ED, Tscharke BJ, Thomas KV (2025) Release of Micro- and Nanosized Particles from Plastic Articles during Mechanical Dishwashing. ACS ES&T Water 5, 9. Mai 2025 (https://pubs.acs.org/doi/10.1021/acsestwater.4c00768; abgerufen am 6.6.2025).

Olubusoye BS, Cizdziel JV, Bee M, Moore MT, Pineda M, Yargeau V, Bennett ER (2023) Toxic Tire Wear Compounds (6PPD-Q and 4-ADPA) Detected in Airborne Particulate Matter Along a Highway in Mississippi, USA. *Bull Environ Contam Toxicol* 111:68 (doi: 10.1007/s00128–023–03820–7).

Orben A, Przybylski AK (2019) The association between adolescent well-being and digital technology use. *Nat Hum Behav* 3:173–182.

Ortega A, Martínez-Nuncio LA, Taddei E, Castañeda E, Rubio C, Rubio-Osornio M (2025) Astroglia: Molecular Mechanisms, Functional Roles, and Neurophysiological Implications in the Central Nervous System. *Life* (Basel) 15:1505 (doi: 10.3390/life15101505).

Osaka S, Ahmed N (2025) These kitchen items may be contaminating your food with chemicals. *The Washington Post*, 17.12.2025 (https://www.washingtonpost.com/climate-environment/interactive/2025/food-plastic-chemicals-pfas-bpa/; abgerufen am 17.12.2025).

Osaka S, Hulley-Jones F, Ducroquet S (2025) The health risks from plastics almost nobody knows about. *The Washington Post*, 4.9.2025 (https://www.washington-post.com/climate-environment/interactive/2025/plastic-chemicals-phthalates-pregnancy-infertility/?utm_campaign=wp_post_most&utm_medium=email &utm_source=newsletter&carta-url=https%3A%2F%2Fs2.washingtonpost.com%2Fcar-ln-tr%2F448fdc8%2F68b9c2fd5720c50295375b4f%2F5c7aa-6689bbc0f614961acc4%2F17%2F67%2F68b9c2fd5720c50295375b4f; abgerufen am 5.9.2025).

Ostle C, Thompson RC, Broughton D, Gregory L, Wootton M, Johns DG (2019) The rise in ocean plastics evidenced from a 60-year time series. *Nat Commun* 10:1622 (doi: 10.1038/s41467–019–09506–1).

Paing YMM, Eom Y, Song GB, Kim B, Choi MG, Hong S, Lee SH (2024) Neurotoxic effects of polystyrene nanoplastics on memory and microglial activation: Insights from in vivo and in vitro studies. *Sci Total Environ* 924:171681 (doi: 10.1016/j.scitotenv.2024.171681).

Pan W, Hao J, Zhang M, Liu H, Tian F, Zhang X, Jiang Z, Chen C, Gao M, Zhang H (2025) Identification and analysis of microplastics in peritumoral and tumor tissues of colorectal cancer. *Sci Rep* 15:16130 (doi: 10.1038/s41598–025–98268–6).

Paredes-González S, Salazar-Tirado J, Recabal-Beyer A, Contreras EG (2025) Invertebrate glial barriers as a model for understanding blood-brain barrier evolution. *Fluids Barriers CNS* 22:93 (doi: 10.1186/s12987–025–00694–1).

Park EJ, Kang MS, Jin SW, Lee TG, Lee GH, Kim DW, Lee EW, Park J, Choi I, Pak YK (2021) Multiple pathways of alveolar macrophage death contribute to pulmonary inflammation induced by silica nanoparticles. *Nanotoxicology* 15:1087–1101.

Parker L (2025) The world's plastic pollution crisis, explained. *National Geographic*, 28.5.2025 (https://www.nationalgeographic.com/environment/article/plastic-pollution; abgerufen am 27.11.2025).

Pasquini E, Ferrante F, Passaponti L, Pavone FS, Costantini I, Baracchi D (2024) Microplastics reach the brain and interfere with honey bee cognition. *Sci Total Environ* 912:169362 (doi: 10.1016/j.scitotenv.2023.169362).

Patterson J, Jeyasanta KI, Laju RL, Booth AM, Sathish N, Edward JKP (2022) Microplastic in the coral reef environments of the Gulf of Mannar, India – Characteristics, distributions, sources and ecological risks. *Environmental Pollution* 298:118848 (https://doi.org/10.1016/j.envpol.2022.118848).

Peeken I, Primpke S, Beyer B, Gütermann J, Katlein C, Krumpen T, Bergmann M, Hehemann L, Gerdts G (2018) Arctic sea ice is an important temporal sink and means of transport for microplastic. *Nature Communications* 9:1505 (doi: 10.1038/s41467–018–03825–5).

Peijnenburg W (2025) Microplastics in air enter plant leaves of crops. *Nature* 641:601–602.

Peixoto D, Pinheiro C, Amorim J, Oliva-Teles L, Guilhermino L, Vieira MN (2019)

Microplastic pollution in commercial salt for human consumption: A review. *Estuarine Coastal and Shelf Science* 219:161–168.

Perea G, Navarrete M, Araque A (2009) Tripartite synapses: astrocytes process and control synaptic information. *Trends Neurosci* 32:421–431.

Pfaender R (2016) Additive für das werkstoffliche Recycling von Kunststoffen. In: Maier R-D, Schiller M (Hrsg.) Handbuch Kunststoff Additive, 4. Auflage, Carl Hanser Verlag, München, S. 1203–1222.

Pimentel JC, Avila R, Lourenço AG (1975) Respiratory disease caused by synthetic fibres: a new occupational disease. *Thorax* 30:204–219.

Pitron G (2011) Gummiarabikum. Unbekannt und unentbehrlich. *Le Monde diplomatique* 9466, 8.4.2011, (https://web.archive.org/web/20150101213823/http://www.monde-diplomatique.de/pm/2011/04/08/a0012.text.name,askerbfpv.n,2; abgerufen am 24.7.2025).

Plastics Europe (2025a) Plastics the Fast Facts 2025. Global and European plastics production and economic indicators. *Plastics Europe* (Verband der Kunststofferzeuger in Deutschland), Oktober 2025 (https://plasticseurope.org/de/wp-content/uploads/sites/3/2025/10/PE_TheFacts_25_digital-A4.pdf; abgerufen am 28.11.2025).

Plastics Europe (2025b) Rückschlag für die Kunststofferzeugung – Branche verzeichnet Umsatzminus. Quartalsbericht zum zweiten Quartal des Jahres 2025. *Plastics Europe* (Verband der Kunststofferzeuger in Deutschland), undatiert (https://plasticseurope.org/de/wp-content/uploads/sites/3/2025/09/Quartalsbericht-Q2–2025-final-1.pdf; abgerufen am 28.11.2025).

Popa RP, Tabaran AF (2025) A Systematic Review of the Toxicokinetics of Micro- and Nanoplastics in Mammals Following Digestive Exposure. *Applied Sciences* 15:6135 (https://doi.org/10.3390/app15116135).

Powell JT, Townsend TG, Zimmerman JB (2016) Estimates of solid waste disposal rates and reduction targets for landfill gas emissions. *Nat Clim Change* 6:162–165.

Prata JC, Castro JL, da Costa JP, Cerqueira M, Duarte AC, Rocha-Santos T (2021) Airborne Microplastics. In: Rocha-Santos T, Costa M, Mouneyrac C (Hrsg.) Handbook of Microplastics in the Environment Springer, Cham, S. 1–25.

Prüst M, Meijer J, Westerink RHS (2020) The plastic brain: neurotoxicity of micro- and nanoplastics. *Part Fibre Toxicol* 17:24 (https://doi.org/10.1186/s12989–020–00358-y).

PubMed (2016) About PubMed. (https://pubmed.ncbi.nlm.nih.gov/about/; abgerufen am 21.1.2026).

Qian N, Gao X, Lang X, Deng H, Bratu TM, Chen Q, Stapleton P, Yan B, Min W (2024) Rapid single-particle chemical imaging of nanoplastics by SRS microscopy. *PNAS* 121 (3): e2300582121 (doi: 10.1073/pnas.2300582121; abgerufen am 9.6.2025).

Quigley T, Amdam G (2024) Ultrastructural Organization of the Honeybee Blood-

Brain Barrier and Comparison with Age. *bioRxiv preprint*, 30.9.2024 (doi: https://doi.org/10.1101/2024.09.27.615080).

Ragusa A, Svelato A, Santacroce C, Catalano P, Notarstefano V, Carnevali O, Papa F, Rongioletti MCA, Baiocco F, Draghi S, D'Amore E, Rinaldo D, Matta M, Giorgini E (2021) Plasticenta: First evidence of microplastics in human placenta. *Environ Int* 146:106274 (doi:10.1016/j.envint.2020.106274).

Rainieri S, Barranco A (2019) Microplastics, a food safety issue? *Trends in Food Science & Technology* 84:55-57.

Ramsperger AFRM, Narayana VKB, Gross W, Mohanraj J, Thelakkat M, Greiner A, Schmalz H, Kress H, Laforsch C (2020) Environmental exposure enhances the internalization of microplastic particles into cells. *Sci Adv* 6: eabd1211.

Raynaud J (2014) Valuing Plastic. The Business Case for Measuring, Managing and Disclosing Plastic Use in the Consumer Goods Industry. *United Nations Environment Programme* (https://wedocs.unep.org/rest/api/core/bitstreams/be5092b7-0c08-4d53-91a1-d8d0b052110f/content; abgerufen am 9.12.2025).

Real LEP (2023) Plastics Statistics: Production, Recycling, and Market Data. In: Recycled Materials for Construction Applications. *Springer, Cham* (https://doi.org/10.1007/978-3-031-14872-9_5).

Reeves PG (1997) Components of the AIN-93 Diets as Improvements in the AIN-76A Diet. *J Nutr* 127:838S–841S.

Refosco A, Dierkes J, Kögel T, Dankel S, Laupsa-Borge J, Gomiero A, Damaris D (2025) Microplastics in human feces: a pilot study exploring links with dietary habits. *Microplastics and Nanoplastics* 5:22 (doi: 10.1186/s43591-025-00129-6).

Ribeiro R (2023) The Competitive Landscape in the Polyethylene Terephthalate Industry. *Chemical Market Analytics*, 7.11.2023 (https://chemicalmarketanalytics.com/insights/the-competitive-landscape-in-the-polyethylene-terephthalate-industry/; abgerufen am 15.1.2026).

Richter E, Schaker O (2016) Oberflächenaktive Zusatzstoffe. In Maier R-D, Schiller M (Hg.) Kunststoff Additive Handbuch, 4. Auflage, S. 583–678. Carl Hanser Verlag, München.

Rieux A, Ragnarsson EG, Gullberg E, Préat V, Schneider YJ, Artursson P (2005) Transport of nanoparticles across an in vitro model of the human intestinal follicle associated epithelium. *Eur J Pharm Sci* 25:455–465.

Ritchie H, Samborska V, Roser M (2023) Plastic Pollution. *OurWorldinData.org* (https://ourworldindata.org/plastic-pollution; abgerufen am 17.12.2025).

Romanick SS, Madejski G, Cashion G, Berger AJ, Elder A, McGrath J (2025) Assessment of household settled dust via silicon nanomembrane analysis pipeline (SNAP). *Environ Technol Innov* 38:104106 (doi: 10.1016/j.eti.2025.104106).

Ruan X, Ao J, Ma M, Jones RR, Liu J, Li K, Ge Q, Xu G, Liu Y, Wang T, Xie L, Wang W, You W, Wang L, Valev VK, Ji M, Zhang L (2024) Nanoplastics Detected in Commercial Sea Salt. *Environ Sci Technol* 58: S. 9091-9101.

Rufo E, Brouwer R, van Beukering P (2024) The social costs of pesticides: a meta-analysis of the experimental and stated preference literature. *Sci Rep* 14:31905 (doi: 10.1038/s41598-024-83298-3).

Ruiz-Ramos R, Luna-Palacios MA, Pimentel-Toledano A, Calderón-Garcidueñas AL, Viñas-Dozal JC, Ruíz-García F, López-Amador N (2025) Nanoplastics, Liver Injury, and Oxidative Mechanisms: Translating Animal Models Into Human Risk Assessment. *Cureus* 17: e86911 (doi: 10.7759/cureus.86911).

Ryan PG Coleen L. Moloney CL (1993) Marine litter keeps increasing. *Nature* 361:23.

Sánchez Romero J, Navarrete M (2026) Astroengrams: rethinking the cellular substrate for memory. *Nat Rev Neurosci*, 2. Januar 2026 (doi: 10.1038/s41583-025-01012-2.).

SAPEA, Science Advice for Policy by European Academies (2019) A scientific perspective on microplastics in nature and society; Berlin, 21.1.2019 (https://doi.org/10.26356/microplastics; abgerufen am 15.12.2025.

Schlanger Z (2024) Throw Out Your Black Plastic Spatula. It's probably leaching chemicals into your cooking oil. *The Atlantic*, 30.10.2024 (https://www.theatlantic.com/health/archive/2024/10/black-plastic-spatula-flame-retardants/680452/; abgerufen am 29.7.2025).

Schmid O, Stoeger T (2016) Surface area is the biologically most effective dose metric for acute nanoparticle toxicity in the lung. *Journal of Aerosol Science* 99: S. 133–143.

Schmidt N, Foscari A, Herzke D, Garel M, Tamburini C, Seiwert B, Reemtsma T, Sempéré R (2025) Aging of Tire Particles in Deep-Sea Conditions: Interactions between Hydrostatic Pressure, Prokaryotic Growth and Chemical Leaching. *Environ Sci Technol* 59:20748–20760.

Scholz-Böttcher B, Fischer M, Meyer M (2021) Bewertung und Quantifizierung von Auswirkungen mariner Abfälle auf Meeresorganismen (gemäß Deskriptor 10 MSRL): Mikroplastik in pelagischen und demersalen Fischen in Nordsee (Niedersächsisches Wattenmeer) und Ostsee (Wismar-Bucht / nördl. Rügen). Institut für angewandte Ökosystemforschung GmbH (IfAÖ), Neu Brodersdorf. Im Auftrag des Umweltbundesamtes; Text 146 (https://www.umweltbundesamt.de/sites/default/files/medien/479/publikationen/texte_146-2021_bewertung_und_quantifizierung_von_auswirkungen_mariner_abfaelle_auf_meeresorganismen.pdf; abgerufen am 2.12.2025).

Schwarzenbach A (2011): WWF – Die Biografie. 50 Jahre Naturschutz im Zeichen des Pandabären. Collection Rolf Heyne, München.

Schweizer T (2024) Plastik in Zahlen, 1.2.2024. Wir lieben Recycling. *Tanja Schweitzer media gmbh, Kiel* (https://wir-lieben-recycling.de/impressum/; abgerufen am 10.6.2024).

Sciscione F, Hailes HC, Miodownik M (2023) The performance and environmental impact of pro-oxidant additive containing plastics in the open unmanaged environment—a review of the evidence. *R Soc Open Sci* 10:230089 (https://doi.org/10.1098/rsos.230089).

Selma-Royo M, Dubois L, Manara S, Armanini F, Cabrera-Rubio R, Valles-Colomer M, González S, Parra-Llorca A, Escuriet R, Bode L, Martínez-Costa C, Segata N, Collado MC (2024) Birthmode and environment-dependent microbiota transmission dynamics are complemented by breastfeeding during the first year. *Cell Host Microbe* 32:996-1010.

Senathirajah K, Attwood S, Bhagwat G, Carbery M, Wilson S, Palanisami T (2021) Estimation of the mass of microplastics ingested – A pivotal first step towards human health risk assessment. *J Hazard Mater* 404:124004 (doi: 10.1016/j.jhazmat.2020.124004).

SGS (Société Générale de Surveillance; 2022) South Korea Strengthens Phthalates Requirements Under its Safety Standard for Children's Products. (https://www.sgs.com/en/news/2021/08/safeguards-11921-south-korea-strengthens-phthalates-requirements-under-its-safety-standard; abgerufen am 25.1.2026).

Shankar P, Dalsky EM, Salzer JE, Lane RF, Hammond S, Batts WN, Gregg JL, Greer JB, Kurath G, Hershberger PK, Hansen JD (2025) Evaluation of 6PPD-Quinone Lethal Toxicity and Sublethal Effects on Disease Resistance and Swimming Performance in Coastal Cutthroat Trout (Oncorhynchus clarkii clarkii). *Environ Sci Technol* 59:11505–11514.

Shao L, LI Y, Jones T, Santosh M, Liu P, Zhang M, Xu L, Li W, Lu J, Yang C-X, Zhang D, Feng X, BéruBé K (2022) Airborne microplastics: A review of current perspectives and environmental implications. *Journal of Cleaner Production* 347:131048.

Shi JH, Axson JL, Bergin IL, Ault AP (2020) Nanoparticle digestion simulator reveals pH-dependent aggregation in the gastrointestinal tract. *Anal Chem* 92:12257–12264.

Shukla S, Khanna S, Khanna K (2025) Unveiling the toxicity of micro-nanoplastics: A systematic exploration of understanding environmental and health implications. *Toxicol Rep* 14:101844 (https://doi.org/10.1016/j.toxrep.2024.101844).

Siddiqui S, Dickens JM, Cunningham BE, Hutton SJ, Pedersen EI, Harper B, Harper S, Brander SM (2022) Internalization, reduced growth, and behavioral effects following exposure to micro and nano tire particles in two estuarine indicator species. *Chemosphere* 296:133934 (doi: 10.1016/j.chemosphere.2022.133934).

Silva T, Pokhrel LR, Dubey B, Tolaymat TM, Maier KJ, Liu X (2014) Particle size, surface charge and concentration dependent ecotoxicity of three organo-coated silver nanoparticles: comparison between general linear model-predicted and observed toxicity. *Sci Total Environ* 468–469:968–976.

Simms C (2025) What a healthy Gut looks like. *New Scientist* 268 (3575), 27.12.2025.

Singh J, Jangra A, Kushwaha S, Dubey I, Dhingra D, Kumar D (2025) Melatonin alleviates Di-2-ethylhexyl phthalate induced male reproductive toxicity through inhibition of endoplasmic reticulum stress: Behavioral, biochemical, and morphological evidences. *Reprod Toxicol* 138:109068 (doi: 10.1016/j.reprotox.2025.109068).

Sly P, Nabhani KA, Sripada K, Kayama F (2024) Microplastics in the Asia-Pacific Region in the Plasticene Era: Exposures and Health Risks. *Ann Glob Health* 90:8 (doi: 10.5334/aogh.4326; abgerufen am 2.9.2025).

Smith RP, Easson C, Lyle SM, Kapoor R, Donnelly CP, Davidson EJ, Parikh E, Lopez JV, Tartar JL (2019) Gut microbiome diversity is associated with sleep physiology in humans. *PLoS One* 14: e0222394 (doi: 10.1371/journal.pone.0222394).

Somarathne RP, Amarasekara DL, Kariyawasam CS, Robertson HA, Mayatt R, Gwaltney SR, Fitzkee NC. Protein Binding Leads to Reduced Stability and Solvated Disorder in the Polystyrene Nanoparticle Corona. *Small* 20: e2305684 (doi: 10.1002/smll.202305684).

Soutar CA, Copland LH, Thornley PE, Hurley JF, Ottery J, Adams WG, Bennett B (1980) Epidemiological study of respiratory disease in workers exposed to polyvinylchloride dust. *Thorax* 35:644–652.

Spitzer M (2012) Digitale Demenz. Droemer, München.

Spitzer M (2015) Cyberkrank! Droemer, München.

Spitzer M (2017) Die Mittelmeer-Diät in der Nervenheilkunde. *Nervenheilkunde* 36:177–182.

Spitzer M (2018) Die Smartphone-Epidemie. Klett-Cotta, Stuttgart.

Spitzer M (2019) Smartphones – so ungefährlich wie Kartoffeln? Über vermeintliche neue wissenschaftliche Erkenntnisse zur Ungefährlichkeit von Bildschirmmedien und unverantwortlichen Lobbyismus. *Nervenheilkunde* 38:90–96.

Spitzer M (2021) Globale Gesundheit. Mensch – Tier – Erde. Schattauer, Stuttgart.

Spitzer M (2022) Zehn Jahre Digitale Demenz. Vom Shitstorm zum Mainstream. *Nervenheilkunde* 41:733–743.

Spitzer M (2026) Tätowierungen: Häufig, ungesund, tödlich? *Nervenheilkunde.*

Struck TH, Paul C, Hill N, Hartmann S, Hösel C, Kube M, Lieb B, Meyer A, Tiedemann R, Purschke G, Bleidorn C (2011) Phylogenomic analyses unravel annelid evolution. *Nature* 471:95–98.

Stubbins A, Law KL, Munoz SE, Bianchi TS, Zhu L (2021) Plastics in the Earth system. *Science* 373:51–55.

Studnicka MJ, Menzinger G, Drlicek M, Maruna H, Neumann MG (1995) Pneumoconiosis and systemic sclerosis following 10 years of exposure to polyvinyl chloride dust. *Thorax* 50:583–585.

Sun M, Zhang M, Di F, Bai W, Sun J, Zhang M, Sun J, Li M, Liang X (2024) Polystyrene nanoplastics induced learning and memory impairments in mice by damaging the glymphatic system. *Ecotoxicol Environ Saf.* 284:11687 (doi: 10.1016/j.ecoenv.2024.116874).

Sun W, Jin C, Bai Y, Ma R, Deng Y, Gao Y, Pan G, Yang Z, Yan L (2022) Blood uptake and urine excretion of nano- and micro-plastics after a single exposure. *Sci Total Environ* 848:157639 (doi: 10.1016/j.scitotenv.2022.157639).

Süßmuth R, Rosenberger T, Schweyen P, Dierkes G, Bell AM, Wick A, Buchinger S, Ternes TA (2025) Deciphering the Estrogenic Activity of Aqueous Leachates from Elastomers by Effect-Directed Analysis. *Environ Sci Technol* 59:21442–21453.

Tagesschau (2025) UN-Abkommen gegen Plastikmüll vorerst gescheitert; 15.8.2025 (https://www.tagesschau.de/ausland/plastik-abkommen-scheitern-100.html).

Tan J, McKenzie C, Potamitis M, Thorburn AN, Mackay CR, Macia L (2014) Chapter Three – The Role of Short-Chain Fatty Acids in Health and Disease. *Advances in Immunology* 121:91–119.

Taş BM, Tuna A, Başaran Kankılıç G, Koçak FM, Şencan Z, Cömert E, Bayar Muluk N (2024) Role of Microplastics in Chronic Rhinosinusitis Without Nasal Polyps. *Laryngoscope* 134:1077–1080.

Ten Hietbrink S, Materić D, Holzinger R. Groeskamp S, Niemann H (2025) Nanoplastic concentrations across the North Atlantic. *Nature* 643:412–416.

Terhaar J, Vogt L, Foukal NP (2025) Atlantic overturning inferred from air-sea heat fluxes indicates no decline since the 1960 s. *Nat Commun* 16:222 (https://doi.org/10.1038/s41467-024-55297-5).

Textile Exchange (2023) Materials Market Report, December 2023 (https://2d73cea0.delivery.rocketcdn.me/app/uploads/2023/11/Materials-Market-Report-2023.pdf; abgerufen am 15.1.2026).

Textile Exchange (2025) Materials Market Report 2025 (https://2d73cea0.delivery.rocketcdn.me/app/uploads/2025/09/Materials-Market-Report-2025.pdf; abgerufen am 15.1.2026).

Thin ZS, Chew J, Ong TYY, Raja Ali RA, Gew LT (2025) Impact of microplastics on the human gut microbiome: a systematic review of microbial composition, diversity, and metabolic disruptions. *BMC Gastroenterol* 25:583 (doi: 10.1186/s12876-025-04140-2).

Thomas K, Dorey C, Obaidullah F (2019) Ghost Gear: The Abandoned Fishing Nets Haunting Our Oceans. Published by Greenpeace Germany, 11. November 2019 (https://www.greenpeace.de/publikationen/20190611-greenpeace-report-ghost-fishing-ghost-gear-deutsch.pdf; abgerufen am 11.12.2025).

Thompson RC, Courtene-Jones W, Boucher J, Pahl S, Raubenheimer K, Koelmans AA (2024) Twenty years of microplastic pollution research—what have we learned? *Science* 386: eadl2746.

Thompson RC, Moore CJ, vom Saal FS, Swan SH (2009 Plastics, the environment and human health: current consensus and future trends. *Philos Trans R Soc Lond B Biol Sci* 364:2153–2166.

Thompson RC, Olson Y, Mitchell RP, Davis A, Rowland SJ, John AWG, McGonigle D, Russell AE (2004) Lost at Sea: Where Is All the Plastic? *Science* 304:838.

Tian R, Cao Y (2024) Accelerated Aging May Increase the Risk of Early-onset Cancers in Younger Generations. American Association for Cancer Research, 7.4.2024 (https://www.aacr.org/about-the-aacr/newsroom/news-releases/

accelerated-aging-may-increase-the-risk-of-early-onset-cancers-in-younger-generations/; abgerufen am 4.10.2025).

Tian Z, Zhao H, Peter KT, Gonzalez M, Wetzel J, Wu C, Hu X, Prat J, Mudrock E, Hettinger R, Cortina AE, Biswas RG, Kock FVC, Soong R, Jenne A, Du B, Hou F, He H, Lundeen R, Gilbreath A, Sutton R, Scholz NL, Davis JW, Dodd MC, Simpson A, McIntyre JK, Kolodziej EP (2021) A ubiquitous tire rubber-derived chemical induces acute mortality in coho salmon. *Science* 371:185–189.

Tournier V, Topham CM, Gilles A, David B, Folgoas C, Moya-Leclair E, Kamionka E, Desrousseaux ML, Texier H, Gavalda S, Cot M, Guémard E, Dalibey M, Nomme J, Cioci G, Barbe S, Chateau M, André I, Duquesne S, Marty A (2020) An engineered PET depolymerase to break down and recycle plastic bottles. *Nature* 580:216–219.

Trasande L, Buha Đorđević A, Fernandez MO (2025) The effects of plastic exposures on children's health and urgent opportunities for prevention. *Lancet Child Adolesc Health* 9:796–807.

Trichopoulou A, Costacou T, Bamia C, Trichopoulos D (2003) Adherence to a Mediterranean diet and survival in a Greek population. *N Engl J Med* 348:2599–2608.

Troitzsch J (2016) Flammschutzmittel. In Maier R-D, Schiller M (Hg.) Kunststoff Additive Handbuch, 4. Auflage, S. 1015–1068. Carl Hanser Verlag, München.

Troitzsch J, Antonatus E (2021) Plastics Flammability Handbook. Principles, Regulations, Testing, and Approval, 4th Edition. Hanser München.

Tully J (2009) A Victorian Ecological Disaster: Imperialism, the Telegraph, and Gutta-Percha. *Journal of World History* 20:595–579.

Turner A (2018) Black plastics: Linear and circular economies, hazardous additives and marine pollution. *Environment International* 117:308–318.

Uchida H, Tanase H, Kubota S (2009) An extraordinarily large specimen of the polychaete worm Eunice aphroditois (Pallas) (Order Eunicea) from Shirahama, Wakayama, central Japan. *Kuroshio Biosphere* 5:9–15.

UK DEFRA; Department for Environment, Food & Rural Affairs (2025) Hazardous Substances Advisory Committee: Updated review of the science relating to pro-oxidant additive containing plastic or oxo-degradable plastics, October 2025 (https://assets.publishing.service.gov.uk/media/690b763d88a98da87e292362/HSAC_2024_review_of_Oxo-degradable_polymers.pdf; abgerufen am 15.1.2026).

UNEP; United Nations Environment Programme (2014) Valuing Plastics: The Business Case for Measuring, Managing and Disclosing Plastic Use in the Consumer Goods Industry. (https://wedocs.unep.org/rest/api/core/bitstreams/be5092b7-0c08-4d53-91a1-d8d0b052110f/content; abgerufen am 9.12.2025).

UNEP; United Nations Environment Programme (2021). Addressing Single-use Plastic Products Pollution Using a Life Cycle Approach. Nairobi (https://wedocs.unep.org/rest/api/core/bitstreams/dbc54869-b411-4532-9a7c-50adbab69228/content; abgerufen am 9.12.2025).

UNEP; United Nations Environment Programme (2021). Drowning in Plastics – Marine Litter and Plastic Waste Vital Graphics.

US EPA (United States Environmental Protection Agency 2025) Summary of the Clean Water Act (https://web.archive.org/web/20150928122541/http://www2.epa.gov/laws-regulations/summary-clean-water-act; abgerufen am 24.11.2025).

US EPA (United States Environmental Protection Agency 2025) Particulate Matter (PM) Pollution, 30.5.2025 (https://www.epa.gov/pm-pollution/particulate-matter-pm-basics; abgerufen am 30.1.2026).

US FDA (United States Food & Drug Administration 2022) The Microbead-Free Waters Act: FAQs, 25.2.2022 (https://www.fda.gov/cosmetics/cosmetics-laws-regulations/microbead-free-waters-act-faqs; abgerufen am 30.11.2025).

USLegal (2025) Clean Air Act (https://environmentallaw.uslegal.com/federal-laws/clean-air-act/; abgerufen am 24.11.2025).

Ustabasi GS, Baysal A (2019) Occurrence and risk assessment of microplastics from various toothpastes. *Environ Monit Assess* 191:438 (doi: 10.1007/s10661–019–7574–1).

Valles-Colomer M, Blanco-Míguez A, Manghi P, Asnicar F, Dubois L, Golzato D, Armanini F, Cumbo F, Huang KD, Manara S, Masetti G, Pinto F, Piperni E, Punčochář M, Ricci L, Zolfo M, Farrant O, Goncalves A, Selma-Royo M, Binetti AG, Becerra JE, Han B, Lusingu J, Amuasi J, Amoroso L, Visconti A, Steves CM, Falchi M, Filosi M, Tett A, Last A, Xu Q, Qin N, Qin H, May J, Eibach D, Corrias MV, Ponzoni M, Pasolli E, Spector TD, Domenici E, Collado MC, Segata N (2023) The person-to-person transmission landscape of the gut and oral microbiomes. *Nature* 614:125–135.

Van der Veen I, De Boer J (2012) Phosphorus flame retardants: Properties, production, environmental occurrence, toxicity and analysis. *Chemosphere* 88:1119–1153.

van Westen RM, Kliphuis M, Dijkstra HA (2024) Physics-based early warning signal shows that AMOC is on tipping course. *Science Adv.ances* 10: eadk1189 (DOI:10.1126/sciadv.adk1189).

Vdovchenko A, Resmini M (2024) Mapping Microplastics in Humans: Analysis of Polymer Types, and Shapes in Food and Drinking Water-A Systematic Review. *Int J Mol Sci* 25(13): 7074 (doi: 10.3390/ijms25137074; abgerufen am 9.6.2025).

Velis CA, Lerpiniere D, Tsakona M (2017) Prevent Marine Plastic Litter—Now! International Solid Waste Association, (https://marinelitter.iswa.org/reports).

Ventura EF, Esteban-Torres M, Gueimonde M, van Sinderen D, Koren O, Hall LJ, Segata N, Valles-Colomer M, Collado MC (2025) Mother-to-infant vertical transmission in early life: a systematic review and proportional meta-analysis of Bifidobacterium strain transmissibility. *npj Biofilms Microbiomes* 11:121 (https://doi.org/10.1038/s41522–025–00720-y).

Veronese N, Stubbs B, Noale M, Solmi M, Luchini C, Maggi S (2016) Adherence to the Mediterranean diet is associated with better quality of life: data from the Osteoarthritis Initiative. *Am J Clin Nutr* 104:1403–1409.

Vethaak AD, Legler J (2021) Microplastics and human health. *Science* 371:672–674.

Wada OZ, Ijiwade JO, Ige AO, Olawade DB (2026) Recent occurrence of microplastics in freshwater and efficiency of available treatment technologies. *NEXRES* 3:101074 (https://doi.org/10.1016/j.nexres.2025.101074).

Walker AW, Hoyles L (2023) Human microbiome myths and misconceptions. *Nat Microbiol* 8:1392–1396.

Wang G, Lin Y, Shen H (2024a) Exposure to Polystyrene Microplastics Promotes the Progression of Cognitive Impairment in Alzheimer's Disease: Association with Induction of Microglial Pyroptosis. *Mol Neurobiol* 61:900–907.

Wang J, Kang H, Huang X, Liu Y, He Y, Jie Y (2025) Identification of microplastics in human tear fluid and meibum: Implications for dry eye disease pathogenesis. *J Hazard Mater* 489:137635 (doi: 10.1016/j.jhazmat.2025.137635).

Wang J, Tan Z, Peng J, Qiu Q, Li M (2016) The behaviors of microplastics in the marine environment. *Mar Environ Res* 113:7–17.

Wang T, Rovira J, Sierra J, Blanco J, Chen SJ, Mai BX, Schuhmacher M, Domingo JL (2021) Characterization of airborne particles and cytotoxicity to a human lung cancer cell line in Guangzhou, China. *Environ Res* 196:110953 (doi: 10.1016/j.envres.2021.110953).

Wardani I, Hazimah Mohamed Nor N, Wright SL, Kooter IM, Koelmans AA (2024) Nano- and microplastic PBK modeling in the context of human exposure and risk assessment. *Environ Int* 186:108504.

Warheit DB, Hart GA, Hesterberg TW, Collins JJ, Dyer WM, Swaen GM, Castranova V, Soiefer AI, Kennedy GL Jr (2002) Potential pulmonary effects of man-made organic fiber (MMOF) dusts. *Crit Rev Toxicol* 31:697–736.

Waring RH, Harris RM, Mitchell SC (2018) Plastic contamination of the food chain: A threat to human health? *Maturitas* 115:64–68.

Watkins E, Schweitzer J-P, Leinala E, Börkey P (2019) Policy approaches to incentivise sustainable plastic design. *OECD Environment Working Papers* Nr. 149, 12.7.2019 (https://www.oecd.org/content/dam/oecd/en/publications/reports/2019/07/policy-approaches-to-incentivise-sustainable-plastic-design_f2b11956/233ac351-en.pdf; abgerufen am 30.11.2025).

Watnick VJ (2025) Change in US Pesticide Policy Still Needed to Protect Children. *JAMA Pediatr*. Published online December 22, 2025 (doi:10.1001/jamapediatrics.2025.5109).

Watnick VJ, Beaumont SJ (2025) The Food Quality Protection Act: empirical evidence of a thirty-year failure to protect the nation's children from pesticide residues and what to do about it. *Yale Health Policy Law Ethics* J 23:52–103.

Wegmann A, Le Gal A, Müller D (2016) Antioxidantien. In Maier R-D, Schiller M (Hg.) Kunststoff Additive Handbuch, 4. Auflage, S. 1–154. Carl Hanser Verlag, München.

WHO (2024) Health-care waste; 24.10.2024 (https://www.who.int/news-room/fact-sheets/detail/health-care-waste; abgerufen am 22.1.2026).

WHO global air quality guidelines. Particulate matter (PM2. 5 and PM10), ozone, nitrogen dioxide, sulfur dioxide and carbon monoxide. Geneva: World Health Organization; 2021. Licence: *CC BY-NC-SA 3.0 IGO* (https://iris.who.int/server/api/core/bitstreams/551b515e-2a32–4e1a-a58c-cdaecd395b19/content; abgerufen am 16.12.2025).

Wieland S, Balmes A, Bender J, Kitzinger J, Meyer F, Ramsperger AF, Roeder F, Tengelmann C, Wimmer BH, Laforsch C, Kress H (2022) From properties to toxicity: Comparing microplastics to other airborne microparticles. *J Hazard Materials* 428:128151 (doi: 10.1016/j.jhazmat.2021.128151).

Wik A, Dave G 2009 Occurrence and effects of tire wear particles in the environment – a critical review and an initial risk assessment. *Environ Pollut* 157:1–11.

Wilson DC, Velis CA (2015) Waste management–still a global challenge in the 21st century: An evidence-based call for action. *Waste Manag. Res.* 33:1049–1051.

Wolf S, Seehaus B, Minol K, Gassen HG (1996) Die Blut-Hirn-Schranke: Eine Besonderheit des cerebralen Mikrozirkulationssystems. *Naturwissenschaften* 83:302–311.

Woodruff T (2025) I'm a microplastics researcher. Here's how I limit the plastic in my life. *The Washington Post*, 23.7.2025 (abgerufen am 23.7.2025).

Wright CM (2011) Biographical notes on Ancel Keys and Salim Yusuf: Origins and significance of the seven countries study and the INTERHEART study. *J Clin Lipidol* 5:434–440.

Wu D, Feng Y, Wang R, Jiang J, Guan Q, Yang X, Wei H, Xia Y, Luo Y (2023) Pigment microparticles and microplastics found in human thrombi based on Raman spectral evidence. *J Adv Res* 49:141–150.

WWF (2025) Webseite (https://www.wwf.de/ueber-uns?_gl=1*17rf6xg*_up*MQ..*_gs*MQ..&gclid=EAIaIQobChMI5s-N1KnajQMVY6GDBx3eqSCqEAAYASAAEgKsyvD_BwE&gbraid=0AAAAADgffw7wgEdQ-nBmlbRxhbSoft-Jp; abgerufen am 5.6.2025).

WWF (World Wildlife Fund Australia; 2025) The Life Cycle of Plastics, 21.6.2025 (https://wwf.org.au/blogs/the-lifecycle-of-plastics/; abgerufen am 11.1.2026).

Wyles KJ, Pahl S, Thomas K, Thompson RC (2016) Factors that can undermine the psychological benefits of coastal environments: Exploring the effect of tidal state, presence, and type of litter. *Environment and Behavior* 48:1095–1126.

XU J-L, Wright S, Rauert C, Thomas KV (2025) Are microplastics bad for your health? More rigorous science is needed. *Nature* 639:300–302.

Yadav H, Khan RH, Quadir M, Rusch KA, Mondal PP, Orr M, Xu EG, Iskander S 2023) Cutting Boards: An Overlooked Source of Microplastics in Human Food? *Environ Sci Technol* 57:8225–8235.

Yadav H, Sethulekshmi S, Shriwastav A (2022) Estimation of microplastic exposure via the composite sampling of drinking water, respirable air, and cooked food from Mumbai, India. *Environ Res* 214:113735.

Yamamoto EA, Bagley JH, Geltzeiler M, Sanusi OR, Dogan A, Liu JJ, Piantino J (2024) The perivascular space is a conduit for cerebrospinal fluid flow in humans: A proof-of-principle report. *PNAS* 121: e2407246121 (doi: 10.1073/pnas.2407246121).

Yang AH, Ma Y, Huang R, Chua SL (2025) Microplastics Alter Predator Preferences of Prey through Associative Learning. *Environmental Science & Technology Letters ### Article ASAP* (doi 10.1021/acs.estlett.5c00492).

Yang S, Cheng Y, Chen Z, Liu T, Yin L, Pu Y, Liang G. In vitro evaluation of nanoplastics using human lung epithelial cells, microarray analysis and co-culture model. *Ecotoxicol Environ Saf.* 2021 Dec 15;226:112837. doi: 10.1016/j.ecoenv.2021.112837. Epub 2021 Oct 4. PMID: 34619472.

Yao Z, Seong HJ, Jang YS (2022) Environmental toxicity and decomposition of polyethylene. *Ecotoxicology and Environmental Safety* 242:113933 (doi: 10.1016/j.ecoenv.2022.113933).

Yaripour S, Bandekar M, Vihavainen J, More K, Eronen A, Durão MF, Daneliya M, Houni T, Halonen T, Leskinen JTT, Haverinen J, Huuskonen H, Candolin U, Kekäläinen J, Kortet R (2025) Effects of polymethylmethacrylate nanoplastics on the swimming behaviour and gut microbiome of the freshwater amphipod Gammarus pulex. *Ecotoxicol Environ Saf* 289:117501 (doi: 10.1016/j.ecoenv.2024.117501).

Yin J, Ju Y, Qian H, Wang J, Miao X, Zhu Y, Zhou L, Ye L (2022) Nanoplastics and Microplastics May Be Damaging Our Livers. *Toxics* 10:586 (doi: 10.3390/toxics10100586).

Yoshida S, Hiraga K, Takehana T, Taniguchi I, Yamaji H, Maeda Y, Toyohara K, Miyamoto K, Kimura Y, Oda K (2016) A bacterium that degrades and assimilates poly(ethylene terephthalate). *Science* 351:1196–1199.

Yusuf A, Sodiq A, Giwa A, Eke J, Pikuda O, Eniola JO, Ajiwokewu B, Sambudi NS, Bilad MR (2022) Updated review on microplastics in water, their occurrence, detection, measurement, environmental pollution, and the need for regulatory standards. *Environ Pollut* 292:118421 (doi: 10.1016/j.envpol.2021.118421).

Zaraska M (2025) What are microplastics doing to your brain? We're starting to find out. *New Scientist*, 7.5.2025 (https://www.newscientist.com/article/mg26635421-000-what-are…&utm_campaign=nsday_080525&utm_term=Newsletter%20NSDAY_Daily; abgerufen am 8.5.2025).

Zeng G, Li J, Wang Y, Su J, Lu Z, Zhang F, Ding W (2024) Polystyrene microplastic-induced oxidative stress triggers intestinal barrier dysfunction via the NF-κB/NLRP3/IL-1β/MCLK pathway. *Environ Pollut* 345:123473 (doi: 10.1016/j.envpol.2024.123473).

Zhang HJ, Li S, Wang XL, Zhang KD, Fang HT, Wu X, Huang Z, Jiang W, Yang L, Tan QG, Pan B, Ji R, Wang P, Xing B, Miao AJ (2026) Size-dependent translocation of polystyrene nanoplastics across biological barriers in mammals. *Nat Commun* (doi: 10.1038/s41467–025–67876–1. Epub ahead of print. PMID: 41453874).

Zhang J, Wang L, Kannan K (2020) Microplastics in house dust from 12 countries and associated human exposure. *Environment International* 134:105314.

Zhang J, Wang L, Trasande L, Kannan K (2021) Occurrence of Polyethylene Terephthalate and Polycarbonate Microplastics in Infant and Adult Feces. *Environ Sci Technol Lett* 8:989–994.

Zhang Y, Kang S, Allen S, Allen D, Gao T, Sillanpää M (2020) Atmospheric microplastics: A review on current status and perspectives, *Earth-Science Reviews* 203:103118 (doi: 10.1016/j.earscirev.2020.103118).

Zhang Y, Wu P, Xu R, Wang X, Lei L, Schartup AT, Peng Y, Pang Q, Wang X, Mai L, Wang R, Liu H, Wang X, Luijendijk A, Chassignet E, Xu X, Shen H, Zheng S, Zeng EY (2023) Plastic waste discharge to the global ocean constrained by seawater observations. Nat Commun 14:1372 (doi: 10.1038/s41467-023-37108-5). Erratum in: *Nat Commun.* 2023 Dec 18;14(1):8409 (doi: 10.1038/s41467-023-43910-y).

Zhang Z, Li S, Liu L, Wang L, Xiao X, Sun Z, Wang X, Wang C, Wang M, Li L, Xu Q, Gao W, Wang SL (2016) Environmental exposure to BDE47 is associated with increased diabetes prevalence: Evidence from community-based case-control studies and an animal experiment. *Sci Rep* 6:27854 (https://doi.org/10.1038/srep27854).

Zhao H, Lin G, Yin Y, Wu Q, Wang Y, Tang N, Qi X (2025) Impact of micro- and nanoplastics on gastrointestinal diseases: Recent advances. *Eur J Intern Med* 139:106419 (doi: 10.1016/j.ejim.2025.07.015).

Zheng J, Suh S (2019) Strategies to reduce the global carbon footprint of plastics. *Nat Clim Chang* 9:374–378.

Zhu J, Cui Y, Zhang J, Yan R, Su D, Zhao D, Wang A, Feng T (2024) Temporal trends in the prevalence of Parkinson's disease from 1980 to 2023: a systematic review and meta-analysis. *Lancet Healthy Longev* 5: e464–e479 (doi: 10.1016/S2666-7568(24)00094-1).

Zhu J, Wawrzynczak A, Niu J, Chan WY, Vivas M, Das D, Tourangeau J, Zhang G, Cao XL, Feng YL (2025) Silicone bakeware as a source of human exposure to cyclic siloxanes via inhalation and baked food consumption. *J Hazard Mater* 497:139591 (doi: 10.1016/j.jhazmat.2025.139591).

Zhu L, Kang Y, Ma M, Wu Z, Zhang L, Hu R, Xu Q, Zhu J, Gu X, An L (2024) Tissue accumulation of microplastics and potential health risks in human. *Sci Total Environ* 915:170004 (doi:10.1016/j.scitotenv.2024.170004).

Zhu R, Zhang Z, Zhang N, Zhong H, Zhou F, Zhang X, Liu C, Huang Y, Yuan Y, Wang Y, Li C, Shi H, Rillig MC, Dang F, Ren H, Zhang Y, Xing B (2025), A global estimate of multiecosystem photosynthesis losses under microplastic pollution. *PNAS* 122: e2423957122 (https://doi.org/10.1073/pnas.2423957122).

Zhu X, Rochman CM, Hardesty BD, Wilcox C (2024) Plastics in the deep sea – A global estimate of the ocean floor reservoir. *Deep-Sea Research* I: 206 (104266).

Ziani K, Ioniță-Mîndrican CB, Mititelu M, Neacşu SM, Negrei C, Moroşan E, Drăgănescu D, Preda OT (2023) Microplastics: A Real Global Threat for Environment and Food Safety: A State of the Art Review. *Nutrients* 15:617 (doi: 10.3390/nu15030617; abgerufen am 6.6.2025).

BILDNACHWEIS

S. 21 Schweitzer T (2024) Plastik in Zahlen, 1.2.2024. Wir lieben Recycling. Tanja Schweitzer, schweitzer media gmbh, Kiel und https://plasticseurope.org/de/wp-content/uploads/sites/3/2025/10/PE_TheFacts_25_digital-A4.pdf / https://plasticseurope.org/de/wp-content/uploads/sites/3/2025/10/PE_The Facts_25_digital-A4.pdf

S. 27 Lebreton, L., Slat, B., Ferrari, F. et al. Evidence that the Great Pacific Garbage Patch is rapidly accumulating plastic. Sci Rep 8, 4666 (2018). https://doi.org/10.1038/s41598-018-22939-w

S. 28 le-tex publishing services GmbH nach https://www.nature.com/articles/s41598-018-22939-w

S. 30 NASA/Goddard Space Flight Center

S. 31 Thomas K, Dorey C, Obaidullah F (2019) Ghost Gear: The Abandoned Fishing Nets Haunting Our Oceans. Published by Greenpeace Germany, 11. November 2019/Marco Care

S. 36, 76, 80, 84, 118, 159, 161 Manfred Spitzer

S. 89 Hale, R. C., Seeley, M. E., La Guardia, M. J., Mai, L., & Zeng, E. Y. (2020). A Global Perspective on Microplastics. Journal of Geophysical Research: Oceans, 125, e2018JC014719. https://doi.org/10.1029/2018JC014719

S. 105, 106 Nihart, A. J., Garcia, M. A., El Hayek, E. et al. Bioaccumulation of microplastics in decedent human brains. Nat Med 31, 1114–1119 (2025). https://doi.org/10.1038/s41591-024-03453-1

S. 157 Rainer Borcherding

S. 167 Christakis, D., Ramirez, J. & Ramirez, J. Overstimulation of newborn mice leads to behavioral differences and deficits in cognitive performance. Sci Rep 2, 546 (2012). https://doi.org/10.1038/srep00546

S. 168 Christakis, D., Ramirez, J. & Ramirez, J. Overstimulation of newborn mice leads to behavioral differences and deficits in cognitive performance. Sci Rep 2, 546 (2012). https://doi.org/10.1038/srep00546

S. 178 o. Begonia/German Wikipedia / S. 178 u. Von Dwergenpaartje – Eigenes Werk, CC BY-SA 4.0, https://commons.wikimedia.org/w/index.php?curid=37161718

S. 202, 203 Luo Y, Chuah C, Amin A, Khoshyan A, Gibson CT, Tang Y, Naidu R, Fang C (2022) Assessment of microplastics and nanoplastics released from a chopping board using Raman imaging in combination with three algorithms. Journal of Hazardous Materials 431: 128636 (https://doi.org/10.1016/j.jhazmat.2022.128636

S. 205, 206 Gan H-J, Shan Chen S, Yao K, Lin X-Y, Juhasz AL, Donmei Zhou D, Li H-B (2025) Simulated Microplastic Release from Cutting Boards and Evaluation of Intestinal Inflammation and Gut Microbiota in Mice. Environmental Health Perspectives 133: 047004 (https://doi.org/10.1289/EHP15472)

SACHREGISTER